World Architecture

Vol.8

South Asia

第 8 卷

南亚

总 主 编：【美】K. 弗兰姆普敦
副总主编：张钦楠
本卷主编：【印度】R. 麦罗特拉

20 世纪 世界建筑精品 1000 件

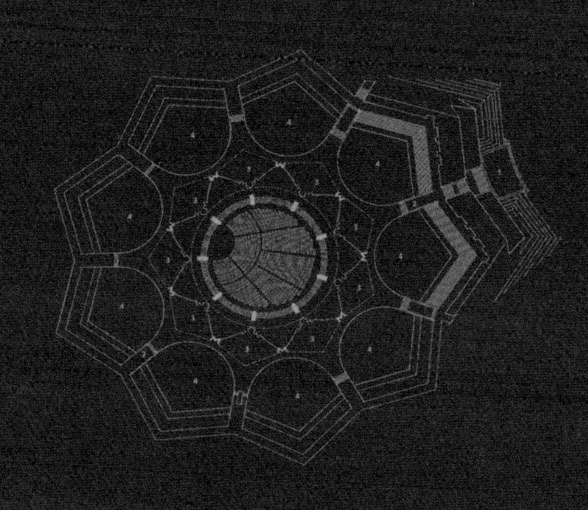

生活·讀書·新知 三联书店

20 世纪世界建筑精品 1000 件
（1900—1999）

目　录

1900—1919

1920—1939

1940—1959

1960—1979

1980—1999

总导言

总主编
K. 弗兰姆普敦

分区与提名的方法

难以想象有比试图对20世纪整个时期内遍布全球的建筑创作做一次批判性的剖析更为不明智的事了。这一看似胆大妄为之举，并不由于我们把世界切成十个巨大而多彩的地域——每个地域各占大片陆地，在社会、经济和技术发展的时间表和政治历史上各不相同——而稍为减轻。

可以证明，此项看似堂吉诃德式之举实为有理的一个因素是中华人民共和国的崛起。作为一个快速现代化的国家，多种迹象表明它不久将成为世界最大的后工业社会。这种崛起促使中国的出版机构为配合国际建筑师协会（UIA）于1999年6月在北京举行20世纪最后一次大会而宣布此项出版计划。

尽管此项百年评介之举的背后有着多种动机，做出编辑一套世界规模的精品集锦的决定可能最终出自两个因素：一是感到有必要把中国投入世界范围关于建筑学未来的辩论之中；二是以20世纪初外国建筑师来到上海为开端，经历了一个世纪多种多样又反反复复的折中主

K. 弗兰姆普敦
（Kenneth Frampton）
美国哥伦比亚大学建筑、规划、文物保护研究生院的威尔讲座教授。他是许多著名建筑理论的开创者和历史性著作的作者，其著作包括：*Modern Architecture: A Critical History* (London: Thames and Hudson, 1980, 1985, 1992, 2007)和 *Studies in Tectonic Culture: The Poetics of Construction in Nineteenth and Twentieth Century Architecture*, edited by John Cava(Cambridge: MIT Press, 1995, 1996, 2001)等。

义之后，中国有重新振兴自己建筑文化的愿望。

在把世界划分为十个洲级地域后，我们的方法是为每一地域选择100项均衡分布在20世纪的典范建筑。原本的目标是每20年选20项，每一地域选100项重要作品，全球整个世纪选1000项。然而，由于在20世纪头25年内各国的现代化进程不同，在有的情况下需要把前20年的份额让出一半左右给后来的80年，从而承认当“现代时期”逐步降临时世界各地技术经济发展初始速度的差异。

十个洲级地域的划分如下：1.北美（加拿大和美国），2.中、南美（拉丁美洲），3.北欧、中欧、东欧（除地中海地区和俄罗斯以外的欧洲），4.环地中海地区，5.中东、近东，6.中、南非洲，7.俄罗斯－苏联－独联体，8.南亚（印度、巴基斯坦、孟加拉国等），9.东亚（中国、日本、朝鲜、韩国等），10.东南亚和大洋洲（包括澳大利亚、新西兰、塔斯马尼亚和其他太平洋岛屿）。

这一划分一旦取得一致，接下来就是为每一卷确定一位主编，其任务是监督建筑作品选择过程并撰写一篇综合评论，对本地区的建筑设计做一综述。这篇综合评论的目的除了作为对本地区建筑文化演变的总览之外，还期望对在评选过程中由于意见不同、疏忽或偶然原因而难以避免的失衡做些补救。评选由每卷聘请的五名至九名评论员进行，他们是建筑评论家或历史学家，每人提名100项典范作品，由主编进行综合后最后通过投票确定。

我个人的贡献可以视为在更广泛的范围内对这种人为的地理分割和其他由于这一程序所必然产生的问题

进行补救。然而，在进一步论述之前，我必须说一下在总的现代化过程中出现的有争议的现代建筑和似传统建筑之间的区别。后者承认现代化，但主张以某种措施考虑文化延续性和抵抗性，因此被视为“反动的”。这样，人们会发现各卷之间选择的项目在性质和组成上有甚大的不同，不论是在设计思想上，还是在表达时代的技术和社会特征方面。

在这传统和创新的演示之外，另一个波动是更难解释的同一时间和地点发生的不同建筑表达模式，它们不仅在强度上不同，而且作为一种文化势力或运动的存在时间也大相径庭。为了说明这种变化，我们可以芝加哥的草原风格为例。它从1871年的大火到1915年赖特设计的米德韦花园（Midway Gardens），是连续发展的，但其后这一地方性运动就失去了其劲头和方向；与此相反的是南加州家居发展的长得多的轨迹，它从1910年I. 吉尔设计的道奇住宅开始，到60年代洛杉矶的最后一座案例研究住宅为止，佳作延绵不断。同样，我们可以提到德国在1905年至1933年间特别丰产的时期，以及芬兰、捷克斯洛伐克同一时期的状况，其发展一直延续到第二次世界大战之前。人们也可注意到：这两个国家对激进现代建筑的培育离不开国家作为进步现代力量的概念。类似的意识形态上的民族文化轨迹在斯堪的纳维亚国家和荷兰的特定时期也可看到。

我们还可以看到与结构工程学相关的文化如何因时因地变化，在某个国家其技术潜力和优雅可塑达到特别高超的程度，而另一国家尽管掌握其普遍原理，却逊色甚多。于是，在1918年至1939年间的法国、瑞士、意大利、捷克斯洛伐克和西班牙可见到真正出色的结构工程文化，尤其是在钢筋混凝土领域，而英美国家在同一时期内却只有最实用主义的构筑形式。在英国，唯一的例外是工程师E. O. 威廉斯的工厂建筑和丹麦流亡工程师O. 阿鲁普的作品。在美国，混凝土领域的例外案例是巨大的水坝，特别是在田纳西河流域管理局以及在科罗拉多建造的巨石坝。

当然，在世界范围内，技术经济发展的速度是大为不同的，至今，还有前工业文化，乃至前农业、游牧、部落文化以这样那样的方式生存下来。同时，有组织的建筑产业连同建筑师职业实践在许多国家仅仅是第二次世界大战以后的事。这种前建筑师的建造文化，B. 鲁道夫斯基在他1963年出版的书中用了“没有建筑师的建筑”这一标题。今日在所谓“第三世界”中却出现了扭曲的反响，这里的许多大城市周围出现了自发移民的集合，自占的土地，没有足够的基础设施，也就是无水、无电、无污水处理等为人类密集居住场所保证健康生存所必需之物。对此，我们得承认一个严峻的事实，这就是即使在像美国这样的发达国家，每年建造量不足20%的部分才是由职业建筑师所设计的。

综合评论

本卷主编
R. 麦罗特拉

多元主义建筑——南亚建筑一百年

R. 麦罗特拉
（Rahul Mehrotra）
1959年生，建筑师，1990年以来，一直在孟买工作，主要致力于室内设计、古建筑保护、城市规划和建筑工程等。他也是印度城市设计研究院（UDRI）的执行院长。该院通过组织学术报告、工程设计及专题研究，促进了对孟买市的理解和研究。
就孟买的城市建筑和规划问题，他撰写过大量文章并举办过许多讲座。他与别人合著的《孟买：城市之间》（*Bombay: The Cities Within*），涉及孟买从17世纪到当前的城市历史。他是《保护形象中心：孟买的城堡区》（*Conserving an Image Center: The Fort Precinct in Bombay*）、《邦根加：神圣的监狱》（*Banganga: Sacred Tank*）等书的著者之一，也是《公共区域》（*Public Places*）、《孟买》（*Bombay*）及《从孟买到玛姆拜：变化中的景象》（*Bombay to Mumbai: Changing Perspectives*）等书的编者之一。这些书对这个城市具有历史意义的地区进行了记录和分析，同时也对印度当代城市设计和规划等问题进行了讨论。

南亚地区是一个多元化的世界。在历史上，各种曾在该地区盛行过的文明，至今仍在这片大陆上展现着各自独特的面貌。和北美经历的文化大熔炉不同，这个地区浓缩着各个不同的社会群体的历史及各种不同的文化形态，它们在一千年来一直保留着各自鲜明的特性。在南亚的国家——印度、巴基斯坦、孟加拉、阿富汗、斯里兰卡、尼泊尔、不丹和马尔代夫，传统与现代并存，繁荣与贫穷并存，公有和自治并存，中世纪社会和硅片技术并存，它们共同创造出了一种令人难以置信的多元化景象。[1]

这种文化、经济、社会和技术上的多元化，乃是形成于这样一种背景之下：人口爆炸、急速的城市化进程以及人口从乡村到城市的大规模迁移正在深刻地改变着这一地区的社会和文化面貌。因而，这使得业已存在的问题的多样性愈发突出。这些因素对现存环境的影响是巨大的。在乡村发展缓慢的同时，大大小小的都市中心则可以看到这种剧烈的转变。由人口增长所推动的都市化进程，吞食了该地区未开发的土地，破坏了该地区的资源，并给现存的物质和社会基本结构带来了巨大的压力。在这种背景下，一系列新的经济及文化上矛盾的两极产生了。正是在这个多极世界中，矛盾的不断产生、对峙和并存，构成了南亚风貌多元化的特征。

在整个历史上，这种多元化赋予该地区强大的力量，在20世纪（1900—1999年）的进程中表现得尤为明显。在此期间，尽管历尽沧桑，南亚地区仍然保持着自身文化的多样性。在极短的时间里，该地区经历了殖民主义的灭亡[2]、民族国家的建立、地区特性的维护以及在20世纪末政治舞台上的激变。建筑，正是在这样一个充满着矛盾、剧变的南亚舞台上，扮演着一个举足轻重的角色。这一角色不仅代表和传达着一个社会现时的理想，而且更为关键的是，它成为一个表达新方式和理想现实的重要参照点。在这种急速变化的情况下，典范的、优秀的建筑作品迫使人们从不同的角度观察问题并寻求多种解决途径，而不是单纯地解决或狭隘地论述一系列当前的紧迫问题。从这种意义上说，本卷收入的作品正是整个南亚地区大范围、大规模建筑实践的缩影，并体现着20世纪该地区建筑演变过程中所遇到的种种重大问题。

帝国主义式样及历史式样的重组

20世纪初，英国人统治了南亚，这里的大部分地区都沦为英国的殖民地。对英国人来说，建筑起到了一种重要的象征作用——它在形象上代表着欧洲社会的身份，一种对其权力的肯定："它将我们凝聚在一起，明确地显示出我们的存在，并将永远为该国家的民众所接受。"[3]

1 按PWD标准建成的建筑。这是一种标准化的、集中统一的建筑体系，很少考虑到当地情况。这种类型的建筑根据房主的情况，有着不同的大小，它们遍布南亚各地，也许仅仅能适应热带地区，这些地区的房屋通常都有茅草或瓦做成的坡屋顶。

照片由R.麦罗特拉提供

随着这种与建筑相关的价值及态度的转变，该地区传统的建筑模式及建筑观念受到了致命的打击。19世纪中期建立起来的公共工程局（PWD），确立起了一种统一的、标准化的建筑体系（图1），然而这种建筑体系却很少顾及地区特点及传统文化中的精华。J. 兰塞姆，这位1902年被任命为印度政府首任建筑顾问的建筑师，在谈到他的经历时（25年后在一次RIBA讲座上）说："印度[4]特别提倡创新，而不是追求建筑式样的纯粹。政府要求我们在加尔各答的建筑中采用古典式，在孟买的建筑中采用哥特式，在马德拉斯的建筑中采用撒拉森式，在仰光的建筑中采用文艺复兴式，而英国式的别墅应遍布整个印度平原。"[5]

这种对待建筑的生硬的帝国主义立场，一直被英国人推行到20世纪20年代和30年代，但它也并非完全没有受到挑战。在如哥特复兴、工艺美术运动等现代思潮的推动下，早在19世纪末就出现了一批更富同情心的英国建筑师，他们对这片土地上的建筑传统表现出了关注。除了复兴主义者（如E. B. 哈威尔和后来的F. S. 格罗斯）[6]的早期尝试外（图2），S. 雅各布（1841—1917）[7]所开展的工作对20世纪初期的建筑有着决定性的影响。雅各布将南亚地区[8]的建筑理解为一种"合成物"或"组合体"，它们由各种分别执行结构、思想及美学功能

2 布伦德舍赫尔的集贸广场，由F.S.格罗斯负责建造。作为当时该地区的行政长官，他雇用本地的能工巧匠并采用了当地传统的建造方法。格罗斯进行总图规划，确定空间布局。在工匠们的协助下，创造出一种带有工艺美术运动精神的建筑。

照片由R.麦罗特拉提供

A

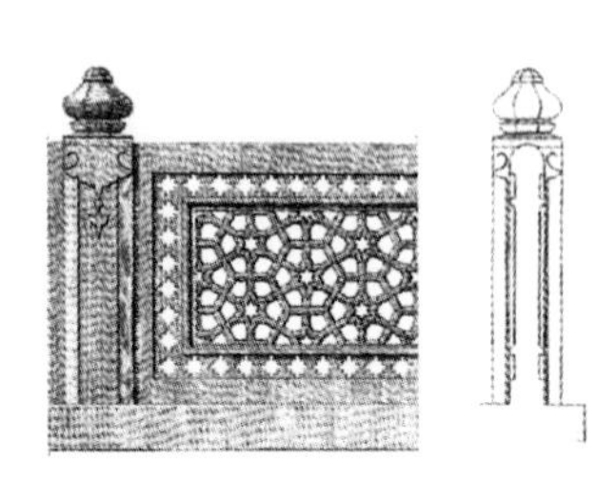

B

3《斋浦尔建筑细部图集》通过将分列在各个活页上的建筑细部组合起来，旨在帮助组装出一个新的印度-撒拉森建筑。

照片由R. 麦罗特拉提供

的元素和细部所构成。对他来说，合理的步骤自然是对这些“合成物”进行分类或“分解”。雅各布渐渐地总结出一种模式，并于1890年，在印度斋浦尔土邦主的资助下，出版了共六大卷的《斋浦尔建筑细部图集》（*The Jeypore Portfolio of Architectural Details*，图3）。在这些图集里，S. 雅各布提供了600多张大比例尺的建筑细部图，这些细部则分别出自12世纪到17世纪印度北部的各种建筑。

这套书特别重要的一点是，它并不是按时间或地区，而是按功能来编排的：第一卷是石屋顶和基座，第二卷是拱券，第三卷是隅撑，依此类推。雅各布在序言中指出，这套书的目的在于汇集一系列施工图，并将它们以活页形式装订，以使读者能够对不同的建筑细部进行比较，从而易于做出选择。通过这一过程，雅各布实际上构筑了一个能够完成这种“综合”任务的框架体系。其目的在于通过研究和分析，将传统建筑形式“分解”，以创造出一种适合现代建筑的“合成”建筑风格。

这一做法与政治影响不无关系。完全消除地域特点，就意味着界定了一个更广阔的地域范围——在该区域内这一做法能够行之有效——这正如英国人过去常常用“大印度”的概念来划定他们的南亚殖民地范围一样。英国人利用建筑来为与殖民地地界相一致的该地区创立一种地区综合特征。英国人曾很羡慕印度莫卧儿人，因为他们将自己的建筑意识与被他们所征服的南亚地区的现存资源、技术结合起来，创造了一种全新的地区建筑，从而成功地完成了这一“综合”的过程。对英国人来说，莫卧儿建筑表达出某种古典的简洁性，与原始印度艺术、建筑的复杂性和丰富的想象力相比，大多数欧洲人更易于欣赏、理解前者。因此，像曼杜、比贾布尔、法塔赫布尔西格里等地方就成为在南亚工作的英国建筑师们灵感的源泉。莫卧儿建筑被认为是印度建筑元素和穆斯林建筑元素的结合。因而印度－撒拉森一词被用来描述那些受到该建筑风格影响的建筑。同时，随着雅各布该书的出版，这一鲜明的建筑风格（如今被称为印度－撒拉森风格）也已闻名多时。因为在雅各布的书中，这一“重组”的过程被正式当作一种创造合成建筑的重要手段。

到了19世纪末和20世纪的前十年，“印度－撒拉森”已经自成一格，并且可能是南亚地区最受官方喜爱的一种建筑风格。这种风格的建筑遍布南亚的各大主要城市，从拉合尔、卡拉奇到马德拉斯、科伦坡和仰光（甚至马来西亚的城市），建筑师如R. F. 奇泽姆（1840—1915年）、J. 贝格（1866—1937年）和G. 维忒特（1840—1926年）等人成为这种风格重要的倡导者（图4）。

虽然，从某种意义上说，印度－撒拉森运动表现出一种试图与帝国式建筑分庭抗礼的姿态，但到了20世纪20年代，印度－撒拉森建筑的影响却开始逐渐减弱。它只适用于某些特定的官方建筑，并且只能迎合当地那些几乎拥有40%印度领土的王公贵族们的喜好。因为就综合本地传统和建筑思想这一方面来说，印度－撒拉森运动所做的尝试其实只是一种表面功夫——尽管建筑的外观具有印度风格，但在空间概念、建筑标准、技术及建筑所服务的业主等方面，它却丝毫没有任何更大的突破；这些建筑在本质上仍然是欧洲式的或是殖民地式的

A

B

4 巴罗达学院。由R. F. 奇泽姆在19世纪80年代设计的巴罗达学院是一个很好的印度－撒拉森建筑的例子。在此例中，新的综合法将传统要素结合起来，创造了一个充满生气的综合体。

照片由R. 麦罗特拉提供

风格。

到了20世纪20年代，欧洲古典风格的建筑又开始时兴起来——这时，银行和商业机构是主要的业主。古典风格的建筑牢固地保持着其作为政治集权建筑和商业建筑的地位。印度–撒拉森建筑对其所构成的潜在威胁也许是因为官方对建筑的牢固控制使得建筑很难与政治脱离。这两种冲突在20世纪20年代新德里的城市规划中表现得非常明显。尽管E. 勒琴斯爵士在政治意义上被迫采用了印度–撒拉森风格（S. 雅各布当时被政府任命为工程顾问），但他却超越了印度–撒拉森建筑师们过于简单的做法，而尝试着将他所谓本质上为西方古典的元素与精选的传统形式的元素融合到一起。

在建筑上，勒琴斯取得的成就远比他的前辈多。通过抽象的手法，勒琴斯创造了一些与他所使用的古典语言完美结合的建筑细部。他把"遮陀罗"（屋顶凉亭）、"遮扎"（石挑檐）及"哥哩"（透空石屏风）[9]看作当地建筑风格的典型特征，又利用它们所具有的使用功能，将其与自己的古典风格自然地结合在一起，从而达到一种在满足严酷的气候条件要求与满足政治上的象征意义要求之间的平衡。勒琴斯把新德里看成印度的罗马——他使建筑恰如其分地表达了当时存在的一种殖民思想：用被统治者自己的语言和符号去指挥被统治者。[10]这样，通过在建筑上附加印度风格的元素——从微小的细部到更大的建筑元素（如在总督府大厦的主要穹顶上采用桑奇的窣堵坡），勒琴斯摒弃了这些传统建筑风格的象征主义内涵，将其充分抽象化后运用到自己的设计语汇中，从而对印度–撒拉森风格做出了一个圆满而合乎逻辑的结论（图5）。尽管这一方法启发了新德里和殖民地其他地区许多类似的作品，但到了20世纪30年代，典范的建筑及建筑师所关注的中心问题开始有了根本性的改变。民族主义运动和现代主义的萌芽已经在南亚出现，并开始将建筑作为一种推广宣传其思想的工具。

5 1931年的新德里——由E. 勒琴斯爵士所设计的印度的罗马。新德里的建筑反映出勒琴斯对古典主义建筑的偏好以及政府希望采用当地装饰、象征和建筑语言的愿望。然而最终的分析表明，这些建筑所探讨的问题远远超出在设计过程中所发生的有关建筑风格的争论。

照片由R. S. 戴伊提供

民族主义和现代主义的双重力量

1920年9月，印度国会在加尔各答召开会议，从此掀起了一场不合作运动，并要求地方自治——这是一个最终将影响到整个南亚的事件。早在1905年，随着以强调不与政府合作[11]，提倡发展民族生活方式为主的国货运动的兴起，民族主义运动就已奠定了其基础。这一运动的核心是独立自主，它成为反对殖民主义、弘扬印度精神的工具。[12]正是由于这一运动，在政治上和建筑上同时反对帝国主义的思潮才深入人心。

1915年甘地来到印度，他的到来标志着南亚地区新纪元的开始。甘地开始将他在南非发展形成的消极抵抗政策及非暴力不合作运动付诸实践。一方面，甘地对于艺术及建筑中的民族主义思潮的影响是间接的——它表现在精神领域而非具体风格上，同时，较之建筑的具体设计，他的思想更多地影响了有关建筑的争论。然而，将国货运动的理想贯彻到建筑和艺术这一过程中起到最关键作用的是孟加拉艺术学派和专以推行国货运动主张为宗旨的森蒂尼盖登教育中心的创始人R. 泰戈尔。从建筑表现上说，森蒂尼盖登教育中心综合吸收了南亚各地区的影响，并明确地表达出要寻求一种泛亚风格的愿望。在设计中，它采用通常民间建筑的做法，将各种风格兼收并蓄，使建筑不带有丝毫纪念性。传统形式及材料的结合使最终的建筑显得犹豫中庸，不能完全和谐统一。正是建筑中的这种不果断性，极大地减小了森蒂尼盖登教育中心对该地区大型建筑的影响。

另一方面，甘地式的建筑是一种简明朴实的建筑，它具有许多包括现代主义建筑准则在内的超前的意识和思想，但缺乏现代主义的正规建筑语汇。甘地故居的设计简明朴实，体现出甘地的政治理想和社会理想的精髓。在这里，建筑成为尽可能直接表达这些思想的工具。甘地的建筑是极少主义的，与泰戈尔的将建筑形式当作民族特征符号的做法不一样，甘地故居更多是按照当今的环境保护运动的原则建造的。[13]事实上，在甘地的建筑中没有任何复兴主义的或民间传统的成分。从该意义上来说，甘地的思想倒更接近于与现代主义运动同期在南亚出现的各种思潮。

6 圣母玛丽亚大道。在1930年至1940年期间，孟买建成了一条令人难以置信的充满装饰艺术风格建筑的街道。这一城市设施及汇聚其两侧的装饰艺术风格的建筑将孟买的城市形象从维多利亚式转变为国际的、现代主义的式样。它预示着南亚建筑风格的一个新时期。而孟买，作为现代建筑流行风格的榜样也成为现代主义在卡拉奇、加尔各答等城市快速传播的中心。

照片摘自《孟买：城市之间》

这样一来，民族主义运动面临着难以调和且相互矛盾的两种势力：一方是精神上和复兴主义彼此联系的民间传统思潮，另一方是甘地所倡导的简朴和最低生活标准的潮流。在许多方面，甘地的这一主张隐含着现代主义的思想（它被看作受到了西方思潮的影响），因此，它似乎并不适合作为一个刚被发觉的民族特征的象征，特别是在争取自由的斗争仍在进行的时候。于是，复兴主义流派最终得以流行开来。因为这一运动能够更为明确地表现出它与刚刚兴起的现代主义（表现在国际风格上）以及装饰艺术的势均力敌（图6）。而装饰艺术在那时是与富商王室的腐朽奢侈或是新出现的帝国主义势力相联系的。

复兴主义者坚信，这些外来的运动（装饰艺术运动和现代主义运动）并不能体现该地区的灵魂所在！他们认为，南亚，特别是印度次大陆的现代建筑应该建立在传统风格的基础上。他们从该地区久远的历史中寻找灵感，并不无讽刺地推崇像J. 贝格那样的印度–撒拉森派建筑师。实际上在1900年至1940年期间，复兴主义思潮表现在装饰艺术和现代主义运动中的现代主义思潮就一直存在着冲突。英国建筑师中的复兴主义者们利用古典主义来宣扬帝国主义情绪，而印度的复兴主义建筑师们则寄希望于佛教和笈多时代的建筑原型——在那些遥远的年代里，建筑几乎没有丝毫明确受到外来影响的痕迹。[14]然而，复兴主义思潮却不能和那些将要成为南亚领导人的政治家的观点完全合拍。这些政治家（如尼赫鲁）全心地接受了现代主义思想，并将其作为描绘未来蓝图的工具，建筑不仅仅是标志或外观设计，它同样还担负起一种社会职责。

1920年至1940年期间，现代主义出现在南亚不同的地方、不同的环境中，并有着不同的表现形式。然而它们却一致反对浪漫主义，这就意味着要建立一种对表达工业化和都市化条件下新的生活观念至关重要的新的建筑风格。[15]现代主义首次进入南亚是在20世纪30年代。当时，一些英国主流建筑师之外的国际建筑师在没有官方资助的情况下，为南亚上层人物设计了一些建筑。由于这些建筑活动零碎分散，因而对整个建筑界的影响是微弱、局部的。[16]对这些上层资助者而言，现代主义体现着民族主义事业的目标，因为它与旧时代彻底脱离，并对未来充满乐观之情。这些南亚早期的现代主义实践轻装上阵，不必考虑解决风格、特征之类的问题，因而建筑师们可以在一定的范围内尽可能地进行有关现代建筑的各种探索——全新的形式、空间概念和结构以及新技术的使用等。然而，随着许多新的民族国家的建立，这些现代作品不久就面临着惶惑和苦恼，解决建筑共性的问题成了南亚建筑师们在其后十年里不得不面临的挑战。

建筑与民族特性

20世纪40年代末到50年代，南亚的建筑师及其业主为从殖民统治中获得独立的民族国家创造了一种集体特征的巨大能量。在南亚出现了甘地、泰戈尔、尼赫鲁、真纳和班达拉奈克[17]等权威领袖，他们都对民族建筑有不同的看法。尽管甘地的理想主义和苦行节制，泰戈尔的诗歌般的梦想，真纳的热情奔放的辞令鼓舞了几代人，但最终，还是尼赫鲁的社会主义规划成为主导模式出现在南亚。尼赫鲁鼓励南亚领导人放眼未来——“不要到外国寻求过去，而要到外国去寻找现在。寻求是必要的，因为闭关自守意味着倒退和落后”。[18]这种导向自然使得南亚成为“现代工程”最活跃的地区。在这里，东西方关系被不断重新定义，现代化的经验成为造就民族特征的关键。

7 维德汗·萨德哈，班加罗尔。这座议会建筑是由公共工程局于1952年至1957年间为印度的卡纳塔克邦建造的，它象征着复兴主义者将把南亚的建筑引领到后独立阶段。

照片由R. 麦罗特拉提供

具有讽刺意味的是，建筑界对独立的直接反应却是在全南亚范围内出现了一个复兴主义的主导潮流（图7）。官方的政府建筑对此最为敏感——各个国家竭力从过去的建筑遗产里挖掘形象来代表新政府的饱满信心并通过公共建筑来象征新兴政权。[19]其他如国营工商业和私营业主们，其中很多是英印合办商行的主人，则采取中间立场，徘徊于复兴主义和现代主义的主张之间。他们的现代主义植根于装饰艺术风格之中，容许符号和装饰的重叠，这就是他们的设计的本地化限度。作为这些设计方法的对立面，站在另一方的是从欧美回来的年轻知识分子和建筑师们。他们认为现代主义和时代精神息息相关。[20]现代主义被视为能表达新民族主义的自然的方法，不为历史和文化的束缚所阻，反映着一个自由民族渴望经济发展和希望同世界其他地区相沟通的乐观主义精神。

尽管南亚在其后几十年中一直在努力解决民族特征的问题，但印度在这方面似乎选择了一条捷径——尼赫鲁邀请勒·柯布西耶来设计昌迪加尔。回头来看，勒·柯布西耶的最大作用是他当即解决了复兴主义者和现代主义者之间的争端——现代主义者获胜。勒·柯布西耶的设计成了尼赫鲁设想的现代印度的形象和象征，因为勒·柯布西耶进步的社会观念和建筑思想完美地吻合了尼赫鲁对印度所抱有的雄心壮志。在差不多20年的时间里，勒·柯布西耶的作品被奉为独立民主的印度的榜样，而其他南亚国家则努力调和国际风格和复兴主义思想以体现他们的政治意识形态。[21]

然而，除了官方推动外，在20世纪50年代到70年代，或许在全世界都突出表现了这样一种观念，即建筑师们不但能塑造物质环境，而且能改造社会生活。这样，建筑师们这一时期在南亚的活动范围伴随着物质的以及社会的基础设施的建设大大地扩展了。医院、学校、大学、住宅项目以及新城等给建筑师们提供了许多新的机遇，而挑战则是如何通过建筑生产去为这一地区开创一种新的特征。事实上，这个时代将会看到一种情形，即服从于独立和政治自由这一主要目标的关于未来的完全不同的态度和希望，开始被表达为这样一个中心问题：该用何种眼光来指导未来的规划？尽管勒·柯布西耶和后来的路易斯·康在形成这些指导方向上是最有影响力的人物，但是各个国家的当地化的精英倡导的发展才真正成为新的建筑方向诞生的源泉。20世纪60年代到70年代，形成了一股关注和推动建筑的主流，它从昌迪加尔、新德里延伸到艾哈迈达巴德、巴罗达和孟买。此外，在本地治里（印度）、科伦坡及后来的达卡具有一定重要性的建筑项目都将成为新的后殖民地格局的中心。

南亚地区所有这些努力的一个特点是其对于西方观念接受与抵制同时并存的现象。南亚建筑师们在发展现代视觉语汇的道路上发现有很多障碍，而且同现代主义的哲学起源相隔绝，他们可能不理解现代主义的复杂结构和目的的深度。20世纪50年代和60年代，南亚建筑师们努力使现代主义得以运转，不仅要处理现代主义与现存的传统的关系，而且也要考虑如何将该现代性置于一个文化背景中。因而这一时期和其后的几十年中，南亚建筑师们通过各种形式，力图将西方的形式、主题与南亚的传统思想及教训相调和。并且，这种努力是在南亚的特殊背景下，这里的发展过程导致了各式各样的解决方案和建筑形式——从而进一步加强了历史上就曾成为南亚建筑景观特征的多元主义特性。在此过程中，很多不同的问题必须被提及。同时，随着建筑师影响的扩大，城市化及其相关的问题和争论开始引起建筑师和规划师们的注意。新城规划，具有支付得起的基础设施的低造价住宅项目在整个南亚都成为了建筑辩论的论题。[22]与此同时，一种更为强烈的复兴传统工艺的意识和努力涌现出来——更加深入地从传统中寻找线索，既是为了解决文化延续性的问题，也是为了适应经济发展的要求。[23]

8 “柯布王”。勒·柯布西耶在南亚的影响是难以置信的，他几乎是一举改变了南亚地区后独立时期整个建筑的方向。

照片由 C. 柯里亚提供

包含所有这些内容的现代主义工程，在昌迪加尔的第一次辉煌成就之后，在印度艾哈迈达巴德市得到最伟大的表现。昌迪加尔毕竟有如一张“白纸”在那里，现代主义并未真的碰上像艾哈迈达巴德所呈现的多层次的传统和文化背景。尽管在昌迪加尔的是一次纪念性和装饰性相结合的独一无二的尝试，它从未被迫面对任何已存的建筑文脉或社会文脉。在艾哈迈达巴德则是另一回事。勒·柯布西耶是把建筑建到一种特定的文脉中去——给印度和所有南亚地区的现代建筑师们开拓了一条行之有效的道路，因为他所做的不是模仿，而是吸收和再造文脉。(图8)

9 未实施的由 F. L. 赖特设计的艾哈迈达巴德的卡里科总部项目。在 20 世纪 60 年代和 70 年代，现代主义建筑格外垂青艾哈迈达巴德。如果赖特的建筑能够建成，艾哈迈达巴德将能在自己的建筑名单上又增添一位国际大师的名字。艾哈迈达巴德这时已经拥有由勒·柯布西耶设计的几个建筑以及由路易斯·康设计的印度管理学院。

照片由 F. L. 赖特基金会提供

艾哈迈达巴德对现代建筑的贡献是前所未有的。拥有艾哈迈达巴德棉纺厂的家族，特别是萨拉巴伊家族[24]，比尼赫鲁在昌迪加尔为之建房的选民更能代表新印度。他们看到在世界市场的竞争中现代和传统相结合的必要性。这个家族和甘地一起（甘地故居就在艾哈迈达巴德），在摆脱英国统治中起了很重要的作用。萨拉巴伊家族努力把赖特（图9）、勒·柯布西耶、路易斯·康介

10 路易斯·康设计的孟加拉国议会大厦（达卡）成为新成立国家的象征和标志。建筑成为一个创立民族特征的不可思议的强大工具。

照片由C. S. 乌诺约集团提供

绍到印度，并在艾哈迈达巴德国家设计院的建立中功不可没[25]。从本质上说，萨拉巴伊家族帮助建立起了一个框架，使得现代主义得以在最真实的意义上与其现在所植入的文化脉络相互作用。[26]通过艾哈迈达巴德的建筑实践，现代主义最终扎根于南亚各地，造就了全新的一代建筑师，他们深受现代主义的鼓舞并坚信它所代表的一切。

当代的纷繁格局

现代主义扎根南亚的局面一形成，从20世纪60年代开始到其后几十年间就出现了惊人的建筑“纷繁”时期。勒·柯布西耶的影响业已形成，路易斯·康在20世纪60年代末也开始了他的建筑生涯（图10）。年轻一代的建筑师，如孟加拉的M.伊斯兰姆，巴基斯坦的M. A.米尔扎，印度的A. 堪文德、B. 多西、C. 柯里亚、H. 拉赫曼、L. 贝克尔、R. 里瓦尔、R. 萨比西、U. 贾因，斯里兰卡的A. 博依德、G. 巴瓦、M. D. 西尔瓦和U. 普莱斯纳等人都致力于寻找民族特性，寻求独有的特征和明显的地区特色，而努力摆脱国际风格的单一化影响（图11）。事实上，到20世纪70年代，对建筑师们来说，同解决加速发展而同时又保留传统文化及社会价值的精华的矛盾相比，民族特性是较次要的问题。

到了20世纪80年代，在南亚，面对全球化的趋势而确立地区特征的观念变得比民族特征本身更加重要。因而，地区特征的问题变得关键起来。既然建筑不易按政治界限来区分，因此它与文化和民族主义相互交融的部分也并不总是那么明显。伴随这种模糊性以及随之而来的在建筑上的摸索，地方主义（运用介于现代和传统之间的建筑语汇）出现了，并成为南亚建筑界的焦点。[27] 20世纪70年代和80年代的这种地方主义运动的建筑体现了南亚气候、地理和文化的多元性，产生了该地区后殖民时期最精彩的建筑。

这一时期是建筑师们可以审视地回顾历史，并对历史教训做出反应的时期。其中的一些尝试受后现代主义浪潮的影响，采用了简单肤浅的方式，把他们对过去的回应降低为只是使用从历史文脉中提取的象征性符号。而另外一些尝试则是更为严谨地分析过去，力图给他们工作的地区演化出一种特性——在面对20世纪末的建筑争论中阐明一种崭新的立场。[28]这一立场试图重新把建筑师定位于更广阔的社会活动中，从而将此职业同一种新的关于历史，本地的建筑传统，及与用户不断对话的重要性的意识相联系。有趣的是，到20世纪90年代，这一立场变成了中间派，国际合作建筑采取一种极端立场，宗教驱使的原教旨主义（推崇古代的偶像、方法和建筑实践）采取另一种极端立场——而地方主义同时成为这两种立场的对立面。

尽管南亚各国的政治思想取向各异，但出现的问题似乎相同——人口增长、急剧的都市化进程、尖锐的城乡差异和蹒跚发展的经济——且都发生在丰富的文化积淀背景中。这些严峻的问题相互作用，对受其影响的建筑环境、建筑形式、建筑运作模式和建筑产品产生了明显的作用。也许这些正在进行的实践正反映了南亚当代建筑纷繁格局的模式，因为它们代表了南亚社会所渴求

A

B

11 甘地纪念馆，由C. 柯里亚设计。通过对历史精华的抽象应用，纪念馆体现出一种与历史相联系的当代建筑的力量。建筑中隐含的逻辑性、合理性表达出清晰、简洁和优雅的气质——这正呼应着与其相邻的甘地故居的精神。

照片由R. 麦罗特拉（11A）、C. 肖德汗（11B）提供

12 一个空间，两个世界。一幢公司大楼和低矮的村落并置，不同的形象和不同的世界被挤在同一空间里。这些就是在大南亚范围中的景象。

照片由R. 麦罗特拉提供

的目标，而建筑实践的范例确实可以被看作对这些需求所做出的回应。每一种这样的实践，都力求真实并表现出特性，同时还需解决南亚城市中极其复杂的矛盾。虽然这些做法的本质多种多样，但用以表达南亚当代社会愿望的似乎有四种明确的实践和手法的模式。这就是合作实践模式，地方主义方法，建筑师作为工匠的观念以及以复兴古代为基础的建筑创作——宗教驱使的建筑实践。

合作实践模式可能是公共领域里最常见的模式，这种实践模式表现为一种成熟的建筑工业，通过将一系列详尽的建筑说明和图纸落实到建筑中去来传达设计意图。这种建筑实践通常采取大公司的形式，办公室里能提供各专业的分工与合作。尽管这一模式深受业主的信任与欢迎，并能提供合格的可预期的产品，它却一直坚持国际建筑的僵化面孔，根本不考虑当地情况和社会背景（图12）。这一模式得到跨国组织、发展商和建筑商的支持，而且在20世纪90年代得到政府——通常是他们的财政机构的支持。

13 地方主义者不是拒绝现代主义，而是反对国际式样千篇一律的风格。建筑师L. 皮雷拉于1983年在艾哈迈达巴德设计的住宅，体现着当地建筑师们所做的尝试，即希望利用现代主义的语汇来创造出适合于本地区的建筑。

照片由R. 麦罗特拉提供

和这一实践模式相对的是地方主义的立场。它反对的不是现代主义，而是被合作实践模式所僵化了的国际主义（图13）。事实上，地方主义者已认识到现代主义作为一种以新视角来看待传统的机制的重要性。他们看到了现代主义对建筑材料固有特性的尊重，结构的丰富表达力，形式的功能评判标准，以及标志和肌理与其所处的大环境的巧妙结合。地方主义者清楚地看到，民族主义背离了对于其地区文脉的尊重和关注。[29]他们力图创造一种明确的特征而不致流于狭隘的派别或遭到舆论的抨击。这一实践方法的主要支持者是不同背景下的文化和社会机构以及私人机构——学校、旅游名胜地区的旅馆及家庭。

这一实践方法的延伸就是把建筑师视为工匠的观念。在这种场合，建筑师直接和建筑工人打交道，或多或少减少了作为表达设计意图媒介的图纸（图14）。由这些建筑师建造的建筑，其突出特征是对于本地材料和地方建筑技术的积极热情的采用。这种直接交流的方法创造了一个工匠和建筑工人真正的共同参与的工作程序，将大量的决断留给他们直接去做。这种灵活的设计意图和最终产品由建筑过程来决定的开放式结局有助于通过使用符号和标志来较为容易地将建筑与地区更广阔的宗教和文化传统相联系。非政府组织、文化机构和中产阶级往往是这一实践模式的主要支持者。[30]

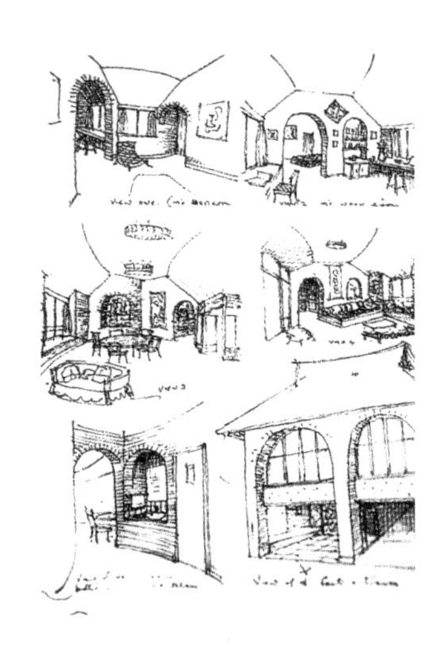

14 L. 贝克尔在印度喀拉拉邦一个建筑工地上画的草图。整个住宅是按这两幅草图建造的——允许工匠去体会和更新设计意图。

照片由 R. 麦罗特拉提供

这种模式合乎逻辑地发展便出现了一种有利于再现古代建筑的实践模式——高级工匠作为古代建筑文本的诠释人。用这种方法重现过去，随着大量印度教庙宇、清真寺以及一系列学院建筑由这些从业者建造起来，而逐渐兴盛。[31]除了宗教驱使的原教旨主义，探求更大的经济动力也引起人们对古代文献的巨大兴趣。南亚的工商界力图从古代寻求庇护——那些工业前期的，甚至原始的偶像被充满信心地树立起来，表现着一种与地区特性密切的关系。[32]（图15）

15 古代的重现。1990年在古吉拉特邦拉杰果德建造的斯瓦米纳拉亚寺庙（1997年完成）。这座寺庙按照古代的建筑法规建造，与600年前建造的寺庙一样。

照片由 R. 麦罗特拉提供

这样，似乎就出现了两极或极端立场的情形，一方是合作实践的愿望，而另一方是力图重现过去的愿望，地方主义者及建筑师—工匠则位于中间。这些不仅仅是实践模式，而且也显示了建筑环境发展的动荡——南亚地区固有的多元化主义景象。也许从这种多元性中会形成一种灵活多变的特征，而不是一种确定的“纯粹的”和“本土的”特性。因为在这个地区内，民族、国家和独有特性的诞生，必然伴随着其不可避免的分裂和混杂。在这种情况下，杂交和多元主义的观念就变得比任何权威式的正统观念或优越的单一特性更为重要了。地区的碑石将继续被刻写，在此过程中，特性的概念是动态的，而不是静态的。因为产生于多样性和不断变化的社会理想中的特性在本质上是一个进化过程的一部分。正是在这一过程中，风格的不连续性才会真正出现，从而进一步增强南亚建筑景观中所固有的多元主义特性。

注释：

1 这一地区的国家所面临的当代问题很多。各国内部以及彼此之间尖锐的经济差异在当前几十年内已经引发了政治局势的动荡。许多代表不同要求的社会和宗教团体都在争夺权力，不仅造成了政治上的不稳定，而且在此过程中，也彻底改变了社会本身的作用。迅速成长的中产阶级、消费主义、基本宗教运动、女权运动、在经济上丧失地位的社会阶层的要求等都是这个地区同时存在的问题。

2 有些国家，如阿富汗、尼泊尔、不丹、马尔代夫没有经历过殖民化过程，它们保持与外界隔离的状态，而且从经济和文化意义上说，在许多方面仍在继续维持这种状况。

3 R. T. 史密斯：《论在传统风土中特别是印度的欧洲人居住建筑》，英国皇家建筑师学院学报第一系列，卷18，1867年/1868年。

4 在这段文字里，“印度”当指南亚地区或者在英国统治下的整个南亚次大陆地区。

5 J. 兰塞姆，根据贝格1929年4月22日在*RIBA*期刊上发表的论文（在一次讨论G. 维忒特的讨论会上的发言），见1929年*RIBA*期刊。J. 兰塞姆在1902年被任命为第一位印度政府的建筑顾问。

6 E. B. 哈威尔，1913年任加尔各答艺术学校校长，出版了《印度建筑史》一书，书中，他指出了许多值得推崇的现代印度建筑，如斋浦尔、迪戈和勒克瑙的宫殿，拉贾斯坦邦的民用建筑和恒河岸边的寺庙。
F. S. 格罗斯是一位直言不讳的印度民政官员，虽然他没有受过建筑或工艺设计训练，但他获得过牛津大学的艺术硕士学位。在他负责的地区（马图拉，1870年至1877年；布伦德舍赫尔，1878年至1884年）任收税官，他按拉斯金的精神设计修建公共建筑，并全都由本地工匠建造。他的建筑作品如马图拉教堂、布伦德舍赫尔的新市政厅和购物广场，运用的是当地的建造方法，这或许能代表将艺术和工艺运动的理想引入南亚地区的最为坚持不懈的努力。

7 S. 雅各布爵士（1841—1917）毕业于艾迪斯康姆的东印度公司学院，他曾是孟买炮兵部队成员。他在奥尔登任野外工程师五年（1861—1866年），后在斋浦尔担任公共工程执行工程师。1896年退休后，应土邦主的要求，继续留在斋浦尔，先是任主管工程师（1902年），后任土邦主的顾问（1905年）。在任职期间，雅各布开始雇用斋浦尔艺术学校的学生复制邻近宫殿、寺庙和其他古建筑上的装饰。这些细部资料（测绘图、拓印或描绘下来的铸件上的花纹）中的很多部分后来和许多其他资料一起经过复制，收入了《斋浦尔建筑细部图集》。他设计了白沙瓦维多利亚纪念堂、德里圣史蒂芬学院、马德拉斯国家银行、比卡内尔的拉尔加宫以及在斋浦尔（阿尔伯特博物馆）、勒克瑙（加宁学院）和拉合尔的许多建筑。

8 “南亚”，这一词语是西方的发明，一个中性的后殖民词语，受到新闻界和学术界的推广，以取代“印度次大陆”。这一词语因南亚地区合作组织（SAARC）的使用而被认可。那是在1985年，“南亚”已经被各地学者和传媒正式使用。

9 “遮陀罗”（chattri），一种有圆顶的小凉亭或伞状的亭子，通常建在屋顶上，用作装饰或象征。“遮扎”（chajja），一条薄的突出的石带，模拟建筑物边沿的檐口或门窗上方的屋檐。“哥哩”（jali），一种镂空的石制格子屏，装在窗户、洞口上，通常雕刻繁复，用以抵挡阳光直射，同时保持通风。

10 1857年的起义尽管被英国当局镇压下去了，却动摇了英国政府的骄横态度。英国人开始了一种自觉的尝试，不将自己仅仅作为征服者，也作为直接同这个国家的过去相连的本地的统治者。在建筑上，因此创立了一种全新的统治方式，在他们的建筑活动中，也寻求与印度风格的结合。

11 在1920年9月印度国会会议上正式发起一个要求自治的不合作运动，这一事件最终影响了整个南亚。

12 虽然印度是专门提到的，但所指的明显是指大印度，也就是整个南亚地区。

13 L. 乔恩、米基·德赛和麦得赫维·德赛：《建筑和独立：特性的寻求——1880 年至 1980 年的印度》，德里：牛津大学出版社，1997 年，第 120 页至第 128 页。

14 在 20 世纪 30 年代，一场由复兴主义者如 C. 查特吉（1873—1966）发起的运动在南亚扎下根来并同现代主义和装饰艺术的发展相并行。查特吉把这场运动称为现代印度建筑运动，运动明确表达了对英印商行作品的反应及对装饰艺术和国际风格的接收，特别是在孟买。

15 在南亚，现代主义的最早表现是装饰艺术。尽管装饰艺术和现代主义紧密相连，但差别在于它较少强调功能，而且在初期，不管在形式上还是在支持者上都更加贵族化。在许多方面，装饰艺术所一贯表现的高贵印度的奢华和甘地提倡的情感——既俭朴又雅致所唤起的精神感受形成了有趣的对比。现代主义反对装饰，而装饰艺术却引入装饰性的主题和母题，从而达到一种对南亚而言十分重要的表达的连续性。同样，虽然装饰艺术产生于工业生产方法，但在南亚，建筑仍然通过手工劳动来建造。尽管这样，通过电影和被小城镇迅速吸收的充满吸引力的技术革新，来自城市中心的装饰艺术得以引进并迅速传播。事实上，作为现代主义先驱的装饰艺术及其在20世纪20年代及30年代的成就使之在40年代较容易地转变成了现代主义者的语汇。

孟买堪称集中展现装饰艺术风格的舞台。装饰艺术在国际范围内流行开来的时候，恰逢孟买正在进行大量的城市开发项目——这期间孟买的建筑都采用了装饰艺术风格。在孟买南部的大后弯重新开发项目中，一大批公寓楼沿着一条俗称圣母玛丽亚大道的街道两边建立起来。在这一开发建设潮流中，孟买还增添了四座大型艺术装饰风格的影剧院，将该风格传播至公共建筑的领域中。

16 早期现代主义的例证，从 A. 瑞蒙德（1938 年）修建的本地居所到许多外国建筑师参与的作品，其中包括 O. 柯尼斯伯格（布巴内斯瓦尔）、R. 纽特拉（卡拉奇）、E. D. 斯东（德里和拉合尔）、C. 佐克西亚季斯（伊斯兰堡和达卡）、G. 蓬蒂（伊斯兰堡）和 P. 鲁道夫（迈门辛）。然而，给早期的现代建筑文化留下最深远影响的是勒·柯布西耶和路易斯·康在印度和孟加拉的建筑作品。

17 阿富汗在 20 世纪大部分时间里，一直处于政治动荡中。不丹和尼泊尔处于君主制度之下。马尔代夫最近才实现民主政体。因此，这些领导人的突出作用主要在印度、巴基斯坦、孟加拉和斯里兰卡等国。

18 《尼赫鲁在印度的发现》，加尔各答：Signet 出版社，1946 年。

19 作为独立后复兴主义的建筑实例有：由 B. E. 多克托于 1955 年设计的德里阿肖卡旅馆，由 PWD 于 1954 年根据勒琴斯的设计方法设计的德里最高法院，1952 年由 PWD 设计的班加罗尔的维德汗·萨德哈（Vidhan Soudha）。

20 这些建筑师包括第一位在麻省理工学院学习过的印度建筑师 H. 拉赫曼，在哈佛大学学习过的 A. 堪文德，还有高塔姆·萨拉巴伊、吉拉·萨拉巴伊、D. 巴杰帕伊、蒙迪、科尔根、M. 拉娜以及后来的 C. 柯里亚、B. 多西。

21 阿富汗、不丹和尼泊尔一直到今天都拒绝接受现代主义的建筑。斯里兰卡和马尔代夫这样的小国家继续通过现存的乡土语言来表达其思想。巴基斯坦则继续努力使其占主要地位的复兴主义风格能与现代主义风格相结合。

22 新孟买 1964 年的总图规划项目，孟加拉的提供就业、住房等贷款的格拉米银行项目以及20世纪60年代、70年代、80年代在南亚国家中建立起来的城市开发部门等都构成了这次建筑师们广泛参与的有关城市问题的讨论内容。

23 根据甘地的哲学思想，独立后印度的变化只能通过教育和本地手工艺的复兴来实现。例如，L. 贝克尔在喜马拉雅山工作了几年后定居喀拉拉邦，在那里，他能开展更广泛的包括中产阶级住宅、社会团体建筑等业务。同样，在1960年，P. 杰雅卡致力于在整个印度复兴硬纺机，不但成功地复兴了工艺技术，而且也推动了全国范围内保护工作的展开。

24 主要支持者是萨拉巴伊家族，其中有科学家维克兰·萨拉巴伊、建筑师吉拉·萨拉巴伊和高塔姆·萨拉巴伊。萨拉巴伊家族邀请S. 卡尔设计其家族住宅“隐居”，邀请勒·柯布西耶设计M. 萨拉巴伊住宅，邀请F. R. 赖特设计卡里科总部——只可惜未能建成。同样重要的是，他们和拉尔巴伊家族一起，邀请路易斯·康来设计印度管理学院。

25 查尔斯和R. 伊姆斯于1958年所做的报告《关于印度设计的现状和潜力》，促使了在艾哈迈达巴德国家设计院的成立。

26 当艾哈迈达巴德的工程快要完工时，纽约的现代艺术博物馆中正在首映一位来自西孟加拉电影天才的影片，片名是《巴萨·班切尔——一个乡村生活的传奇故事》（*Pather Panchala—A Saga of Village Life*）。除了S. 瑞外，影片还把音乐大师R. 山卡尔介绍给西方观众。从那以后，不仅仅是勒·柯布西耶对后殖民时期的南亚（特别是印度）文化着迷，音乐家和艺术家们也都把目光转向次大陆，这时正是昌迪加尔的一个新的建筑——议会宫——即将竣工的时候。

27 20世纪70年代的能源危机大大地推动了地区主义运动——当时，在世界范围内，建筑师们开始考虑消极的制冷、制热和其他生态环境等问题。

28 例如印度节包括建筑展：印度建筑及“VISTARA”，这些活动，除了记录整理历史上丰富的建筑史料外，还从设计者的角度来观察历史。特别是由C. 柯里亚召集的“VISTARA”，在清晰地展示构成泛印度特征的思想、形象和标志上迈出了智慧的一步。它强调在更大的社会、政治和经济范围内（在地区历史上）的建筑典范的变化，引发出新的建筑典范并开启了新的方向。多层次的历史造成了南亚地区多姿多彩的多元化表现，在此基础上形成的灵活多变的地区特征正代表着南亚建筑风貌的特色。

29 这种实践方式的主要成果依然主要存在于昌迪加尔、德里、艾哈迈达巴德、孟买——它们均遵从于现代主义的主流，比如C. 柯里亚设计的果阿城和斋浦尔的贾瓦哈尔·卡拉·坎德拉中心。采取这种方式的其他建筑师还有艾哈迈达巴德的B. 多西和L. 佩雷拉，德里的R. 里瓦尔以及这些城市里的其他一些年轻建筑师。在这一主流之外，斯里兰卡的G. 巴瓦在许多方面可以说很好地代表了这种实践方式。

30 喀拉拉邦的L. 贝克尔的作品很好地代表了这种实践方式。他的建筑只有很少量的图纸，细部及其他建筑处理都在工地上直接交代给工匠们。工匠们则能够积极地参与到细部的构思和实践当中去。

31 实际上，在南亚设计和建造庙宇、清真寺和学校时，常常很需要那些仍然有机会接触传统词汇的世袭工匠。在南亚大多数主要城市中心，人们可以看到大量按照古代建造法则和利用古代建造方法修建的宗教建筑。例如，印度西北地区的索姆普拉家族便通过口授和师徒的方式传授技艺，世代修建印度教和耆那教的寺庙。

32 R. 柯斯拉在他的文章《前现代主义的持续性——探索中亚、西藏、印度和尼泊尔的精粹》[Ameen, Farooq (ed.), *Comtemporary Architecture and City Form: The South Asian Paradigm*, Marg Publications, 1997]中指出，

不断地和过去联系，也许可以对前现代主义的持久性做出解释，前期现代主义正在影响着许多亚洲当代建筑。亚洲大部分地区的建筑和手工艺品是一种持久现象的一部分。它们古老、不断发展、真实可靠并具有无限的适用性。

评选过程、准则及评论员简介与评语

C. 安杰伦德兰
K. K. 阿什拉夫
S. 卡帕迪亚
R. 柯斯拉
K. 汗·穆姆塔兹
P. 斯克里弗

C. 安杰伦德兰（C. Anjalendran）

1951年生，建筑师。在过去多年中一直在科伦坡工作。他从斯里兰卡大学获得（建筑环境）学士学位后，又在伦敦以建筑学专业毕业并获得理学硕士学位。他的建筑作品包括为斯里兰卡SOS组织所设计的一些工程等。他撰写并发表过多篇论述斯里兰卡建筑和建筑形式的文章。他先后在波士顿麻省理工学院、卡拉奇印度河谷艺术和建筑学院任教，目前他负责执教由斯里兰卡莫勒图沃大学建筑系的斯里兰卡建筑师学会所开设的课程。最近，他获得了由J. K. 水泥制品公司设立的SAARC地区南亚杰出建筑推荐奖。

评语

被提名的建筑是根据其在建筑上的优秀程度，对传统的继承以及能否将传统文脉与现代生活方式和理想相结合这几方面来确定的。提名只限于斯里兰卡的建筑，或是由在国外工作的斯里兰卡建筑师所设计的建筑，如G. 巴瓦设计的南印度马杜赖俱乐部。除最早的范例——

卡卢特勒的李奇蒙城堡外，其他的建筑均被发表或公开过。

值得注意的是，在最后的入选名单中包括六个由G. 巴瓦设计的建筑。然而遗憾的是，两个很有创意的由他的早期合作者U. 普莱斯纳设计的建筑却未能入选，其中一个是位于班德勒韦勒的好牧师小教堂，另一个是波隆托拉瓦庄园的游廊小屋（同G. 巴瓦合作），这也许是因为这两个建筑地处偏僻，知名度太小吧。

K. K. 阿什拉夫（Kazi Khaleed Ashraf）

1959年生于达卡的布特（BUET），获得建筑学学士学位，并于剑桥麻省理工学院获得建筑学理学硕士学位。目前他正在费城宾夕法尼亚大学攻读建筑学博士学位。在过去的七年中，他一直在美国许多大学任教，同时也从事有关孟加拉建筑的研究和著作出版工作。他曾多次获奖，包括格雷厄姆基金会奖。最近他和J. 贝卢阿尔多共同担任了由纽约建筑联盟组织的《独立建筑：现代南亚的形成——C. 柯里亚、B. 多西、M. 伊斯兰姆及A. 堪文德的作品》这一展览的组织者及该书的编辑。

评语

我主要挑选那些我比较了解的工程。尽管我也挑选了一些我本人并未参观过的工程/建筑，因为它们在文献记载中具有重要的历史意义，或是有着形象上的价值或地位。

南亚是一个有着广阔的文化背景、复杂的气候和地理条件的地区。每一种独特环境都形成了它独特的建筑词汇，如它的类型、形态、意象等。我认为，这些表达法来自一种深层的“存在”的需要，而这一需要则产生于生态学、社会学和神话的复杂的结合。人们同时也需要小心谨慎：“存在主义”的立场——清醒的意识在哪里结束，一种地区的/文化的/民族的沙文主义在哪里形成，这两者间的界限并不十分明确。同样，我还认为，文化、气候及地理条件形成了一种难以区别的环境背景，其中的气候因素并不能作为一个技术功能条件，而只是一种社会精神气质的前提。我热衷于发现那些能让这种环境说话的建筑作品。

我也尽力挑选那些在形式结构、空间组合或技术运用上大胆创新的建筑工程，这样的工程把几百年的传统沿用到现代建筑中。

在提名的建筑作品中也有某种程度的不平衡，某些地区和某种观点会受到更多的注意。我之所以竭力强调这种平衡/不平衡的因素，是为了利于拓宽评选的界限并反映出作品的多元性：从强调建造技术到强调建筑造型，从现代派的纯净风格到传统的混合手法，从具有社会意识到具有历史影响，这些建筑都在提名的范围之内。

S. 卡帕迪亚（Sen Kapadia）

1936年生，是孟买的一位建筑师和教育家。1962年他从J. J. 爵士建筑学院毕业，1972年在纽约大学学习电影制片。之后他与建筑师路易斯·康一起工作了数年，随后自己独立开业。他的建筑设计几度获奖，作品广泛发表在杂志和报纸上。卡帕迪亚还在印度及国外许多大学讲学，并一直担任孟买的卡姆拉·拉赫加·维迪亚尼西建筑学院的院长。他的学术成果主要包括：讲座、课题研究、展览、撰写论文及参与理论性、探索性的工程设计等。

评语

在这种非常特殊的情形下，一些建筑作品终于能够展现在世人面前。南亚地区的建筑大都在远郊区，不像西方世界的建筑遗产，它们多在城市里，有目共睹。正如本地治里的戈尔孔德私宅，许多杰出的建筑作品，如果不是因为这本书，也许会永久地隐姓埋名了。

印度、斯里兰卡和巴基斯坦的建筑特征是由三者在地理、历史和深层社会结构上的一致性而决定的。从这一共性上说，南亚地区的建筑是一个统一的整体。例如，早期的建筑都反映出英国美学的主导作用，实际上，这一地区的大多数工程，从其地理位置上说，是可以互换的。然而，它们仍然具有某种本地区的工艺特性，并且在每个十年及它们所处的社会历史环境所特有的文化背景中占有明确的位置。在这一卷中收入这些工程也是为了授予它们典范的地位，这也许会导致提名者们的为难，但实际上这里并不是要将这些工程看作一个衡量文化的形象上的标尺，这里的评价标准主要是看建筑在表达社会理想方面所起的作用以及在做到这一点时所运用的技巧。

评价近期作品的各个因素更具挑战性。现代作品是思想解放的表现：这些作品不仅吸收了本地经验，而且借鉴了国际美学和技术上的新发现。如此不拘一格的建筑在形象上自然令人激动，而在该延伸的主线上展开的其他活动也许才真正证实了它的可接受性。无论怎样，建筑师们运用当地建材，以一种与自然环境相协调的姿态来设计自己的作品，他们创造性的劳动产生了一些潜在的具有重要意义的建筑作品。

这些提名是根据个人的工程经验而做出的。这些作品在空间围合中所体现出来的鲜明建筑特点反映了时代的精神面貌。每一项工程都是它所处时代的文化印记，同时也是描绘经济发展活力的蓝图。

R. 柯斯拉（Romi Khosla）

1941年生，是新德里的执业建筑师，同时还领导着一个乡村和城市规划组织（GRUP）。他于1963年毕业于剑桥大学经济学系，并于1972年获得伦敦建筑协会的建筑学证书。随后他又攻读了热带建筑学，并于学成后返回印度。他写过很多有关当代建筑、建筑保护、历史名城规划以及历史和艺术等方面的论著，发表在多种国际性刊物上。他是《喜马拉雅的佛教寺庙》一书的作者，也是由政府设立的许多委员会的成员之一，他还是UNESCO、UNDP及阿卡汗文化信托基金会的主要国际顾问。

评语

每十年中，一种文明，如印度次大陆的文明，就会从全球各地吸收影响。在19世纪和20世纪的历史阶段中，由于通信的发展和旅游形式的快速变化，频繁的文化交流促进了各种文化活动的开展。和其他艺术形式不同，建筑似乎凝固了这些文化交流的成果。

因此，每十年中，人们都试图挑选出能代表这种文化交流成果的最重要的建筑物。在19世纪后半叶，由于殖民地统治者在次大陆建立了他们极其有效的基础结构，这时最重要的建筑物便是铁路、桥梁以及其他重要的大型建筑。这些建筑体现了殖民地工程师们的最高成就，而他们又是由统治者派来为次大陆奠定永久性基础结构的。随着20世纪时间的推移，作为先驱者的工程师们身后又紧跟着建筑师，他们在印度设立事务所，并开始为英国统治者建造房屋。经过几十年的不懈努力，他们建设了一批最杰出的殖民地建筑。

从豪拉大桥的工程技术到E. 勒琴斯和L. 贝克尔在德里首都建筑群中表现出来的建筑艺术，整个具有重要意义的殖民地建筑都需要得到承认。在独立后的几十年里，印度本土出生的建筑师们，通过在英国建筑师事务所的锻炼或在国外的学习，设计了大量具有广泛影响的建筑。在这里，挑选的标准是那些在每个十年中能在建筑风格和倾向上反映出时代和历史变迁的建筑。

K. 汗・穆姆塔兹（Kamil Khan Mumtaz）

1939年生，是拉合尔的一个私人执业建筑师。他曾在伦敦建筑协会受过培训。在非洲加纳的库马西任教两年后，于1966年回到巴基斯坦，从事建筑设计和教学工作。1966年至1975年间，他在拉合尔任国家艺术学院院长，同时组建BKM建筑师事务所，直至1984年。之后，他一直独立工作。他是多个建筑评奖团的成员，并在欧亚许多地方讲学。他是1981年至1983年阿卡汗建筑奖指导委员会的成员。他撰写过多篇论文并在巴基斯坦和国外发表，他也是《巴基斯坦建筑》一书的作者。

评语

巴基斯坦19世纪的建筑正和次大陆其他地方一样，面临的问题是现代主义和传统之间的冲突。如果评选标准更为严格的话，将会更充分地反映出这一冲突对该地区民间建筑的影响，就像在20世纪前半叶殖民势力对于印度官方建筑的影响一样，这一冲突一直贯穿于20世纪后半叶，反映出一百年来的英国统治所带来的文化双重性，这种双重性也反映出独立后国家充满活力的社会的一个特征。

在这一过程中，现代性已经逐渐由从西方派生出来的建筑形式和材料来体现，而那些从过去继承下来的形式和材料则一直被用作传统的象征。在有限的时间和可用的资源里，被选入的建筑是根据从有限的出版资料中得到的图纸和照片来简单地进行挑选的。

P. 斯克里弗（Peter Scriver）

1959年生，是澳大利亚阿德莱德大学的建筑学讲师，并是该校亚洲和中东建筑中心（CAMEA）的创始人之一，在加拿大蒙特利尔麦吉尔大学接受正规培训之

后，他周游了亚洲，并在印度进行了专业实习。此后，他的研究课题和评论内容主要集中于印度次大陆建筑的当前问题、发展趋势及其殖民地历程。除了学术评论，他还出版了两本书：《追随大师的足迹：当代印度建筑》（玛宾，1990年，与V. 巴特合著）、《理性化、标准化和控制，对1855年至1901年英印公共工程部建筑设计和规划的认识性历史研究》（代尔夫特，1994年），并因后者获得了荷兰代尔夫特科技大学的博士学位。

评语

最初的提名过程非常困难，怎样才能挑选出一批合适的建筑呢？这些建筑——无论有多少——应该能够代表在这个重要的世纪里，南亚地区的历史、文化和地域现况的令人难以置信的密度和广度。而在其中，建筑又起着非常重要的协调作用。此外，作为一个自觉的旁观者，我不能回避这样的问题：提名究竟是按照谁的标准？这些提名又是在回答谁的问题？幸运的是，不只是我一个人在面对这一挑战。最终，我的挑选过程简单而有条理，我按照主编的要求去考虑，将每一工程对建筑思想、方法和观念所产生的历史影响作为评判的基本标准，然后，我再试着——尽我所知地参照这一标准，分别衡量总提名表上的每一建筑的重要性，无论这些建筑是我先前有所了解的还是一无所知的。重要的是，用这一“重要性”的标准，也许可以排除那些华而不实的建筑。例如，我投票的建筑中有像E. D. 斯东设计的新德里美国大使馆和拉合尔的WAPDA住宅这样的建筑。就我个人的建筑感觉来说，我对它们并没有特别的偏爱，但我认为它们是“冷战”高潮时期，国际式的、新殖民帝国主义建筑的重要代表作，因而才挑选了它们。

对于下述论断，人们总有些怀疑，即凡是在专业和评论文章中常被提及的建筑就一定有着重要意义。我也非常清楚：对于一些部分由我负责来将其首次以出版物形式公之于众的建筑，我在这里肯定其重要性，我便对这样的建筑有了潜在的“共谋串通”之嫌。尽管这样，我还是单凭某些建筑在设想上的重要性而投了它们的票。例如：我实际上从未参观过柯里亚在斋浦尔的贾瓦哈尔·卡拉·坎德拉中心，从照片上看，无论在构思上还是在构造上我都不相信它和同为柯里亚设计的不同寻常的干城章嘉公寓大楼同出一辙。然而，正是贾瓦哈尔·卡拉·坎德拉中心那种神奇的徒手画的平面图在有关20世纪90年代后殖民地/后现代建筑的评论界中成为典范，因为柯里亚非常明确地将求助于内在的形而上学来作为后现代印度建筑的基础，从而解答了后现代建筑所提出的一系列问题。

最后，我必须承认，有时在评审过程中我一反常规地有意贬低“高品位”这一标准的作用。我最初的许多提名和我最终的投票都更偏向于这样一些建筑：它们的影响力比起仅仅是狭隘的建筑准则来说，远具有更广阔的范围。这些建筑、工程技术和城市规划的作品，对于殖民–现代的南亚的社会、文化历史的意义，就像在一些范例如孟买进步信托公司分间出租宿舍、贾姆谢德布尔钢城和昌迪加尔中所表现出来的那样，它远远超越了该作品是否对于设计它的建筑界来说具有永久意义的这一问题。

我希望本书会对我们有所帮助，至少对我来说，评审过程是一个有趣并促使我思考的过程。然而，我在最后总结时比在评审开始时更加相信，这个提出示范建筑作品准则的想法是愚蠢可笑的，比它更珍贵的——我猜想是——我们以建筑品位或建筑偏见记录了一个特定的历史时期。这样，未来的历史学家和评论家们就可以在我们工作的基础上去解释，而不是去分辨这个世纪的建筑意义的真相了。

副主编

P. G. 桑吉

1967年生，是R. 麦罗特拉建筑师事务所的助理研究员，并在孟买的里兹维建筑学院任教。她于1990年在新德里规划和建筑学院获得建筑学学士学位，接着任《建筑和设计》（*Architecture + Design*）杂志顾问，直到1997年。她撰写了大量文章并研究过很多建筑师个人的作品以及关于印度建筑学、城市设计和规划方面的问题。现今她在孟买的城市设计研究院（UDRI）任研究班和研究项目的工程指导。

S. 罗纳德

1973年生，1997年毕业于艾哈迈达巴德建筑研究院，她的本科生论文题为“解释的局限性：对建筑中范例作用的理解”（Limits of Interpretation: Understanding the Role of Paradigms in Architecture），在文中，她将现代主义及与其同步的其他历史活动与20世纪初期其他领域一起进行分析观察。1997年至1998年期间，她在R. 麦罗特拉建筑师事务所担任助理研究员，并参与建筑设计工作。

中方协调人

张祖刚

张祖刚，曾是中国建筑学会的副理事长，并曾担任该学会《建筑学报》的主编。

项…目…评…介

第 3 卷

南亚

1900—1919

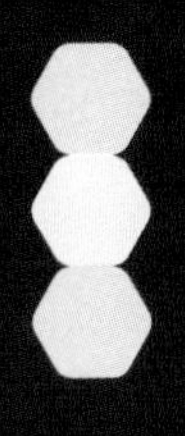

1. 穆巴拉克接待厅

地点：斋浦尔，印度
建筑师：C. 拉尔
设计/建造年代：1900

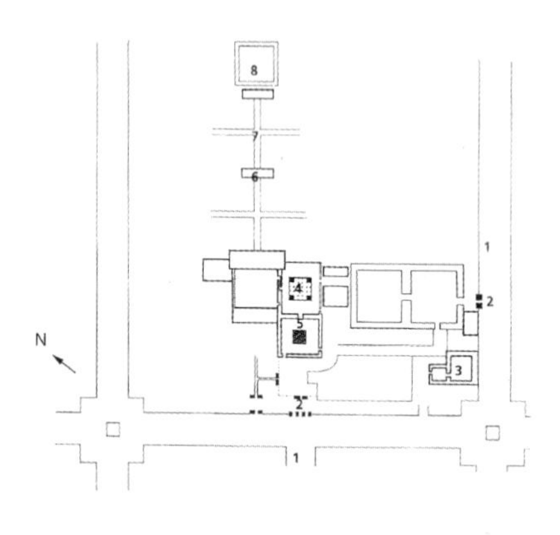

1 总平面
（1. 道路，2. 大门，3. 哈瓦接待厅，4. 公共庭院，5. 穆巴拉克接待厅，6. 寺庙，7. 花园，8. 水池）

2 从底部悬臂而出的上层
（R. 麦罗特拉摄）

穆巴拉克接待厅是为斋浦尔的土邦主M. 辛格建造的接待大厅，建于20世纪初。该建筑建于斋浦尔市宫的外缘，在游资建筑师兼工匠长C. 拉尔的监理下，由专门负责土邦主建筑的部门施工建造。

穆巴拉克接待厅的设计是C. 拉尔长期师从S. 雅各布爵士的反映。S. 雅各布爵士曾负责编辑与出版《斋浦尔建筑细部图集》。他是个主张复兴的人，曾为保持传统的印度技巧与

3 装有精雕幕墙的双层建筑
（G. H. R. 蒂洛森摄）

↑ 4 上层柱廊细部
（G. H. R. 蒂洛森摄）
↓ 5 底层平面
（S. 格林提供）

工艺而奔走，并在《斋浦尔建筑细部图集》中以分类方式向建筑师全面详细地介绍印度次大陆的一些传统建筑要素。该代表作以活页形式编辑，便于建筑师或工匠进行比较或组合运用，以及拿到工地仿建。因此，传统的方法得到了应用，即由工匠直接将作品选中的装饰映描到石头上。在建造穆巴拉克接待厅时，C. 拉尔在就一些细部进行改动时曾以图集为借鉴，并未完全照抄。

穆巴拉克接待厅为二层建筑，基本格局为九个正方形的集合，重现由斋浦尔城设计所唤起的曼荼罗坛场主题。八个相同的正方形房间围绕着一个中央正方形——一个双层高的大厅。从四个方向都可以进入这座建筑，每个方向的中心都有走廊伸出。一层楼的各个方向都有悬臂阳台，阳台顶部为伸出更多的护墙，为建筑物的各个立面平添一种拉吉普特建筑所特有的优雅感与层次感。整个阳台环以带穿孔扶手的雕饰幕墙和一条开敞的连拱廊。连拱廊每个拱的上方都有一个孔隙，使建筑物的顶部似乎没有重量般地飘浮起来。该建筑没有伊斯兰穹隆与“遮陀罗”，这进一步突出了其外观的拉贾斯坦特征。然而，从上层柱廊的立柱可以看出该建筑在设计上明显地受到西方的影响，这些带叶饰柱头的螺旋形立柱表现出仿罗马的特征。

通过与斋浦尔市宫内其他历史性建筑的组合，穆巴拉克接待厅的建设成功地实现了复兴传统建筑工艺的尝试。该建筑在空间、层次与形态变化上的处理既有助于实现这个意图，同时也为斋浦尔市及其建筑设计上表现出的智慧增添了一笔。

参考文献

Metcalf, Thomas R., *An Imperial Vision: Indian Architecture and Britain's Raj*, Faber and Faber, 1989.

Tillotson, G. H. R., *The Tradition of Indian Architecture: Continuity, Controversy and Change since 1850*, Delhi: Oxford University Press, 1989.

2. 李奇蒙城堡

地点：卡卢特勒，斯里兰卡
建筑师：不详
设计/建造年代：20世纪初

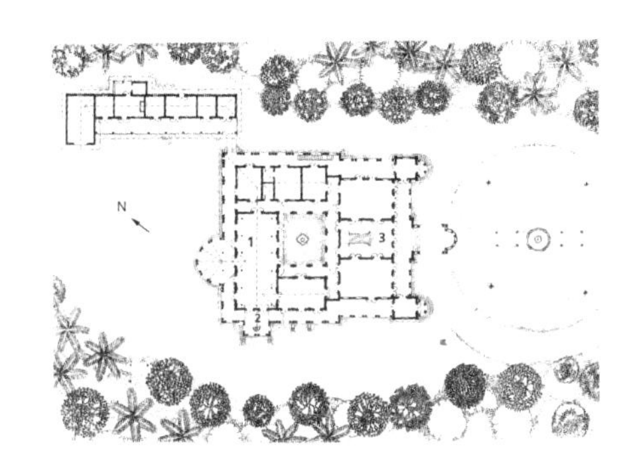

1 底层平面
（1. 舞厅，2. 上方的室内小挑台，3. 主楼梯厅）

李奇蒙城堡是一座宏伟壮丽的庄园主住宅，由一位卡卢特勒的大地主出身的慈善家建造。卡卢特勒是斯里兰卡西部省份中一个宁静的风景如画的城镇。这个宅第在其主人去世后一度用作英国行政机关巡行的休息场所，现在用于村镇儿童教育。

李奇蒙城堡为两层建筑，属典型的新古典主义风格。进入城堡后来到的不是像人们一般所预期的（带有穹顶的）双层高的中央空间，而是一个露天的庭院。建筑物的外观依然露出古典主义的痕迹，但其内部带有东方色彩的设计与复杂的雕饰却反映出其浓厚的乡土风情。

这座建筑醒目的特征表现在用图案精美的进口彩色玻璃制作的99扇门和38扇窗户。同样，其舞厅有用砖砌的高大屋顶和缅甸柚木造的华丽楼梯，皆为一表现中世纪康提建筑艺术细部的木结构框架所支撑——显示出用料与结

2 带有东方设计色彩与复杂雕饰的主楼梯上层平台
3 以木制框架结构支撑屋顶的舞厅

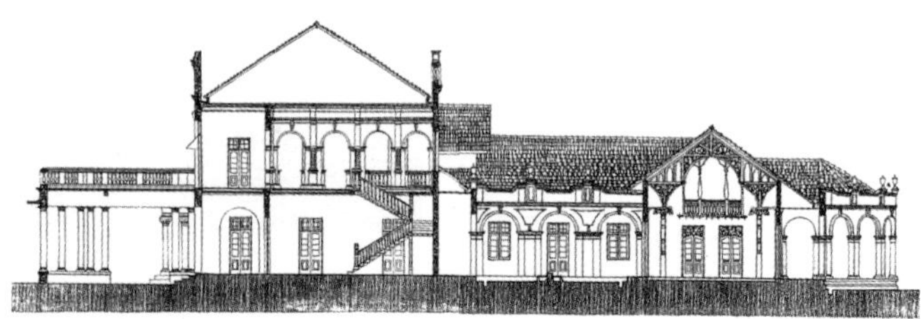

↑ 4 反映出该设计古典主义特征的外观

↑ 5 剖面

照片由 S. 贾亚蒂莱克摄制，图由 C. 安杰伦德兰提供

构上的奢华。

这座住宅被看作20世纪初期最为壮丽的建筑之一。它以其四周的阳台、中央的庭院以及建筑内部带有地方色彩的细部，成为20世纪初将欧洲影响与建筑灵感同当地乡土情调成功结合的宝贵遗产。

参考文献

Article featured in *The Sunday Observer*, 26th May 1996.

3. 渣打银行

地点：孟买，印度
建筑师：F. W. 斯蒂文斯，C. F. 斯蒂文斯
设计 / 建造年代：1898 / 1898—1902

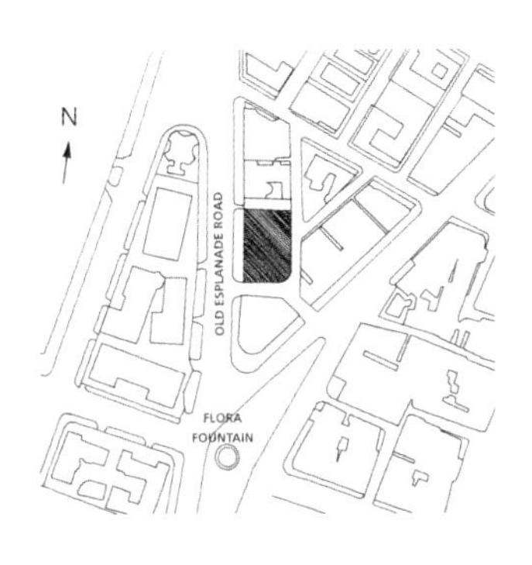

1 总平面（弗罗拉喷泉、旧广场大道）
（城市设计研究院提供）

渣打银行是著名的孟买建筑师F. W. 斯蒂文斯1900年去世前设计的最后几个建筑中的一个。其施工由F. W. 斯蒂文斯的儿子C. F. 斯蒂文斯监督。渣打银行为F. W. 斯蒂文斯的建筑师生涯画了一个圆满的句号。F. W. 斯蒂文斯因设计孟买一些杰出的代表性建筑而著称，其中包括以威尼斯哥特式风格建造的维多利亚终点站、市自治机关大楼和东方保险大厦。然而渣打银行的设计，他却采用了意大利新古典主义的风格，这种风格对该市其后的许多建筑都有影响。渣打银行位于历史重镇孟买的中心，由于其与众不同的新古典主义风格，因此在它所坐落的基本为新哥特式建筑的广场大道上就显得格外突出。

渣打银行建筑内有银行业务大厅、办公室、行长私人套房及雇员用房。楼层设计相当复杂，十分便于银行业务的循环操

2 入口。中央三角饰有一组四人雕像，分别代表澳大利亚人、英国人、中国人及印度人

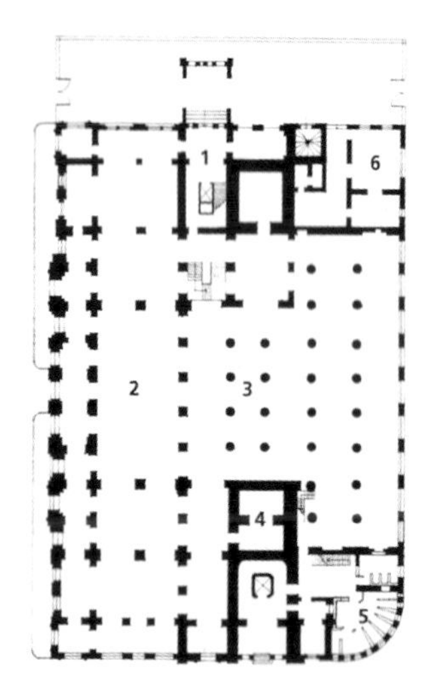

3 以意大利新古典主义风格建造的渣打银行

4 底层平面
（1.入口，2.门厅，3.银行业务大厅，4.保管库，5.盥洗室，6.服务区）
（渣打银行提供）

作。银行业务大厅占据整个底层，一层与二层主要用作办公场所，顶层为居住区域。该建筑共有两套楼梯，一套在主要入口的南面，这样工作人员出入时不致打扰顾客入口与银行业务大厅处的活动；北面另有一套专用楼梯与入口，由一层通往四层，可达行长的私人套房。

银行建筑由波尔邦德（Porbunder）石与一种浅颜色的玄武岩建成，顶部采用传统的陶土瓦。建筑外观充溢华美，内部愈加考究。库拉（coorla）琢石柱脚、柱顶、扶壁与拱券都为建筑物的内部增添了色彩。1990年，J. 戴维斯与R. 埃德里建筑师事务所合作对该建筑进行外部修缮与内部改装，以适应现代化的功能要求。

5 建筑物正面外观。可见波尔邦德石穹顶、各种造型柱顶、圆柱及雕饰，皆以成层玄武岩饰面

照片由R. 帕蒂尔摄制

参考文献

Dwivedi, Sharada and Rahul Mehrotra, *Bombay: The Cities Within*, Bombay: India Book House, 1995.

Rohatgi, Pauline, Pheroza Godrej and Rahul Mehrotra(eds.), *Bombay to Mumbai: Changing Perspectives*, Bombay: Marg Publications, 1997.

4. 泰姬陵饭店

地点：孟买，印度
建筑师：W. A. 钱伯斯
设计/建造年代：1904

1 总平面
（城市设计研究院提供）

按孟买当时最有影响的实业家之一J. N. 塔塔的要求，为反对种族偏见，泰姬陵饭店由W. A. 钱伯斯根据R. S. K. 维德亚（后来任孟买的驻工地工程师）最初的计划设计。饭店位于孟买南部东面的滨水区阿波罗邦德，那里面向阿拉伯海，是一处美丽的散步场所。多年来，泰姬陵饭店与孟买城的历史传说及社会生活有着千丝万缕的联系；在过去100多年漫长的时间里，“先锋”事件等许多历史事件在这里发生。

泰姬陵饭店为“C”形建筑，其中央有一巨大的红色穹隆，穹隆的上面为瞭望塔，瞭望塔的每个角上都有一个带圆顶的阁楼。底层有一条连拱廊，沿建筑物两侧延伸，直至建筑物的边缘，并与街道相接。连拱廊为行人提供了一条有覆盖的通道，同时也含蓄地将客人引入饭店。底层设办公室、休息室、画廊、商店及其他一些旅游设施。一层有一个大餐厅、几间客厅、阅览室和一些大型套房。饭店的客房设在上部各个楼层，可从各房间欣赏阿拉伯海美丽的景色。二层至四层共有六个带顶盖的阳台，面向滨水区，给人一种韵律感和居高临下的神秘感。

该建筑的豪华气派及其色彩缤纷的装饰给到印度来的访问者留下了深刻印象。虽然这座建筑本应在若干方面具有古吉拉特

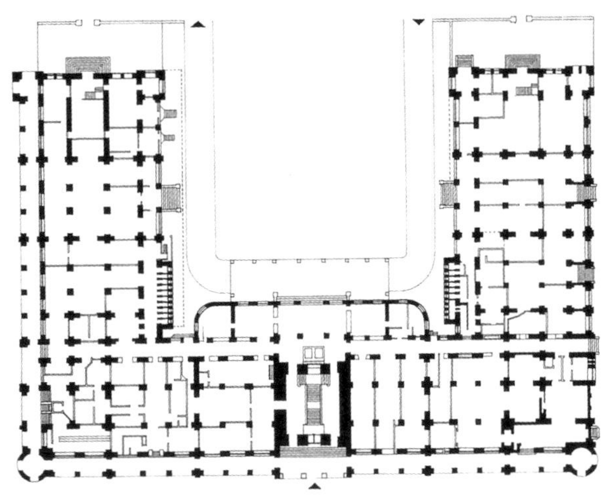

2 建筑豪华的外观成为城市天际线上的一个显著标志（R. 麦罗特拉摄）

3 底层平面（原布局。20 世纪 70 年代又经重新调整）

建筑的特征，但它却以其欧洲式的山墙、阿拉伯式的悬臂顶窗和撒拉森式拱等构成多种风格折中主义的混合——其目的为在孟买的城市轮廓线上占有一个位置。的确，泰姬陵饭店不折不扣地证实了它没有愧对于所占据的优越的地理位置；在过去很长一段时期里，对于来自海上的客人，它是孟买城市轮廓线上的一个象征——看到了泰姬陵饭店的侧影，就表明已经到了孟买，到了印度！

↑ 4 20世纪初泰姬陵饭店鸟瞰（摘自《孟买：城市之间》）

↑ 5 饭店的中央有一巨型红色穹隆，穹隆上方为瞭望塔（R. 麦罗特拉摄）

图由泰姬陵饭店A. 库尔卡尼提供，由R. 麦罗特拉建筑师事务所重绘

参考文献

Davies, Philip, *Splendours of the Raj: British Architecture in India 1660-1947*, London: John Murray, 1985.

Dwivedi, Sharada and Rahul Mehrotra, *Bombay: The Cities Within,* Bombay: India Book House, 1995.

Morris, Jan and Simon Winchester, *Stones of Empire: The Buildings of the Raj*, New York: OUP, 1983.

5. 库尔松大厅

地点：达卡，孟加拉国
建筑师：不详
设计/建造年代：1904

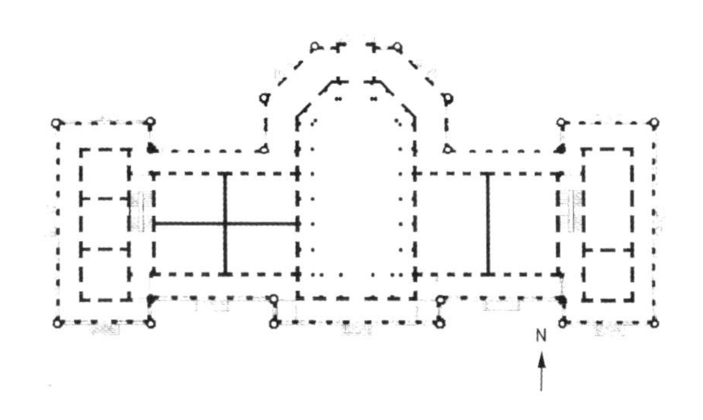

东孟加拉省在库尔松勋爵担任总督时成立，达卡成为首府，并建造了几座按英帝国传统设计的建筑。库尔松大厅是那时留下的最为重要的建筑，现在为达卡大学的科学系所用。

原为总督召集会议而设计的这个大厅是座两层的建筑，是印度与欧洲的建筑要素与形式的融合。它在结构上是对称的，在中央大厅的两侧各有一组房间。大厅的外部除使用

1 底层平面
（C. S. 乌诺约集团提供）
2 反映印度–撒拉森式特征的细部

3 从草坪对面看的正立面外观
4 大厅东翼

照片由C. S. 乌诺约集团提供

红砖砌墙外，更因使用许多当地的建筑要素而充满生机——这些要素包括多尖拱、吊檐、托座、游廊、露台格构、角塔、凉亭或穹顶，皆按欧洲普通建筑的造型仿造。

库尔松大厅固然是英国建筑方式、行政管理与文化政策的产物，但出于图解要素、气候以及地理位置等方面的考虑，它也是一种折中调和的体现，它表现出20世纪初殖民地印度其他地区流行的印度-撒拉森式风格。

参考文献

Grover, Razia(ed.), "Architecture of the SAARC Nations", Media Transasia, *Architecture +Design*, India, Delhi, 1991. Research conducted by the Chetna Sthapatya Unnoyon Society.

6. 孟买体育馆

地点：孟买，印度
建筑师：C. F. 斯蒂文斯
设计/建造年代：1905—1907

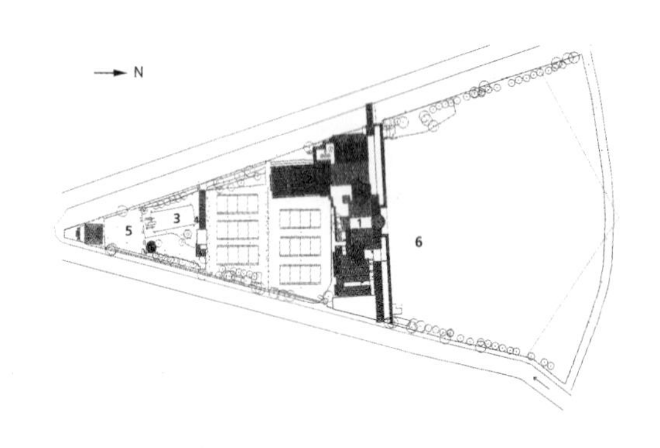

↑ 1 总平面
（1. 主建筑，2. 羽毛球厅，3. 游泳池，4. 更衣室，5. 秘书用平房，6. 运动场）
↓ 2 C. F. 斯蒂文斯设计的俱乐部会所
（摘自《孟买：城市之间》）
↓ 3 底层平面

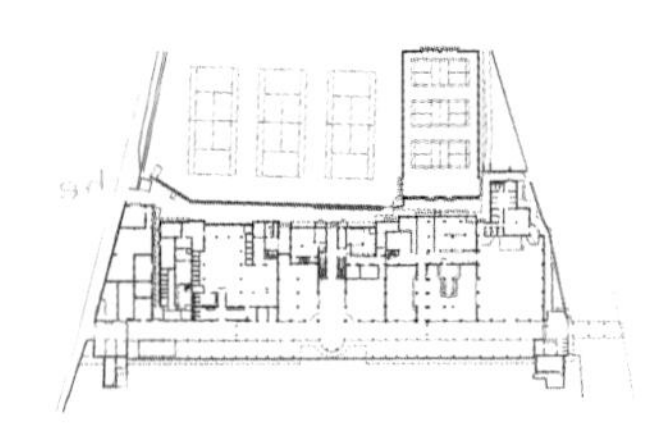

孟买体育馆是个俱乐部会所，它向俱乐部成员提供各种运动设施。它位于阿扎德广场的一块重要的场地上，阿扎德广场是历史上著名的孟买要塞区中心的一个开阔的区域。俱乐部原建于1876年，其后于1905年根据孟买建筑师C. F. 斯蒂文斯的设计，改建为楼阁式的建筑。

体育馆建筑为对称式结构，包括两个南北走向的独立大厅，厅上有“人”字形屋顶，面向广场。整个建筑为木制框架结构，很像是地道的欧洲建筑与殖民时期的平房相结合的产物。这种建筑风格广泛见于英国的平房，典型地代表了当时其他热带殖民地国家俱乐部所采用的建筑结构。底层有更衣室、中央大厅、弹子房、酒吧和休息室；一层有会议室、中央休息室和阅览室。一层还装有若干可移动的隔断，必要时可全部拆除，使整个楼层成为一个大型的音乐厅或舞厅。

↑ 4 从阿扎德广场看保存下来的俱乐部外观

5 面向广场的游廊
6 面向广场的正立面

照片由B. 拉马姆鲁塔姆摄制，图由孟买联合事务所提供

20世纪20年代末，又增建了由孟买的格雷格森、巴特利与金建筑师事务所设计的几座侧厅。朝向广场的游廊横贯建筑物的正面，及至整个广场的长度。“人”字形屋顶从后面耸起，使游廊如同一条专用大道，将市内两条干道连接起来。

尽管多年来添加了种种附加建筑，但俱乐部建筑本身仍旧观未改，代表了一种印度殖民时期的欧洲建筑流派。深深缩进去的游廊、“人”字形屋顶以及建筑物前宽阔的绿地所组成的总体形象，使孟买体育馆成为孟买市一个重要的建筑象征。

参考文献

Dwivedi, Sharada and Rahul Mehrotra, *Bombay: The Cities Within*, Bomba: India Book House, 1995.
“The Bombay Gymkhana: A Conservation Report”, Unpublished report, The Bombay Collaborative, 1997.

7. 豪拉火车站

地点：加尔各答，印度
建筑师：H. 里卡多
设计 / 建造年代：1900—1908

加尔各答的豪拉火车站建在胡格利河岸豪拉大桥对面。豪拉火车站由英国工艺美术运动的代表人物H. 里卡多设计，于1906年在原有东印度铁路终点站简易棚屋式建筑的基础上建造。

英国人在这块次大陆上修建的各铁路线上的火车站，其样式皆与豪拉火车站雷同。这些铁路成为帝国权力的象征。在孟买的维多利亚终点站及马德拉斯的埃格莫雷车站，这种象征意义被发挥到极致。与孟买和马德拉斯的车站相比，豪拉的车站是一幢更为朴素端庄的实用

↑ 1 立面细部

↑ 2 火车站醒目的高塔与红砖结构（迪诺迪亚图片社提供）

主义建筑。它结构严格对称，由红砖建成，唯一破坏这种视觉平衡的，是装在北塔上的一座大钟。从正面的门窗布局上可以看出，它受到摩尔式与罗马式两种建筑风格的影响，是二者的折中主义产物。车站主要为八座塔，两座顶部为方形，六座伸出宽檐。中央为车行道，两侧各接一门道。八座塔与中央车行道共同形成车站壮丽的线形外观。

豪拉火车站建成后，其雄伟壮观的结构很快就成为加尔各答市的一大景观，它仅逊色于十年后在加尔各答市修建的另一座有力的象征性建筑——维多利亚纪念馆。

参考文献

Morris, Jan and Simon Winchester, *Stones of Empire: The Buildings of the Raj*, New York: OUP, 1983.

Lang, Jon, Madhavi Desai and Miki Desai, *Architecture and Independence: The Search for Identity-India 1880 to 1980*, Delhi: OUP, 1997.

8. 孟买进步信托储蓄银行

地点：孟买，印度
建筑师：孟买进步信托公司
设计／建造年代：1904—1908

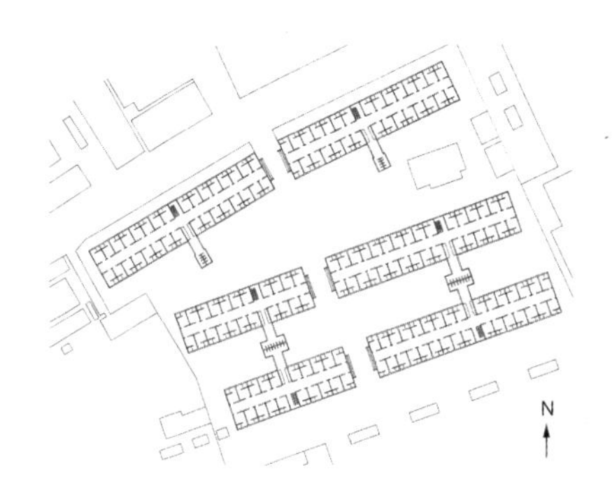

1 具有代表性的孟买进步信托储蓄银行金登瓦迪廊的总体布局

“Chawls”或“Chaals”在当地语言中意为通道或走廊，这里表示沿着一条走廊排列的一组居住单元，每个单元由一两个房间组成，各单元共享公用卫生设施。随着19世纪末20世纪初孟买工业化进程的加快，出现了为来自内地的工人（一般为男性）提供住处的需要。储蓄银行仿照早期工业化英格兰的背对背式工人排房建造，实际上正如平面图所示，是准备用作单身男性工人宿舍的。但是不完善的福利措施以及迅速膨胀的人口使这些独立单元成了家庭的居室，且拥挤不堪，维修不善。正是为了解决这些问题，孟买进步信托公司于1898年成立，为切实改进孟买的城市建设，开发了许多项目，其中之一就是给穷人提供卫生、舒适的住房。

具有代表性的进步信托储蓄银行，其建筑尽可能地沿一个矩形的四个边排列，中心圈入一个庭院，以使整个公寓结构有一个内部的通风渠道。庭院地面经过铺设，排水设施完善，在公寓内部为使用者营造出一片空间。例如金登瓦迪廊，整个建筑群由六栋四层建筑组成，成三行平行排列。每座建筑的过道两侧各有80套至120套寓所，公用卫生间建在一侧。

进步信托储蓄银行是将19世纪对公众健康与卫生条件的关心与孟买当地气候和社会实际相结合的

一个初期应用实例。

参考文献

Media Transasia, *Architecture +Design*, India, Delhi, Nov.-Dec., 1992.

Dwivedi, Sharada and Rahul Mehrotra, *Bombay: The Cities Within*, Bombay: India Book House, 1995.

Lang, Jon, Madhavi Desai and Miki Desai, *Architecture and Independence: The Search for Identity-India 1880 to 1980*, Delhi: OUP, 1997.

Trivedi, Avni, "A Study of the Living Conditions in Chawl Dwellings in Greater Bombay", Unpublished thesis, School of Architecture, CEPT, Ahmedabad.

↑ 2 典型的孟买进步信托储蓄银行金登瓦迪廊
（摘自《孟买：城市之间》）

图由 R. 麦罗特拉建筑师事务所绘制

9. 邮政总局

地点：孟买，印度
建筑师：J. 贝格
设计/建造年代：1902/1904—1911

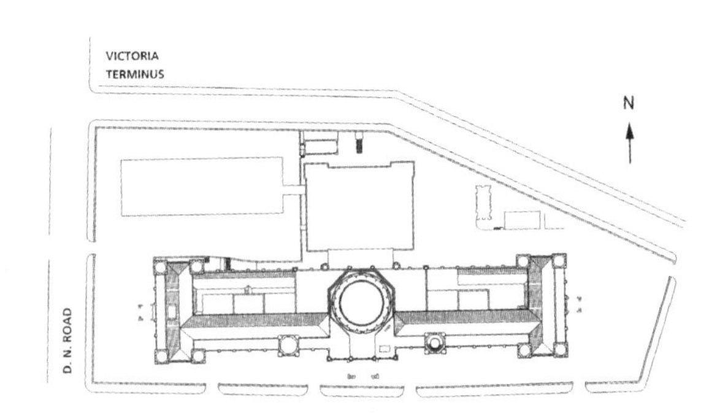

1 总平面

孟买的邮政总局（GPO）由孟买政府的顾问建筑师J. 贝格设计，在J. 贝格与其后任G. 维忒特的合作下建造。邮政总局是印度-撒拉森式早期建筑之一，后来对孟买及印度次大陆其他地区的许多公共建筑都产生过影响。

邮政总局位于维多利亚终点站（市内的主要火车站）后面的一块矩形场地上，可俯瞰前方宽阔的公共广场。楼层平面按矩形设计，强调功能性结构。中央为一巨型大厅，厅顶穹隆即为建筑物之顶部，形成建筑最显著的特征。按伊斯兰惯例，穹隆由巨大的突角拱支撑，形成宽阔且通风良好的内部空间。在中心区域旁添建有附属部分，用于邮件的分拣与发寄。邮政总局的三个楼层均有宽阔的连拱通道，除可遮阳避雨外，还可用作邮政业务循环操作的场所。石造的楼板和饰以黄铜细部的柚木、红木等硬木柜台，都为富丽

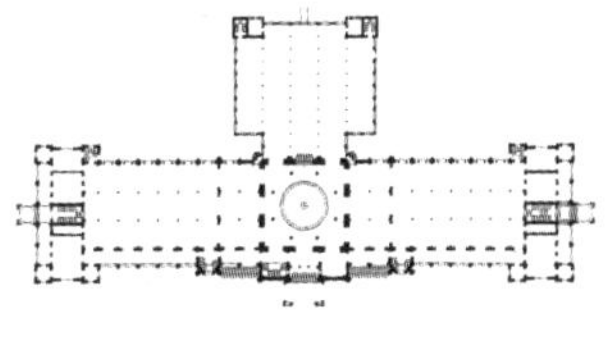

2 主入口

（R. 麦罗特拉摄）

3 底层平面

↑ 4 建筑物的外观显示出强烈的莫卧儿特征
（R. 帕蒂尔摄）

← 5 边角处穹隆的细部
（图由 V. 舍甘提供）

6 20世纪20年代的航空照片。照片示出位于历史重镇孟买要塞边缘的邮政总局
（摘自《孟买：城市之间》）
7 邮政总局的档案照片
（R. 麦罗特拉提供）

堂皇的建筑物内部增添了豪华的色彩。建筑物以当地的玄武岩建造。

如果说建筑物内部的空间轮廓为欧洲式的，其外观则表现出一种强烈的莫卧儿特征。由楼梯上方的两个带角塔的圆顶衬托的中央穹隆，可以清楚地看出比贾布尔的建筑和德里的胡马雍墓对邮政总局产生的影响。邮政总局的正面朝向干道，可以说是该建筑最引人注目之处——脱离建筑物内楼板平面的双层石造凸窗造成一种规模上的错觉，使人觉得这座建筑更加宏伟。

邮政总局是一位受过英国皇家建筑师协会

↑ 8 两层高的中央大厅内景（英国建筑图书馆，RIBA 提供）

（RIBA）训练的建筑师设计的公共工程局的早期建筑作品之一，它成功地改变了公共工程局建筑的那种乏味的形式上的重复与僵化的建筑分类学标准。事实上，邮政总局是一座早期的印度-撒拉森风格建筑，在这座建筑里，欧洲建筑的比例与次序原则被融入印度建筑的主题与要素之中，为印度的王公创立了一种正式的官方风格，这种风格在其后三十年左右的时间里得到了广泛的应用。

9 从主干道看这座建筑
（摘自《孟买：城市之间》）
10 外观细部
（R. 帕蒂尔摄）
11 纵剖面

参考文献

Davies, Philip, *Splendours of the Raj: British Architecture in India 1660–1947*, London: John Murray, 1985.

Dwivedi, Sharada and Rahul Mehrotra, *Bombay: The Cities Within*, Bombay: India Book House, 1995.

London, Christopher(ed.), *Architecture in Victorian and Edwardian India*, Bombay: Marg Publications, 1994.

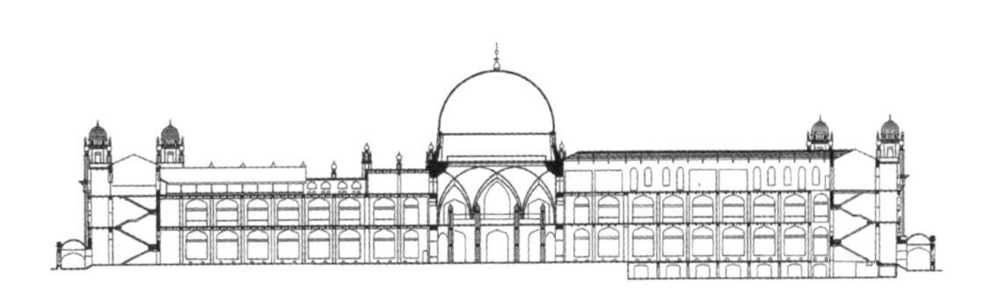

10. 达里学院

地点：印多尔，印度
建筑师：S. 雅各布
设计/建造年代：1900—1912

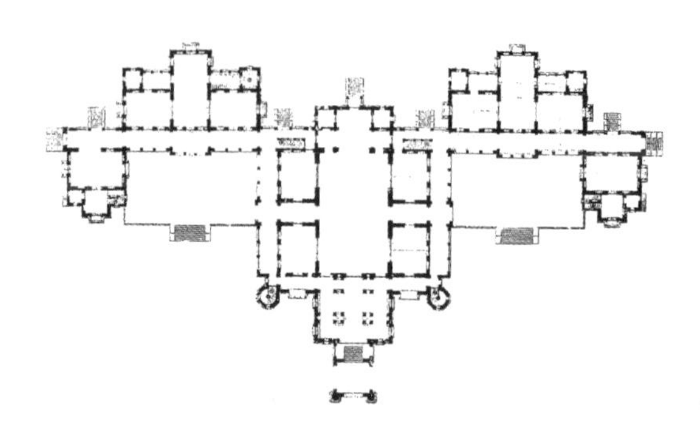

1 底层平面

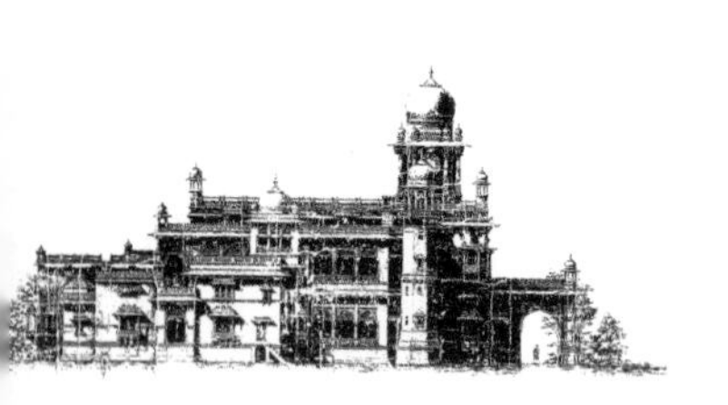

↑ 2 达里学院门厅
（P. 斯克里弗摄）
↑ 3 学院侧立面

达里学院由S. 雅各布爵士设计，是一所向王公子孙及亲属提供教育的现代化的学院。其设计意图是模拟英国寄宿学校的氛围，使年轻人在其中受到全面的教育，发展成为熟悉印度传统文化的儒雅之士。

以印度当时其他一些类似的机构——如阿杰梅尔的马约学院为模式，达里学院按对称设计，中央为双层的结构，两翼为独立的单层结构，两侧各有一个院落。中央有一个两层高的大厅，厅顶安置了一座稍显不大协调的欧洲钟塔。经多方考证，达里学院几乎完全照搬地选用了雅各布在《斋浦尔建筑细部图集》中提供的一些要素。莫卧儿拱跨坐通道，拉吉普特的“查洛哈斯”（jharokhas）与“遮陀罗”为整个结构又增添了色彩。悬挑“遮扎”环绕建筑四周，下方以一系列的托座支撑，使人想起古吉拉特的穆斯林纪念馆。

4 达里学院正面外观
（S. 卡蒂瓦达提供）

↑ 5 达里学院建筑
（P. 斯克里弗摄）
← 6 剖面

图由 K. 格罗弗提供

S. 雅各布爵士是个信仰复兴的人，曾为保护传统的印度基本工艺与技术而战。他为斋浦尔设计的阿尔伯特大厅等建筑大多是与当地工匠合作的产物。但与此相对，他也设计并建造了一些轻率地运用印度–撒拉森风格的建筑——主要在斋浦尔以外的地区，这些在当时被看作主流建筑。达里学院就是雅各布爵士设计的这样一种建筑，它代表了次大陆传统建筑的形象同当代设计方法与灵感相结合的早期尝试。

参考文献

Metcalf, Thomas R., *An Imperial Vision: Indian Architecture and Britain's Raj*, Faber and Faber, 1989.

11. 威尔士王子博物馆

地点：孟买，印度
建筑师：G. 维忒特
设计/建造年代：1905/1908—1914

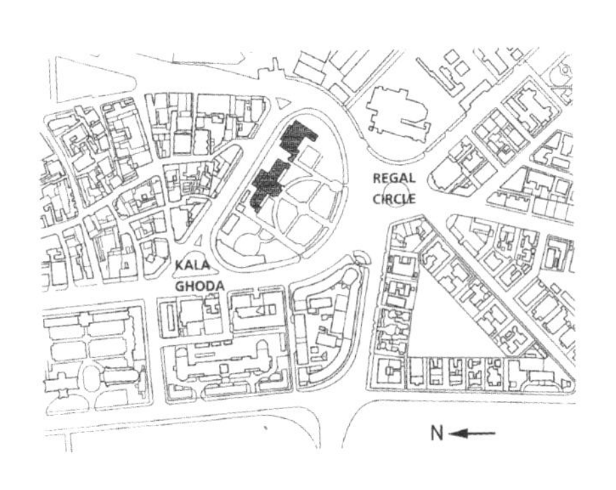

1 总平面（城市设计研究院提供）

G. 维忒特设计的威尔士王子博物馆是竞赛获奖作品。1905年威尔士王子访问孟买时为其奠基，1914年竣工。在第一次世界大战期间，被改建为军队医院，1923年正式作为博物馆开放。按报名参赛时的设计，建筑原拟由以对称的"C"字形布局排列的三个独立的博物馆建筑组成。但这个方案始终未能实现，最后只有中央部分是按原设计建造的。1939年，由孟买的格雷格森、巴特利与金建筑师事务所设计的自然历史分馆添建到原博物馆主体的南侧。

维忒特按印度-撒拉森风格设计的威尔士王子博物馆是用采自孟买当地石矿的玄武岩与库拉石料建造的。博物馆的主体为三层，上面覆以落于基座上的大型穹隆——实质上相当于在主体结构的中央又加上了一层。入口处的柱廊有一班格拉达型（Bangladar，传统的

2 从入口处看博物馆
3 立面细部

4 俯瞰博物馆和它的环境
5 阳台细部
（R. 帕蒂尔摄）
6 建筑位于城市中一个重要的节点，有效地限定出城市的边界
（摘自《孟买：城市之间》）

孟加拉造型）屋顶，“哥哩”屏风墙插入起拱的开口处，上部两层有大型托座建于整个正墙。博物馆在设计上没有缺漏地集中了印度各种建筑要素：突出的阳台、小型穹隆、耆那式内柱、仿莫卧儿建筑的大理石镶嵌地板以及入口大厅更为增色的内地马哈拉施特拉邦传统宅第要素的巧妙组合。实际上，G. 维忒特继承了J. 贝格（为孟买设计邮政总局的建筑师）的风格。J. 贝格是G. 维忒特的老师，在担任孟买政府的顾问建筑师时曾将印度–撒拉森风格引入孟买。

在为孟买的建筑风光增色的同时，威尔士王子博物馆在城市设计上也享有很重要的地位。它位于孟买市的一个重要的节

↑ 7 远处即能清晰地看到建筑的穹隆，它成为一个城市的标志

↓ 8 正立面

（威尔士王子博物馆提供，由R. 麦罗特拉建筑师事务所重绘）

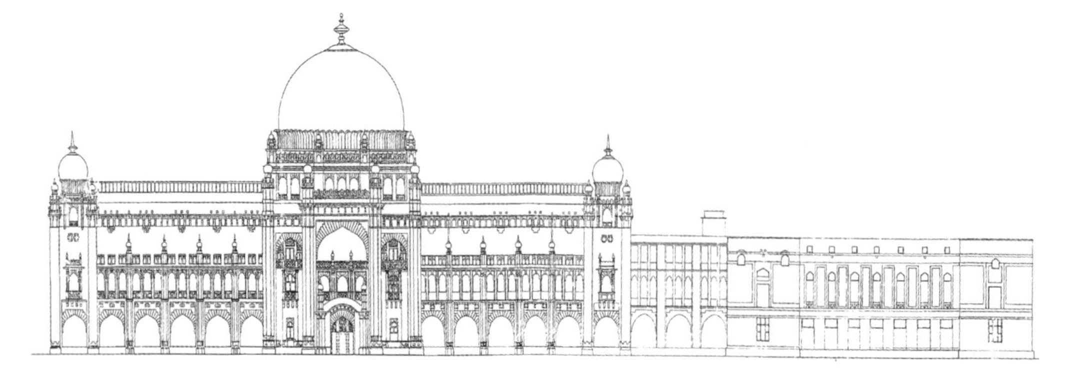

9 边角处穹隆的细部

10 首层平面

（1.问询处，2.画廊，3.主门厅，4.自然历史展廊，1939 年建）

（威尔士王子博物馆提供，由 R. 麦罗特拉建筑师事务所重绘）

照片由 R. 麦罗特拉摄制（除署名者外）

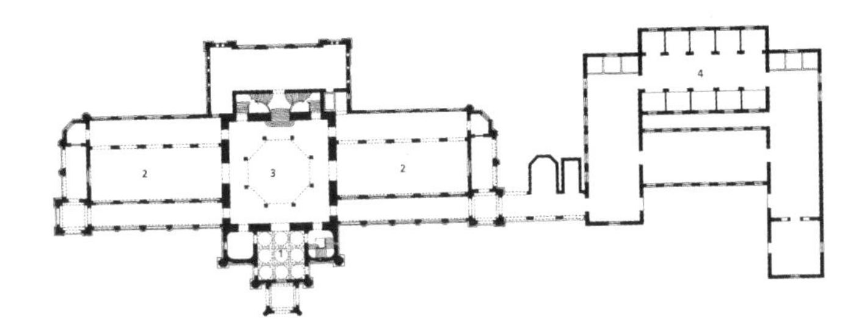

点处，从主干道边上向后收进，棕榈葱郁，使孟买城咄咄逼人的城市锋芒锐减。从远处即清晰可见的穹隆为建筑所处区域增添了一种景观上的美感，并成为整个城市的一个重要标志。

参考文献

Davies, Philip, *Splendours of the Raj: British Architecture in India 1660–1947*, London: John Murray, 1985.

Dwivedi, Sharada and Rahul Mehrotra, *Bombay: The Cities Within*, Bombay: India Book House, 1995.

Evenson, Norma, *The Indian Metropolis: A View Towards the West*, Oxford University Press, 1989.

London, Christopher (ed.), *Architecture in Victorian and Edwardian India*, Bombay: Marg Publications, 1994.

12. 卡拉奇港海关

地点：卡拉奇，巴基斯坦
建筑师：G. 维忒特
设计/建造年代：1912—1916

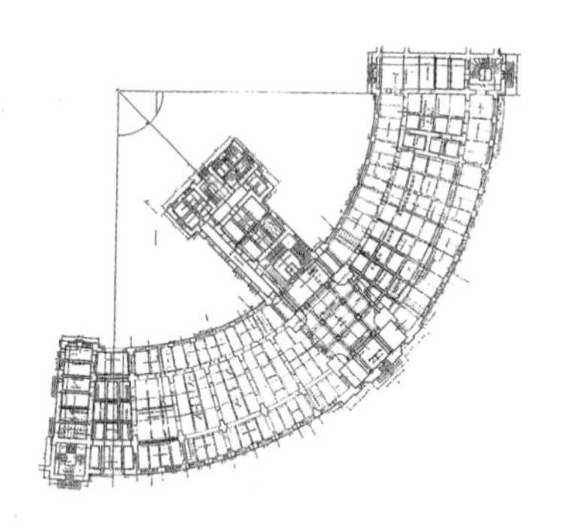

1 卡拉奇港海关办公室原设计平面
2 按新古典主义风格设计并带有乔治时代建筑特征的卡拉奇港海关

卡拉奇港海关大楼是第一次世界大战期间在英属印度完成的最引人注目的建筑之一。这座给人留下深刻印象的建筑由孟买总督威灵顿侯爵于1916年1月宣布开放。威灵顿侯爵后来升任殖民地印度的总督。

卡拉奇港海关大楼取代了位于该处的原海关大楼。原海关大楼由G. 维忒特以孟买政府顾问建筑师的身份设计。实际上，这座建筑被看作当时在印度次大陆建设的两个最重要的建筑物之一。另一个建筑物是皇家科学院与柯瓦斯基耶汉吉尔厅，同由维忒特设计，以新古典主义风格建造。G. 维忒特是在这些建筑中开始使用新古典主义风格的。在其早期的建筑设计中，他运用的是印度-撒拉森风格（威尔士王子博物馆即用此种风格）。

卡拉奇港海关大楼按四分之一圆周设计，并沿中央径向轴线方向延伸。这座三层楼的建筑以新古典主义风格设计，在连拱廊基层楼面与立柱的处理上运用乔治时代建筑的特征，并以爱奥尼式柱头突出大楼的入口。上面两层皆有形式一样的几无装饰的巨型凸窗。大楼的穹顶使中央入口更为突出，楼角则以伸出的楼梯为标志。所有这些表现以及整个结构的连接都使这座建筑在当地非常醒目，与其在这座城市中的地理位置极为般配。

KARACHI
PORT TRUST
CUSTOM HOUSE
KARACHI

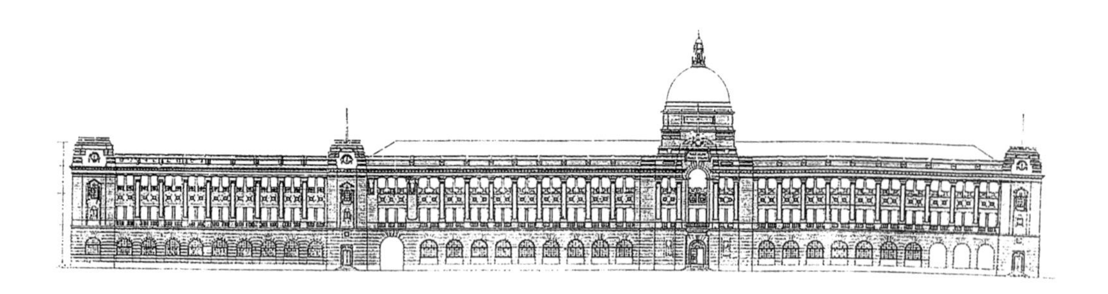

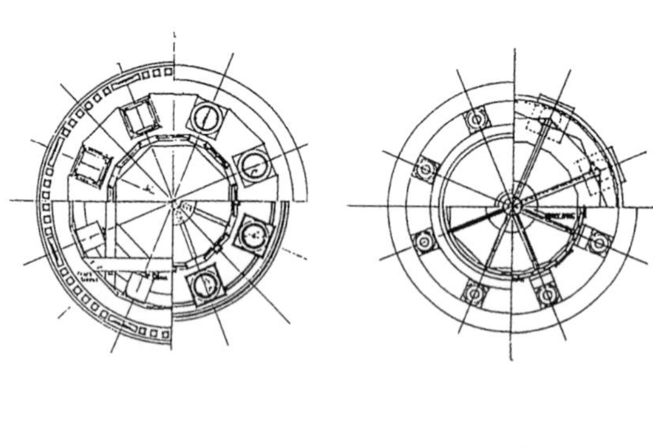

参考文献

Lari, Y. and M. S. Lari, *The Dual City, Karachi, During the Raj*, Heritage, Oxford, Karachi, 1996.

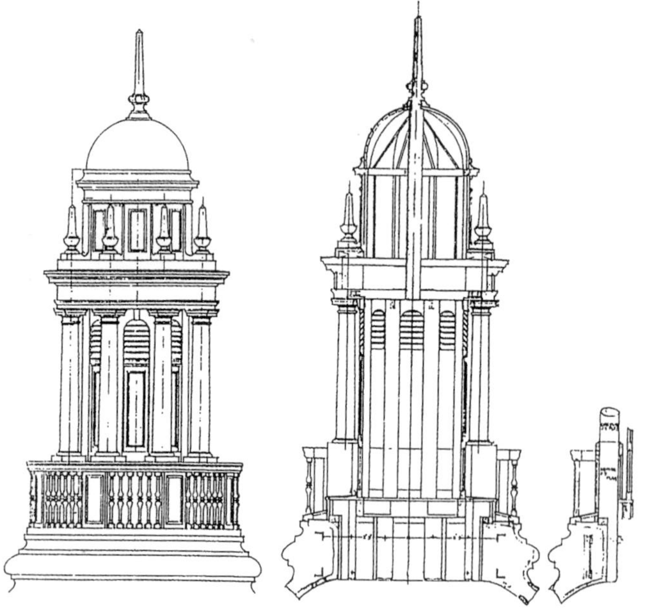

↑ 3 卡拉奇港海关原设计正立面。图中示出按原设计该建筑的增建部分

← 4 卡拉奇港海关穹隆顶部灯饰的原设计图

照片和图由 Y. 拉里提供

13. 皇家科学院与柯瓦斯基耶汉吉尔厅

地点：孟买，印度
建筑师：G. 维忒特
设计/建造年代：1910—1917

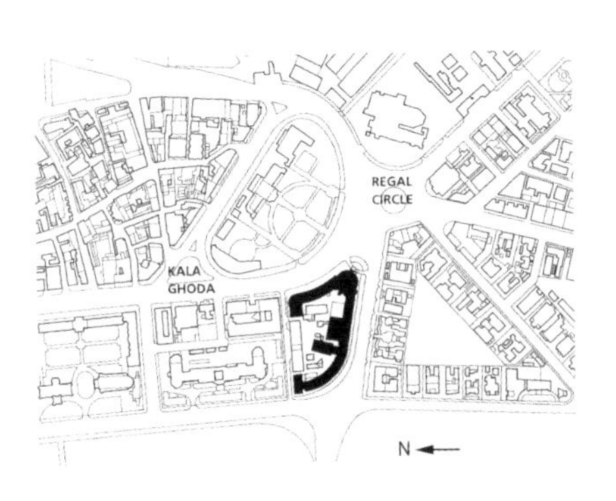

1 总平面
（城市设计研究院提供）

1911年，皇家科学院（RIS）在孟买市福特区——孟买城历史上的中心——角落的一块高地上奠基，整个建筑于1917年竣工。由于第一次世界大战的干扰，皇家科学院到1920年才开始在这里工作。

皇家科学院由G. 维忒特设计。30岁时，维忒特即升任孟买市政府的顾问建筑师，并拥有显赫的地位。与他在早期的建筑设计中表现的印度-撒拉森风格不同，维忒特在皇家科学院的设计上表现的是新古典主义风格。在提前退休后所走的这一步，表明他已经明显地脱离了其早期作品运用的风格。其早期作品代表作有威尔士王子博物馆，位于皇家科学院的街对面。

皇家科学院与柯瓦斯基耶汉吉尔厅共有三个独立的建筑，但其正面连成一体。这套建筑组合的两翼为考场与皇家科学院，两翼的交会处由冠有圆形平顶的环形柯瓦斯基耶汉吉尔厅隔开。这一大型公共场所（1994年由德里的建筑师R. 柯斯拉将其改造为现代艺术博物馆）表现出其独具的轮廓线，尽管与在同一视域中可以看到的新哥特式建筑埃尔芬斯通学院和孟买大学醒目的端墙相比，在外观上尚属低调。从设计上看，皇家科学院是全部建于孟买最重要的大街埃斯普拉纳德路上的原有新哥特式建筑在视觉上的延伸。通过使

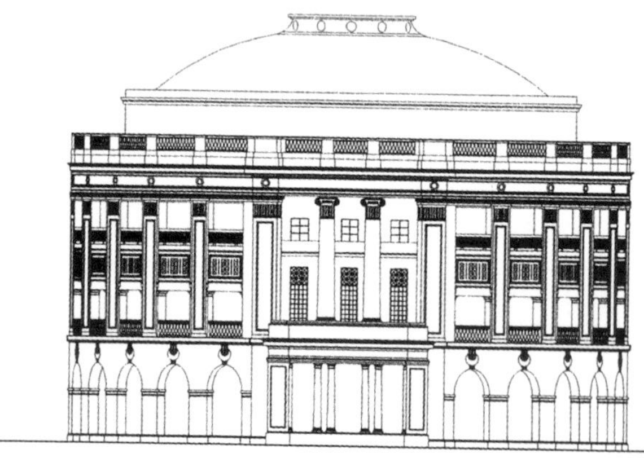

↑ 2 皇家科学院的两翼及其中间的柯瓦斯基耶汉吉尔厅（摘自《孟买：城市之间》）
← 3 立面

用与这条街道上其他建筑同样的玄武岩石料，皇家科学院强调了这条街道的连续性，并在共同创造孟买最为夺目的城市景观的整体形象中扮演了一个不可或缺的角色。

这组建筑的重要意义在于其设计方式。与它在城市环境中的地理位置相适应，这个建筑群以有力的曲线形态为边缘，在其内部为皇家科学院营造了一个极为幽静的天地。

参考文献

Dwivedi, Sharada and Rahul Mehrotra, *Bombay: The Cities Within*, Bombay: India Book House, 1995.

London, Christopher (ed.), *Architecture in Victorian and Edwardian India,* Bombay: Marg Publications, 1994.

4 具有新古典风格曲线边缘的外观
（R. 帕蒂尔摄）

5 底层平面

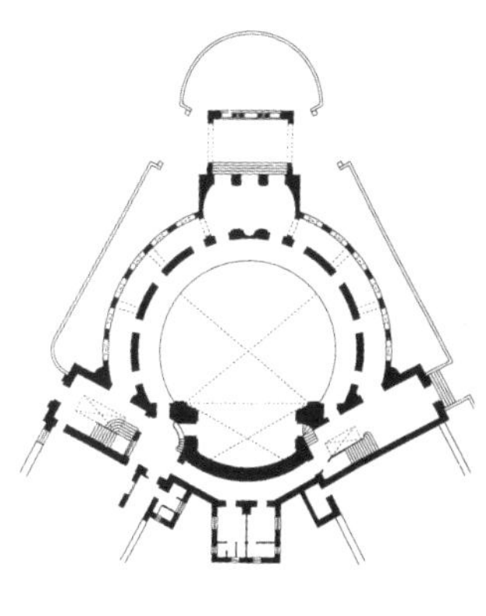

14. 新巴特那城

地点：巴特那，印度
建筑师：J. F. 穆宁斯
设计/建造年代：1912—1918

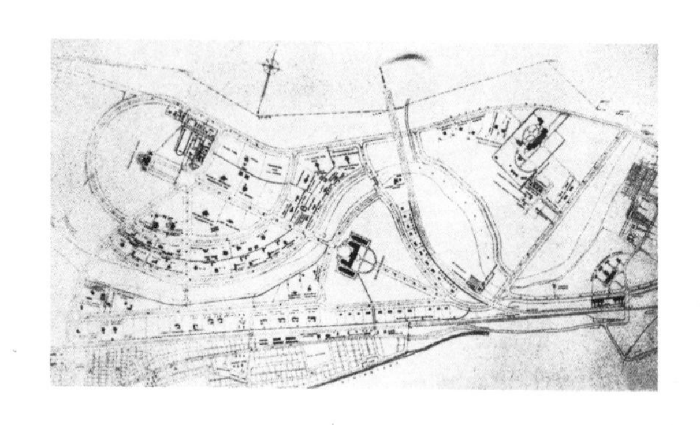

1 总平面（P. 斯克里弗提供）

2 秘书处中央的出檐高塔

新巴特那城的政府建筑群由澳大利亚悉尼鲍尔、亚当和穆宁斯事务所的顾问建筑师J. F.穆宁斯设计，用作新设省份比哈尔邦与奥里萨邦的首府。

建筑群位于印度的神河恒河南岸，其中心轴线为以乔治五世名字命名的一英里（约1.6千米）长的大道。轴线的一端为政府大楼，另一端为秘书处，两端之间形成一条视域通道。会议厅（由A. N.米尔伍德设计）位于中心轴线的一侧，建于1920年，即竣工于另两座建筑之后几年。政府大楼是一座引人注目的白色建筑；相比之下，秘书处则为略显失色的意大利式楼房，中心有一高塔，互相对称的两翼通过低矮的架空通道与主楼相连。新巴特那城整个结构表现了爱德华古典主义风格，与勒琴斯在新德里的设计中所做的不同，对印度传统建筑风格没有任何一点象征性的迁就。实际上，新巴特那

3 邮政与电报大楼

4 中心轴线一端的政府大楼
5 秘书处——整个设计的焦点

照片由 P. 斯克里弗提供

城的设计旨在给一座印度城市强加一种殖民秩序，旨在表现帝国的权威。由于建筑规模方面的原因，这种企图在新德里的规划与建筑设计上实现得更为成功。新德里的建筑时间与新巴特那城大致相同。

然而，新巴特那城之所以成为印度次大陆建筑史上重要的里程碑，是由于它也许较早地代表了现代主义运动对公共建筑中广泛运用的美国独立前建筑式样的影响。新巴特那城建筑在材料的运用与建筑特征上表现出一种约束与简朴感，与当时大多数殖民风格的公共建筑所表现出的充溢与艳丽形成鲜明的对照。

参考文献

Davies, Philip, *Splendours of the Raj: British Architecture in India 1660-1947*, London: John Murray, 1985.
Morris, Jan and Simon Winchester, *Stones of Empire: The Buildings of the Raj*, New York: OUP, 1983.

第 3 卷

南亚

1920—1939

15. 维多利亚纪念馆

地点：加尔各答，印度
建筑师：W. 艾默森
设计/建造年代：1901/1904—1921

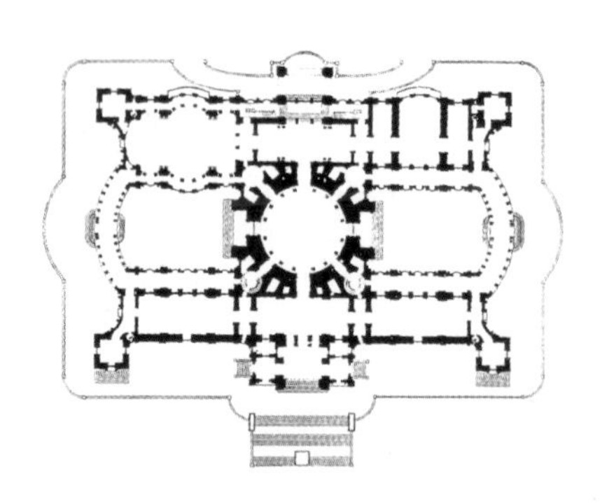

1 底层平面
（摘自 *The Empress*，1912年，MARG出版社）
2 纪念馆倒映在环绕四周的装饰性水池中

建在加尔各答的维多利亚纪念馆系为纪念英国在印度的统治而建，由英国驻印度总督库尔松勋爵为纪念女王维多利亚而创意，由W. 艾默森在V. 埃施的协助下设计。

纪念馆为白色大理石的古典式结构，建于加尔各答广场南端64英亩（约26公顷）的花园中（此处原为一监狱，因修建维多利亚纪念馆而被拆除）。纪念馆前有一高大的装饰性铁门。像其精神上的先驱泰姬陵一样，维多利亚纪念馆的高大建筑倒映在其四周的水池中。从立意上说，纪念馆的形态与体量完全是欧洲式的，但在具体要素的风格设计上也受到当地传统的影响。例如，转角处的穹隆从起源上说多少有些莫卧儿式的特征，窗拱为印度式金丝雕饰，此外还有许多撒拉森式细部——如V. 埃施设计的连拱。

这座壮观的建筑物的中心是中央穹隆下的维多利亚女王大理石塑像。在外部，建筑物完美结构的上方是立有一座可旋转的巨大的胜利女神青铜塑像，在中央穹隆下的空间为女王及其统治时代个人纪念品的展厅。纪念馆的其余部分则用于展示各种纪念物、图片及模型，这些展品反映了从18世纪早期的莫卧儿统治至英国人通过东印度公司与印度开始接触的整个时期的历史。

维多利亚纪念馆不仅

3 细部，其中可见当地传统的影响

4 白色大理石的古典结构

照片由迪诺迪亚图片社摄制

仅是建筑艺术的杰作，而且也是加尔各答市天际线上一个重要的历史象征。

参考文献

Davies, Philip, *Splendours of the Raj: British Architecture in India 1660-1947*, London: John Murray, 1985.

Morris, Jan and Simon Winchester, *Stones of Empire: The Buildings of the Raj*, New York: OUP, 1983.

London, Christopher(ed.), *Architecture in Victorian and Edwardian India*, Bombay: Marg Publications, 1994.

Vaughan, Philippa(ed.), *The Victoria Memorial Hall Calcutta: Conception, Colletions, Conservation*, Bombay: MARG Publications, 1997.

16. 克利夫顿滨江步道

地点：卡拉奇，巴基斯坦
建筑师：E. B. 霍尔
设计／建造年代：1918—1923

建在新克利夫顿的克利夫顿滨江步道是城市中一个十分美丽的去处。新克利夫顿曾一度被看作卡拉奇的健身胜地。这一城市建筑组合由E. B. 霍尔设计，包括一条行人步道、一个码头和一个凉亭。凉亭被称作J. 科塔里凉亭，因为J. 科塔里曾为凉亭的建设捐赠了这块建设用地以及三万卢比的建设费用。

凉亭是这组建筑中最重要的组成部分，以当时

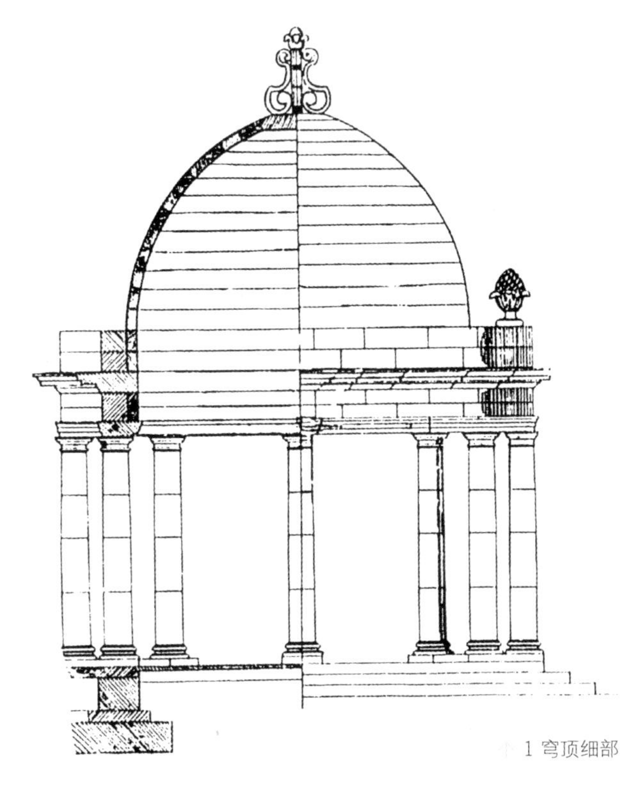

1 穹顶细部

↑ 2 凉亭

图和照片由Y. 拉里提供

英属印度的建筑中常见的印度–撒拉森风格建设。凉亭的圆顶采用的是进口的英国波特兰水泥配制的钢筋混凝土，并涂以粉红色，以与建筑物上全部装饰物使用的粉红色焦特布尔沙石相配，砖土建筑的其他部分均使用当地的石料。

凉亭在风格与规模上都与勒琴斯为新德里设计的楼阁相近。它优雅地坐落在一个高筑的平台上，四周美景尽收眼底。当时建造时，由于这里几乎没有任何建筑物，因此阿拉伯湾就算得上动人的景观了。由于其地理位置的原因以及设计上的特点，人行步道已成为一个重要的城市景观，为现代卡拉奇市民提供了一个宝贵的露天场所。

参考文献

Lari, Y. and M. S. Lari, *The Dual City, Karachi, During the Raj*, Heritage, Oxford, Karachi, 1996.

17. 辛格高等法院

地点：卡拉奇，巴基斯坦
建筑师：W. 黑尔，A. J. A. 依林沃斯，G. 维忒特
设计/建造年代：1923/1923—1929

司法委员法庭，通常被称作辛格高等法院，其设计思想是在卡拉奇市的中心轴线即国王大道这一市内干线上建造一座醒目的建筑。设计工作在孟买市政府的顾问建筑师办公室进行，建筑工程由公共工程局卡拉奇建筑分部实施。尽管工程早在1923年即已开始，但由于资金匮乏，全部工程花费了六年时间。于1929年由孟买市长宣布启用。

高等法院的建筑设计是W. 黑尔、A. J. A. 依林沃斯与G. 维忒特（1926年逝世，当时工程仍在施工）共同努力的结果。整座建筑采用古典主义风格，结合利用穹顶、阳台与罗马式立柱，反映了几位建筑师用迥然不同的建筑要素共同设计一个作品的这一特征。整个结构坐落在一个高高的墩座上，建筑物的正面采用竖有爱奥尼柱式的柱廊及柱廊上面的三角形檐饰，显示出古典主义的影响。正面中央部分充分地表现了新古典主义的特征，而其两旁却处理得朴实无华，除最简单的配窗设计外，没有什么实质性的装饰。这是卡拉奇市内大量使用焦特布尔石料的最早的建筑物之一。这种石料曾被S. 雅各布用于他为斋浦尔设计的一些印度-撒拉森式建筑中，后来G. 维忒特等其他一些建筑师也广泛采用这种颜色。

由于规模宏伟以及在卡拉奇市内的地理位置重要，辛格高等法院在当初竣工时曾被认为是卡拉奇市最引人注目的建筑；即使是今天，在现代的卡拉奇城中，它也是一个极为耀眼的景观。

参考文献

Lari, Y. and M. S. Lari, *The Dual City, Karachi, During the Raj*, Heritage, Oxford, Karachi, 1996.

↑ 1 表现出古典主义风格的辛格高等法院

← 2 整个建筑坐落在高高的墩座上，照片中可见竖有爱奥尼柱的柱廊及柱廊上方的三角形山墙

照片由Y. 拉里提供

18. 秘书处大厦

地点：新德里，印度
建筑师：H. 贝克
设计/建造年代：1913—1928

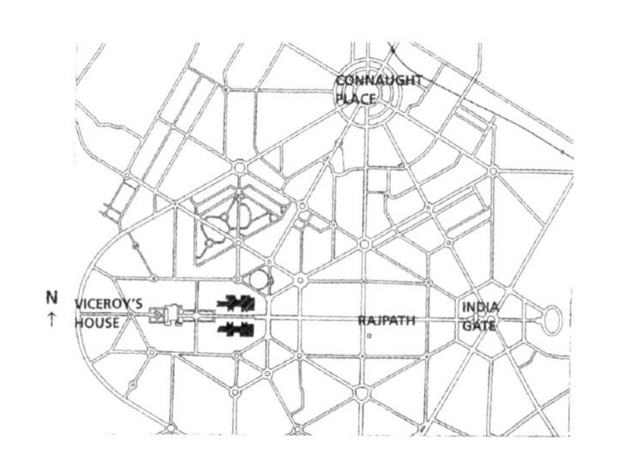

1 总平面

在1911年决定将印度帝国首都由加尔各答迁至德里以后，新德里规划建在沙贾汉纳巴德或旧德里旁。规划中的主要建筑物包括总督大厦及秘书处大厦，二者均为这项规划的重中之重。这两座建筑物坐落在赖西纳山二英里（约3.2千米）长的中心轴线即拉杰大道（或称国王大道）上。总督大厦位于山地上拉杰大道的一端；秘书处大厦如中心轴线之两翼，完全对称布置（与总督大厦相邻）。拉杰大道的另一端为印度门——一个拱形的凯旋门。这个杰出的规划是由E. 勒琴斯爵士与H. 贝克爵士提出的。H. 贝克爵士还为这座新的都市设计了其他一些建筑。

H. 贝克设计的新德里的秘书处大厦这一对建筑，在设计思想上与他先前为南非设计的比勒陀利亚的工会大厦极为相似。秘书处大厦的两栋楼（北楼与南楼）均为三层高，一英里（约1.6千米）长，供印度政府所有的行政部门使用。地下部分用作车库、仓库与档案库，一层、二层为官员办公室，顶层为办事员的办公室。地下室与一层使用红色的砂岩，表现出基础的坚实感；二层、三层使用浅色的石料，突出整个建筑水平伸展的特征。在拉杰大道的两侧，各有一礼仪用政府大厅。面向拉杰大道，两个大厅均有门厅通往秘书处大厦的南北

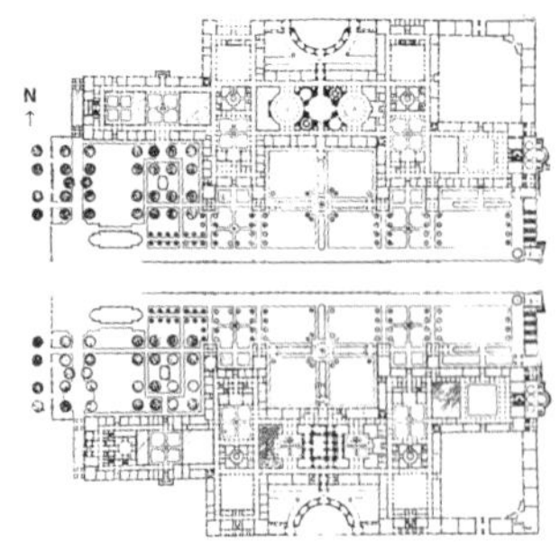

2 政府大院的入口是一个两层高的圆拱，圆拱的上部围有矩形的额枋
（R. S. 戴伊摄）

3 秘书处大厦两栋建筑的首层平面
（英国建筑图书馆，RIBA 提供）

4 秘书处大厦两栋建筑的外形成为帝国统治权威的强有力的象征
（R. S. 戴伊摄）
5 从总督大厦方向看建于拉杰大道两侧的秘书处大厦的两栋楼
（R. 麦罗特拉摄）

楼梯。每个门厅的两侧都是一些高顶的房间，这些房间环绕着一些连拱式露天院落。朝向秘书处大厦南北两楼后部的地方，各有一组地势稍低一些的圆顶式车辆出入门道。在两栋楼的东端为高塔，在高塔与总督大厦之间即形成拉杰大道的中心轴线。

秘书处大厦的建筑形式既是为适应当地气候的条件，也是为满足政治象征的需求。贝克以印度的手法采用了露天华盖“遮陀罗”、大块的悬石“遮扎”以及雕刻复杂的普通石料和大理石“哥哩”——这些要素在传统上均用于控制气候条件。秘书处大厦原来是作为冬季用办公楼设计的（首都在夏季迁往山地西姆拉），因此未建连续的外廊，外廊通常在印度建筑中用作遮阳天棚。但与墙体面积相比，窗户均设计得较小，而且玻璃也深深地嵌入厚墙中，以避免光线射入。

秘书处大厦与总督大厦给拉杰大道的城市建筑带来了前所未有的宏伟与尊严。作为新的首都新德里的重要官方建筑，秘书处大厦的两栋楼成为代表印度帝国统治权威的强有力的象征。

参考文献

Davies, Philip, *Splendours of the Raj: British Architecture in India 1660-1947*, London: John Murray, 1985.
Irving, Robert Grant, *Indian Summer: Lutyens, Baker and Imperial Delhi*, Delhi: OUP, 1981.
Lang, Jon, Madhavi Desai and Miki Desai, *Architecture and Independence: The Search for Identity-India 1880 to 1980*, Delhi: OUP, 1997.
Morris, Jan and Simon Winchester, *Stones of Empire: The Buildings of the Raj*, New York: OUP, 1983.

19. 加里森圣马丁教堂

地点：新德里，印度
建筑师：A. 舒密斯
设计/建造年代：1930

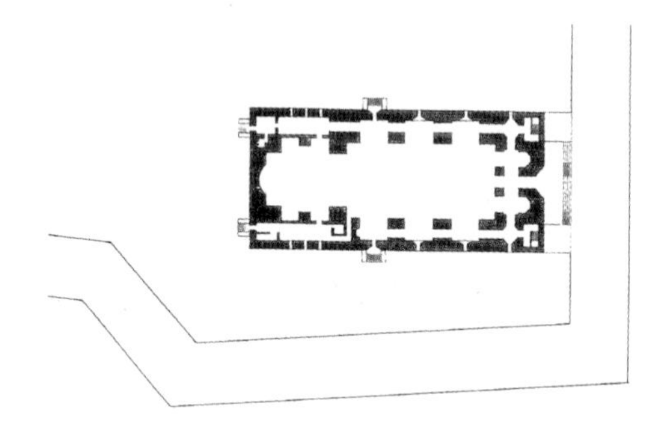

1 底层平面

2 在空阔无华的景观中矗立的朴实庄重、轮廓清晰的教堂（R. S. 戴伊摄）

加里森圣马丁教堂由A. 舒密斯设计，位于距新德里赖西纳山三英里（约4.8千米）处。赖西纳山即H. 贝克与E. 勒琴斯设计的著名的政府建筑群坐落之处。舒密斯作为监督勒琴斯设计的总督宫建筑工程的驻场建筑师来到印度；其后又逗留在印度，独立地搞了其他一些项目。

圣马丁教堂是一座整体式建筑，完全以砖建成（总计用砖350万块），在平坦的空地上陡然立起，轮廓清晰，朴实庄重。砖墙从基座上呈阶梯式砌起，形成一个坚实的整体，其间穿以小而深的一些孔洞。这是一座严格的古典主义建筑，在圣坛的上端冠以砖顶，混凝土的筒形穹顶跨落在中殿的拼花地板上。与它厚重的外观迥然相异，其内部出奇地轻疏。这座建筑使用了尽可能少的建筑要素，而且几乎没有运用任何装饰，看起来表现出一种禁欲主义的帝国准则和“摒弃一切可有可无之事物”（Irving，1981年）的那种苛刻的库尔松式的效率教条。

在毫不含糊地追随勒琴斯的风格的同时，舒密斯努力在这座建筑的设计上超过他的老师，力求创作出那个时代建筑中的一个无可置疑的杰作。这个建筑之所以出众，在于其简洁、明快，在这方面它超越了现代与历史上的任何一种风格的界定。这是一座具有崇高威严与卓越

3 从入口大门处看这座教堂（R. 麦罗特拉摄）
4 门廊细节（R. 麦罗特拉摄）

特征的建筑，南亚的建筑几乎没有能超过它的。

参考文献

Davies, Philip, *Splendours of the Raj: British Architecture in India 1660–1947*, London: John Murray, 1985.
Irving, Robert Grant, *Indian Summer: Lutyens, Baker and Imperial Delhi*, Delhi: OUP, 1981.
Lang, Jon, Madhavi Desai and Miki Desai, *Architecture and Independence: The Search for Identity-India 1880 to 1980*, Delhi: OUP, 1997.
Kagal, Carmen(ed.), "*Vistara: The Architecture of India*", Exhibition Catalogue, The Festival of India, 1986.

20. 拉里塔宫

地点：迈索尔，印度
建筑师：E. W. 弗里奇利
设计 / 建造年代：1930—1931

建在迈索尔的拉里塔宫系由建筑师E. W. 弗里奇利奉土邦主K. 沃代亚之命设计，原为贵宾下榻之处。宫殿坐落在一个山脊上，向下望去，是地处迈索尔的查蒙迪山脚下缓缓倾斜的碗状谷地的壮观景色。其以古典传统风格建造，光彩梦幻般地矗立于南印度半岛炙热的平原上。事实上，拉里塔宫完全是“将圣保罗大教堂移植到南印度的一种大胆的尝试”（Davies，1985年）。

拉里塔宫是一座两层高的建筑，结构中心为环形的出入大厅，厅的上面冠以高高的中央穹顶。宫殿的入口为凸出的双层门廊，其上方为带有三角形檐饰的楼阁。入口的两侧是冠以小球形圆顶的成列的圆柱。成列的科林斯柱沿两翼排列开去，直到冠以穹顶的亭楼。宫殿的内部饰有彩色玻璃天窗、华丽的抹灰、精美的金属雕刻以及木刻窗板与护墙板，所有这些均显示出当地工匠的技巧。进口的彩色玻璃、地板砖和高档的器具与装置更增添了这座建筑的奢华感。这个宫殿其后改建为豪华的饭店，对到此来体味皇家风格的西方旅游者颇具吸引力。

在20世纪20年代与

↑ 1 入口细部

30年代，古典主义传统风格在整个印度次大陆的影响是很大的，极受印度王族青睐。古典主义风格在拉里塔宫的建造上得到了最为忠实的体现，使这一建筑成为当时非凡的杰作。

参考文献

Davies, Philip, *Splendors of the Raj: British Architecture in India 1660–1947*, London: John Murray, 1985.

Issar, T. P., *The Royal City: A Celebration of the Architectural Heritage and City Aesthetics of Mysore*, Bangalore: Mytec Process, 1991.

Lang, Jon, Madhavi Desai and Miki Desai, *Architecture and Independence: The Search for Identity-India 1880 to 1980* Delhi: OUP, 1997.

↑ 2 两层的拉里塔宫。照片中可见中央穹顶及沿走廊排列的科林斯双柱

照片由迪诺迪亚图片社摄制

21. 总督大厦

地点：新德里，印度
建筑师：E. 勒琴斯
设计／建造年代：1912—1931

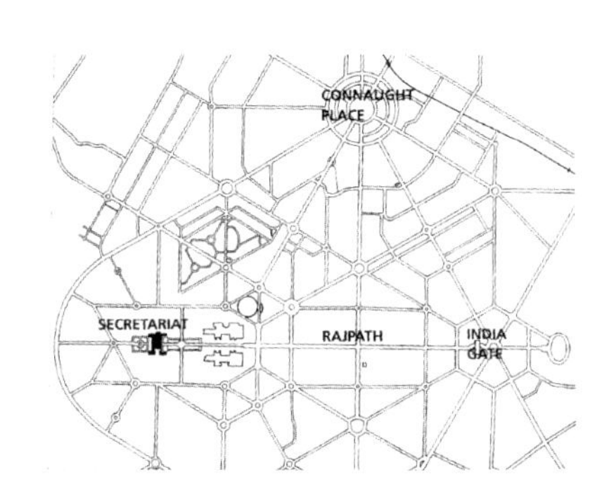

1 总平面

总督大厦由E. 勒琴斯爵士设计，与秘书处大厦一起构成德里新城规划的重心。总督大厦跨立在低矮的赖西纳山上，东北方向为莫卧儿古城沙贾汉纳巴德。大厦原作为印度帝国的总督宫而设计，在印度独立后一直被用作印度共和国的总统官邸（现在称作Rashtrapati Bhavan）。

总督大厦是一座宏伟的建筑，长640英尺（约195米），宽536英尺（约163米），高180英尺（约55米），四层高，有客房340间，其间环绕12个独立的庭院，游廊大小不一。大厦主要采用红砂石，其间缀以奶油色石料（来自托尔布尔、珀勒德布尔和阿格拉），以明亮的横条纹色彩突出整个大厦水平伸展的特性。建筑的布置十分巧妙，以适应功能上的需要为原则——其东部面向礼仪活动中心，用于国家外事活动场合；其南部用于国内与私人事务（总统私宅靠近西南角）；北部用于官员处理行政事务；西部俯瞰莫卧儿大花园，用于娱乐与休闲。

在建筑内部，二层和三层用于各种国事活动，并且具有一个中央冠有大型穹顶的正式接见大厅，厅内设有宝座（来源于罗马的万神庙），气象堂皇。接见大厅周围有三个接见室、一个国事活动室和一个图书室。在这些空间外面有一个开敞式楼梯、一个国事餐厅、一个舞厅以

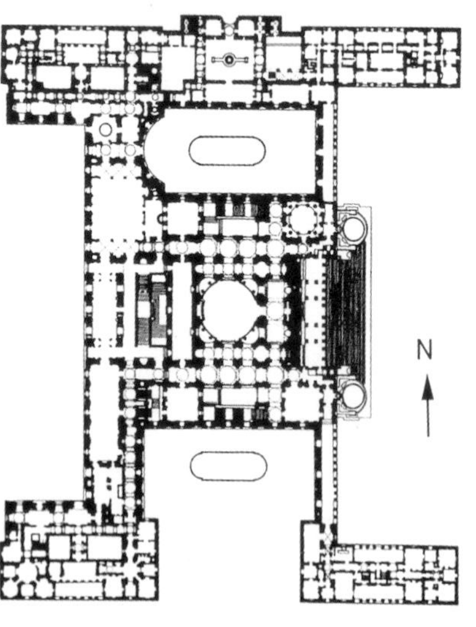

↑ 2 矗立在入口庭院中央的斋浦尔柱，其顶部为六角印度玻璃星（R. S. 戴伊摄）

← 3 平面

4 由石柱隔断的华美的铁栅门
（R. S. 戴伊摄）

图由英国建筑图书馆，RIBA 提供

及国宾套房和若干来宾休息室。建筑外部的重心为一高踞整个结构之上的巨型穹顶，该穹顶起源于桑奇的佛教印度塔。按勒琴斯原来的想法，这个穹顶应该使沿着拉杰大道走向总督大厦的人举目可见，但由于弯曲的坡道方位不正，使本来可以成为最为壮观之景色的建筑物引道未能尽如人意。

总督大厦不能按古典主义框架进行分类，在古典主义结构上嫁接了许多印度的形式、特征与主题，例如“遮扎”——滴水石、“遮陀罗”——圆顶凉亭、“哥哩”——带花洞的屏风、突拱以及大象与钟铃的雕塑。总督大厦是一部杰作。像所有伟大的建筑作品一样，勒琴斯在这个建筑中成功地合成了各种符号、材料与色彩——所有这些要素均按极为严格的规则融合在一起。

参考文献

Davies, Philip, *Splendors of the Raj：British Architecture in India 1660-1947*, London: John Murray, 1985.

Irving, Robert Grant, *Indian Summer：Lutyens, Baker and Imperial Delhi*, Delhi: OUP, 1981.

Kagal, Carmen (ed.), “Vistara：The Architecture of India”, Exhibition Catalogue, The Festival of India, 1986.

Lang, Jon, Madhavi Desai and Miki Desai, *Architecture and Independence：The Search for Identity-India 1880 to 1980*, Delhi: OUP, 1997.

Morris, Jan and Simon Winchester, *Stones of Empire：The Buildings of the Raj*, New York: OUP, 1983.

Tillotson, G. H. R., *The Tradition of Indian Architecture：Continuity, Controversy and Change since 1850*, Delhi: Oxford University Press, 1989.

22. 摩哈塔宫

地点：卡拉奇，巴基斯坦
建筑师：A. H. 阿伽
设计 / 建造年代：20 世纪 20 年代末—1933

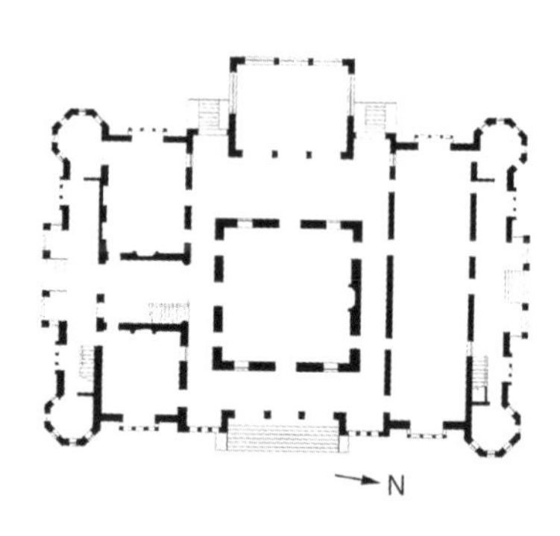

↑ 1 底层平面

← 2 开口处细部。托座及“遮扎”以粉色石料雕刻（H. F. 拉里提供）

建筑师A. H. 阿伽为古怪的百万富翁S. R. 摩哈塔设计的摩哈塔宫建于阿拉伯海边宽阔的庄园里。

这座宏伟壮丽的住宅，底层为用于娱乐活动的富丽堂皇的大型房间，一层为接待处和若干卧室。一层有个大阳台，住在这里的人可以在此享受西南季风带来的凉爽。摩哈塔宫为对称式结构，中央为四方形的起居室，起居室后面接有一间游戏室。建筑物的四个转角处

3 对称的建筑物正立面外观
4 正立面

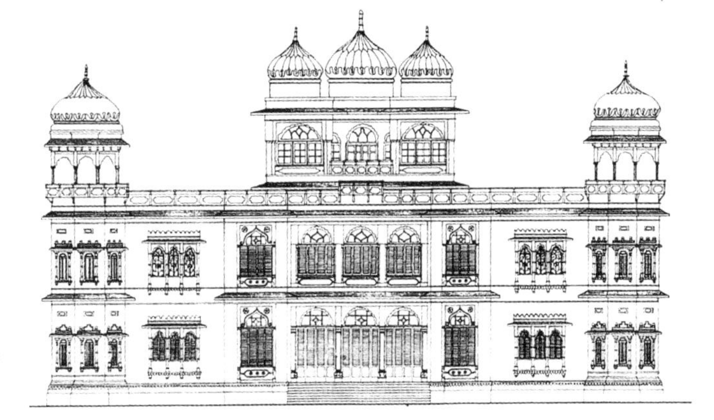

↑ 5 围墙细部

图由H. F. 阿里提供，R. 麦罗特拉建筑师事务所重绘

各有一座八角塔。摩哈塔宫最为壮观之处是巴拉达里（baradari）屋顶上的多穹隆设计，这些穹隆围合着屋顶平台的中央部分，并起到遮阳的作用。在这座建筑的设计上，阿伽从莫卧儿建筑设计中获取灵感，采用莫卧儿陵墓建造中所用的形式与体量——颇不同于当时流行的以欧式设计为基础、兼具当地外向式表现的印度-撒拉森式建筑。

由于不受建设费用的制约，摩哈塔宫的建筑用料都是经过精心挑选的，做工也极为细致考究。宫殿用当地的米黄色石建造，并用淡粉色焦特布尔石雕刻托座、“遮扎”、拱肩、阳台扶手及壁柱等。穹顶由混凝土砌制，并抹成粉色以与焦特布尔石相配。

摩哈塔宫现在正由建筑师H. F. 阿里改建与修缮，拟用作美术馆，展示巴基斯坦各地的文物和其他珍奇物品。此建筑值得一提的是，它是一座不可多得的莫卧儿复兴建筑——一位穆斯林建筑师向印度人介绍的建筑形式。这是饶有趣味的，因为这座建筑是在独立前不过20年的时候，即次大陆上的种族冲突开始激化的时期建造的。

参考文献

Lari, Y. and M. S.Lari, *The Dual City, Karachi, During the Raj, Heritage*, Oxford, Karachi, 1996.

23. 康诺特广场

地点：新德里，印度
建筑师：R. T. 拉塞尔
设计 / 建造年代：1917—1921 / 1928—1934

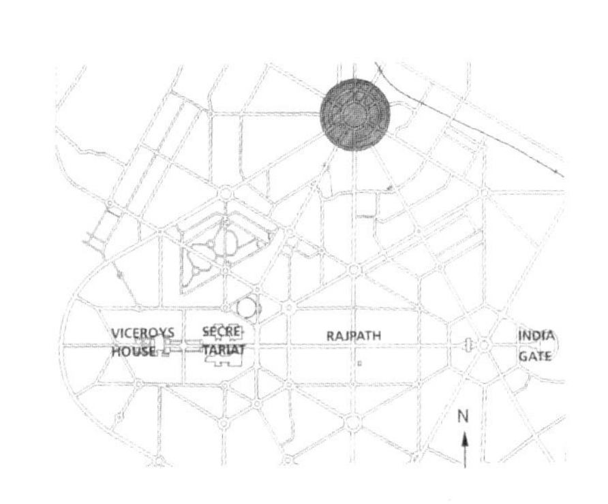

在规划德里新城时，康诺特广场被设计为连接沙贾汉纳巴德新城与旧城间轴线上的一个巨大的圆形广场。这处大型的公众聚焦点是按W. H. 尼科尔斯提出的方案安排的，广场本身则由R. T. 拉塞尔按新德里城的购物与商业中心设计。

康诺特广场是个巨大的环形广场，直径为1100英尺（约335.5米），由两个双层建筑物构成的同心环围起。双层皆有连拱廊

1 总平面
2 零售购物区通风良好的拉毛柱廊

↑ 3 建筑物的古典主义细部

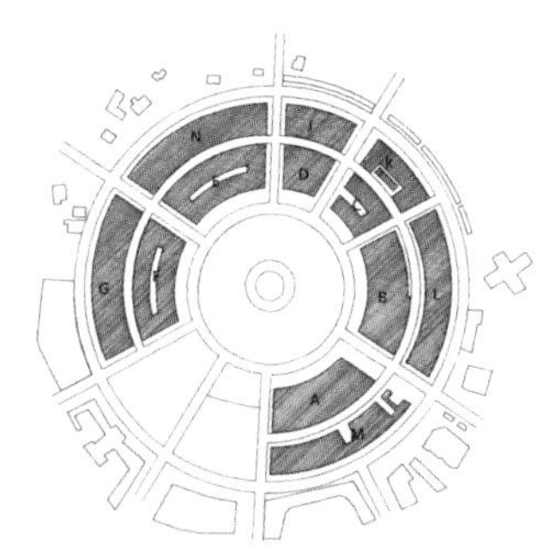

4 围绕上部楼层的“哥哩”和窗户

5 康诺特广场示意图（R. 麦罗特拉建筑师事务所绘图）

照片由R. 麦罗特拉摄制

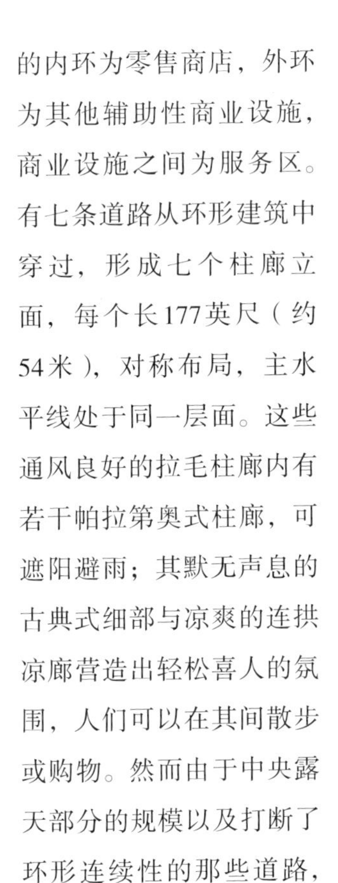

的内环为零售商店，外环为其他辅助性商业设施，商业设施之间为服务区。有七条道路从环形建筑中穿过，形成七个柱廊立面，每个长177英尺（约54米），对称布局，主水平线处于同一层面。这些通风良好的拉毛柱廊内有若干帕拉第奥式柱廊，可遮阳避雨；其默无声息的古典式细部与凉爽的连拱凉廊营造出轻松喜人的氛围，人们可以在其间散步或购物。然而由于中央露天部分的规模以及打断了环形连续性的那些道路，这些低矮的建筑物未能形成一种封闭感，结果搞得这个圆形广场未能拥有自己明确的世界。

从历史上看，康诺特广场形成了德里旧城弯曲狭窄的小路与新德里的正规大道之间的一个接口。这是古典式城市设计的大胆实践——与旧德里地方集市的熙熙攘攘甚至有些混乱的情景相对照，规制严整的景象与秩序压倒一切。不管怎么说，从建筑学上看，康诺特广场是个给人以深刻印象的建筑，在新德里的设计上，它为自己赢得了独特的地位，表现了自己独特的意图。

参考文献

Davies, Philip, *Splendors of the Raj: British Architecture in India 1660–1947*, London: John Murray, 1985.

Irving, Robert Grant, *Indian Summer: Lutyens, Baker and Imperial Delhi*, Delhi: OUP, 1981.

Lang, Jon, Madhavi Desai and Miki Desai, *Architecture and Independence: The Search for Identity-India 1880 to 1980*, Delhi: OUP, 1997.

Morris, Jan and Simon Winchester, *Stones of Empire: The Buildings of the Raj*, New York: OUP, 1983.

24. 三一学院教堂

地点：康提，斯里兰卡
建筑师：加斯特
设计/建造年代：1921—1924/1922—1935

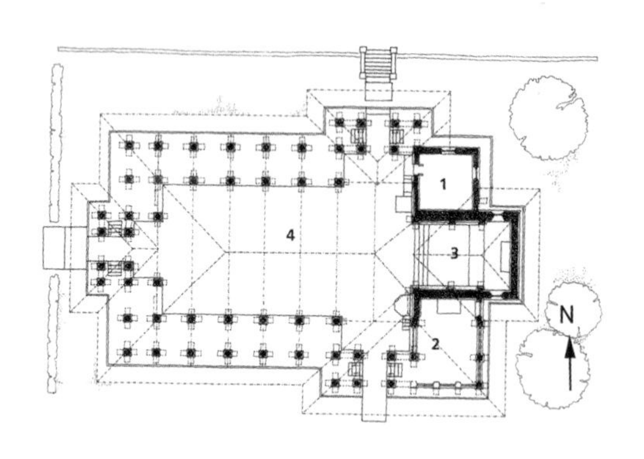

1 平面
（1. 附属礼拜堂，2. 圣器室，3. 圣坛，4. 主厅）

在康提的三一学院里建造这座教堂，是为了使教会形式适应当地特点，使基督教与当地传统相互沟通。副校长加斯特先生（同时也是建筑师）极具卓见地倡议以当地的僧伽罗风格在校内修建这座教堂。由于建造这样的建筑以前尚无先例，当地没有人愿意承建几十年里从未有人提出过的这类建筑。于是从邻近地区雇来了各种工匠，在教堂掌事人的监督下施工。

教堂为十字形楼阁式建筑，在其一端为圣坛、圣器室及附属礼拜堂。正厅上面盖以巨大的康提式坡屋顶；厅堂环以两层立柱，其间为通道；过道上方由主顶板的延伸形成三处入口。礼拜堂的柱子与墙体从底部到顶部均以白沙色花岗岩建成。柱料运到现场后，按建筑师加斯特先生的设计加工成形，加工好的柱子就位竖起，并覆以柱帽和柱梁。柱帽与柱梁均采用当地的“咖玛路”（gammalu）木材，房顶的桁梁与框架则以铁与“哈米拉”（halmilla，当地的一种木材）制作。房顶盖以平砖，地板铺以四方形石板。

这座建筑的一个重要的特征是其南墙上D. 佩因特先生画的壁画。这幅壁画描绘耶稣被钉死在十字架上的景象，场景设在一块红树林沼泽地上，以斯里兰卡人为模特儿。这幅壁画连同其他三幅一起，旨在保持建筑物本身设计

2 显示出康提坡屋顶的外观

风格的同时，增添一些地方特色。这些壁画以及两个居高临下的康提坡屋顶和其他一些带有传统特色的细节，为这座教堂赢得了独特的地位——在这里，传统真正地得到了实际的应用。

参考文献

"A Sinhalese Chapel for Trinity College, Kandy", by J. McLeod, Campbell, 1926.

"Building in the Vernacular", Souvenir of the 75th Anniversary of the Trinity College, Kandy, 1947.

"Building for Eternity", from Souvenir to celebrate 100 years of the Trinity College, Kandy, 1972.

↑ 3 能看到祭坛内景的教堂室内
↓ 4 剖面

照片由 D. P. 阿拉基摄制，图由 C. 安杰伦德兰提供

25. 甘地故居（*萨巴尔马蒂故居与塞瓦格拉姆故居*）

地点：艾哈迈达巴德与沃尔塔，印度
建筑师：圣雄甘地与 M. 甘地
设计/建造年代：1920（艾哈迈达巴德），1936（沃尔塔）

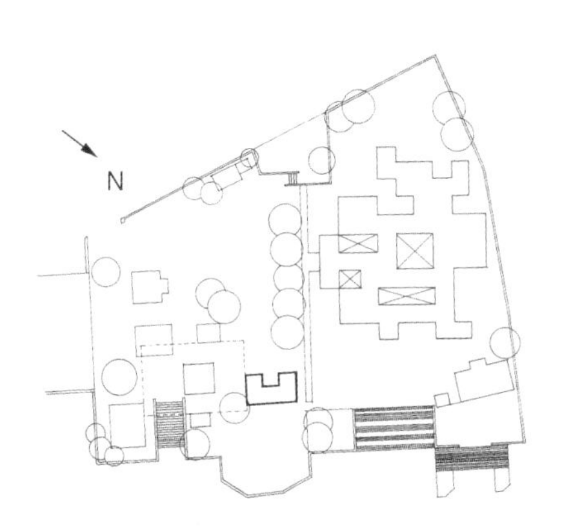

1 总平面——萨巴尔马蒂故居

艾哈迈达巴德与沃尔塔的甘地故居原为圣雄甘地在其助手的协助下设计与建造，作为他的府邸及在印度独立战争时期的政治与社会活动基地。两座故居的建筑材料基本上均取自当地，其设计简洁，真实地反映了圣雄甘地本人的生活方式。

2 萨巴尔马蒂故居住宅的背面，有入口通往庭院（S. 拉纳德摄）

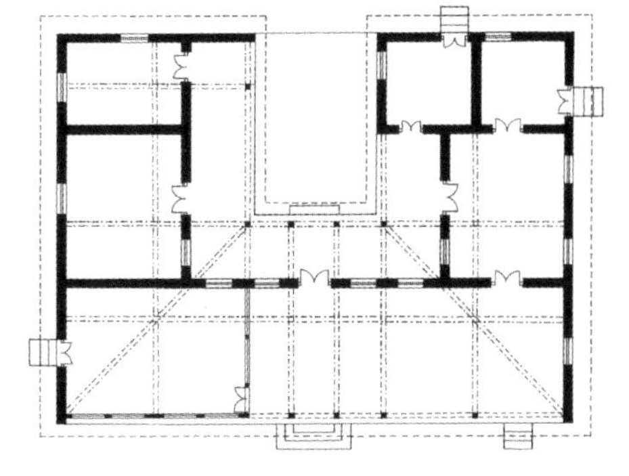

3 平面——萨巴尔马蒂故居

艾哈迈达巴德的萨巴尔马蒂故居由圣雄甘地的外甥M. 甘地根据圣雄甘地的意见设计，面向萨巴尔马蒂河。故居按北古吉

↑ 4 萨巴尔马蒂故居前廊，甘地经常在这里召开会议
（S. 拉纳德摄）

拉特地区的传统住宅模式建造，房间环绕在中央庭院的四周，中央庭院是家族大部分活动的场所。与入口成正交方向立有一堵墙，将公共场所与私家用地隔开。这座故居的起居室极为简朴，所用建筑要素极少。但整个建筑群给人以一种宁静感，营造出一个舒适的起居环境。

沃尔塔的塞瓦格拉姆故居由一些棚屋组成，其间环绕一露天空地，用作祈祷的场所。这座故居的棚屋皆为简单的乡土建筑，表现出甘地简朴的哲学思想。甘地的住宅巴普库提（Bapu Kuti）采用竹子与胶泥这些传统的材料，以隔断墙将这座矩形的建筑分为四个房间。事实上，巴普库提与R. 泰戈尔所做的尝试不同，R. 泰戈尔尝试以建筑形式作为国家的象征，而巴普库提则更符合如今可持续发展环境保护运动的精神。

建在艾哈迈达巴德

5 塞瓦格拉姆故居——反映甘地哲学思想的简朴的乡村建筑
（A. 托姆拉摄）
6 平面——塞瓦格拉姆故居中的巴普库提
7 塞瓦格拉姆故居——阿迪尼瓦斯与巴普库提
（A. 托姆拉摄）

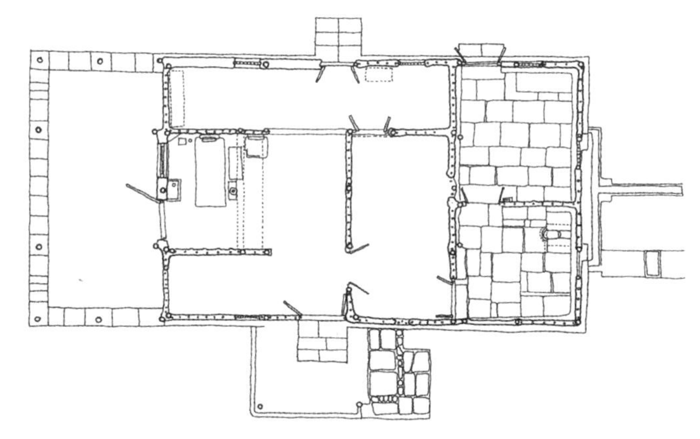

8 塞瓦格拉姆故居——阿凯里尼瓦斯的外观
（A. 托姆拉摄）
9 总平面——塞瓦格拉姆故居

图由V. 卡利提供，R. 麦罗特拉建筑师事务所重绘

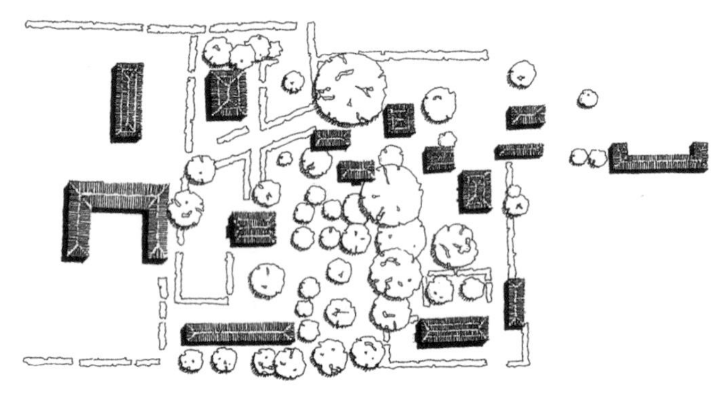

与沃尔塔的两座故居都强调说明，使用简单的材料是印度抵制外货运动在建筑学上的表现。即使在今天，这两座故居也象征着一种新的发展战略，这种发展战略主要旨在解决各种社会问题并重新创建我们的社会——甘地哲学思想的基础。

参考文献

Lang, Jon, Madhavi Desai and Miki Desai, *Architecture and Independence: The Search for Identity-India 1880 to 1980*, Delhi: OUP, 1997.

Makim, Vaishali, "Discourse on Indian Modernity in the Context of Three Specific Instances: Hridaykunj, IIT Kanpur and NID", Unpublished thesis, School of Architecture, CEPT, Ahmedabad, 1996.

Mrudagandha, *A Study in Sepia,* Man of the People-conceives Architecture for the People, Designed and published by the Habitat Policy Group, Nagpur on behalf of HUDCO and the Academy of Young Scientists, 1987.

26. 伊萝丝影剧院

地点：孟买，印度
建筑师：贝德瓦尔与索拉布吉建筑师事务所
设计/建造年代：1938

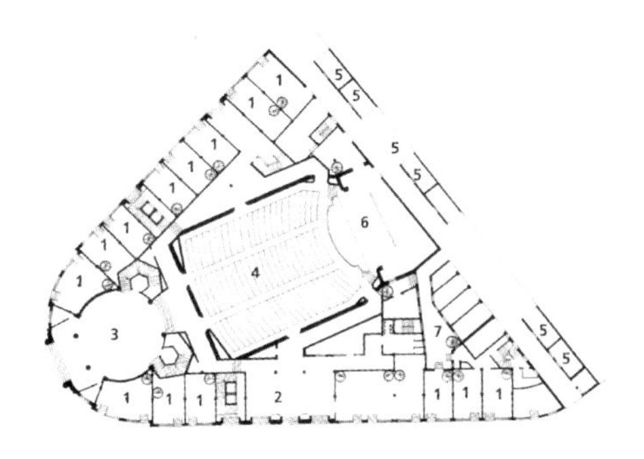

1 首层平面
（1. 商店，2. 休息厅，3. 门廊，4. 观众厅，5. 车库，6. 舞台/乐池，7. 院子）
（B. 尼科尔森提供，R. 麦罗特拉建筑师事务所重绘）

装饰艺术引入印度是与歌剧、爵士乐、卡巴莱歌舞、戏剧及电影引入孟买密切相关的。那时，一套全新方式的演出艺术首先在孟买，随后又在整个次大陆发展起来。电影院是装饰艺术在这里流行的开路先锋，伊萝丝影剧院就是其中十分重要的一个。

伊萝丝影剧院由贝德瓦尔与索拉布吉建筑师事务所按装饰艺术风格设计，建于教堂门铁路终点站前数条大道的交点这一显要的位置上。影剧院为“V”字形结构，两个侧翼与影剧院的正门入口为接合点。影剧院按多层、多功能结构设计，除电影放映厅外，还有与院外街道在同一层面上的商店、办公室和餐馆。实际上，它是按后湾开发计划围海造地修建的一片宽阔的广场前唯一的一座非居住性建筑。后湾开发计划是20世纪20年代和30年代期间孟买实施的一项大型计划，当时孟买的建筑物大多为装饰艺术风格的。伊萝丝影剧院是装饰艺术风格建筑大家庭中的重要一员。

伊萝丝影剧院整体以奶油色粉刷，部分饰以红色的阿格拉砂石，影剧院正面的线脚和其他重点部位也采用这种颜色。这些颜色的结合运用造成高度上的错觉，使这座建筑显得比其实际规模要大。影剧院的内部同样宏伟庄严，宽阔的门厅由白光闪

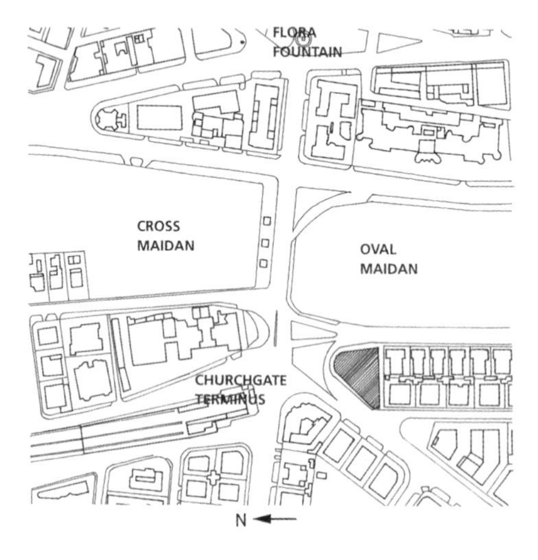

↑ 2 伊萝丝影剧院建在数条大道交会处显要的位置上

← 3 通往放映厅与楼座的三个带有铬制扶手的楼梯之一

← 4 总平面

（城市设计研究院提供）

5 放映厅内的壁画

照片由 J. 阿尔夫摄制

烁与乌黑发亮的大理石砌成，并饰以金镂浮雕；三处带有铬制扶手的大理石楼梯从门厅通往上面的放映大厅和楼座。墙上是色调柔和的壁画，画的都是印度的风景——热带植被、朦胧的泰姬陵轮廓以及南印度的寺庙等。

伊萝丝影剧院是按当时的最高水平建造的，为孟买市充满活力的社会生活建立了新的标准。影剧院无论在过去还是现在都是多功能建筑的一个范例；同时，它在城市设计上也扮演了一个极好的角色，特别是在规模、活动层次与体量上，它能够很好地与一个重要的市内节点相协调。

参考文献

Media Transasia, *Architecture + Design*, India, Delhi, Nov.-Dec., 1991.

Dwivedi, Sharada and Rahul Mehrotra, *Bombay: The Cities Within*, Bombay: India Book House, 1995.

Evenson, Norma, *The Indian Metropolis: A View Towards the West*, Oxford University Press, 1989.

Rohatgi, Pauline, Pheroza Godrej and Rahul Mehrotra (eds.), *Bombay to Mumbai: Changing Perspectives*, Bombay: Marg Publications, 1997.

27. 乌塔拉扬

地点：森蒂尼盖登，印度
建筑师：S. 卡尔与小 R. 泰戈尔
设计/建造年代：1919—1939

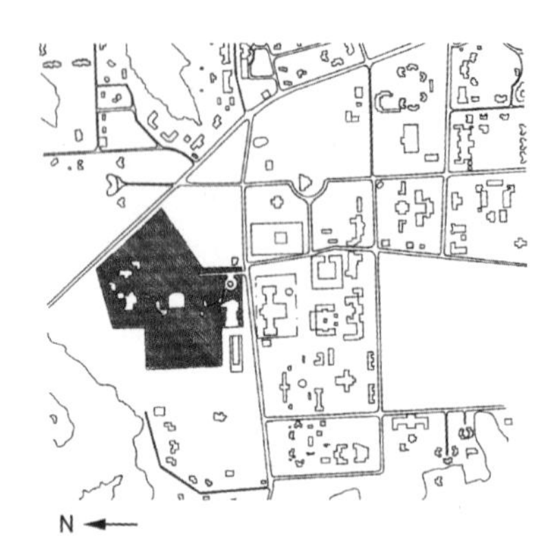

1 总平面

2 什雅玛利的侧面

诺贝尔奖获得者R. 泰戈尔在他一生最后的20年里，在森蒂尼盖登为自家居住修建了一组小的住宅，成为泰戈尔家族在西孟加拉的不动产。这组建筑包括康纳拉卡、尤达雅纳、什雅玛利、尤迪奇和普那沙（Konaraka、Udayana、Shyamali、Udichi and Punascha）——合在一起称作“乌塔拉扬”。

这五座建筑分别探寻不同的主题，其灵感源自不同的建筑艺术，从古代

3 尤达雅纳外观

4 尤迪奇的轴测图

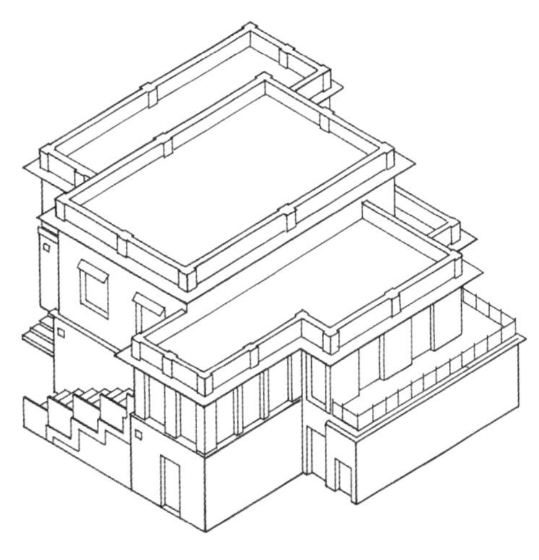

↑ 5 普那沙外观

印度与佛教的寺庙，莫卧儿宫殿，直到爪哇与日本的建筑与美学。这种做法基于泰戈尔的文化同化思想和他对“泛亚（洲）同一”的探索。这些住宅是由美术家S. 卡尔与小R. 泰戈尔（诗人泰戈尔的儿子，受过专业教育的科学家）以相互交流的合作方式设计的。整个设计是通过思考逐步完成的，而不是按照既定的要求去施工建筑。在这座建筑完成以后，卡尔还参与了在艾哈迈达巴德建造同样田园诗般的萨拉巴伊家族别墅的工作。

像孟加拉的美术学校一样，森蒂尼盖登的大学城力求摆脱西欧的艺术与教育模式，并受到印度民族主义运动，尤其是抵制外货运动的影响。这里所希望表达的是强烈的亚洲，特别是印度的特色。与甘地的植根于简朴且似乎有乡村基础的民族主义相比较，泰戈尔是在有意识地力求确立某种涉及更

6 参考佛教石窟寺形式建造的泥土房什雅玛利

7 什雅玛利的轴测图

照片由R. 哈蒂摄制，图由R. 麦罗特拉建筑师事务所绘制

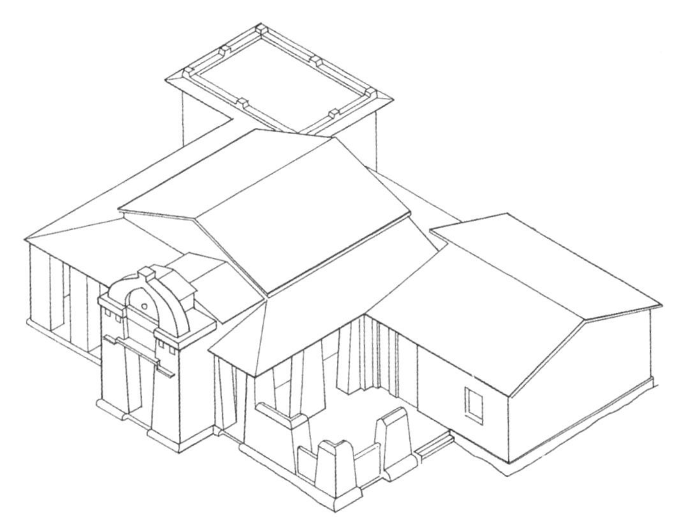

大范畴的泛亚（洲）同一性的地位——森蒂尼盖登的这些建筑所竭力表现的正是这样一种精神。

参考文献

Lang, Jon, Madhavi Desai and Miki Desai, *Architecture and Independence: The Search for Identity-India 1880 to 1980*, Delhi: OUP, 1997.

London, Christopher (ed.), *Architecture in Victorian and Edwardian India*, Bombay: Marg Publications, 1994.

Oza, Nilay, "Nationalist Histories and Architectural Patronage", Unpublished thesis, School of Architecture, Ahmedabad: CEPT, 1995.

第 3 卷

南 亚

1940—1959

28. 拉尔巴伊住宅

地点：孟买，印度
建筑师：C. 巴特利
设计/建造年代：1940—1959

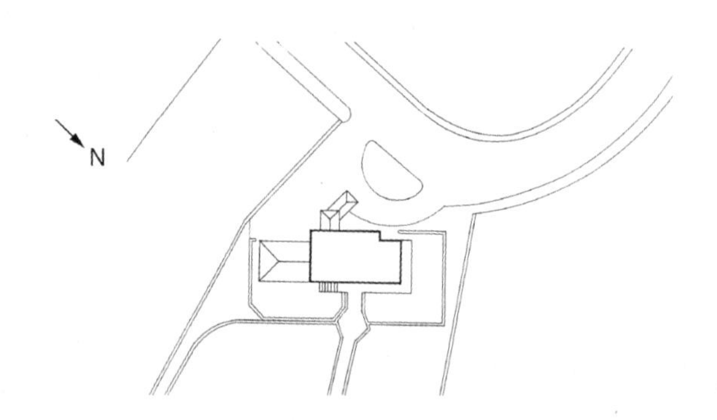

1 总平面

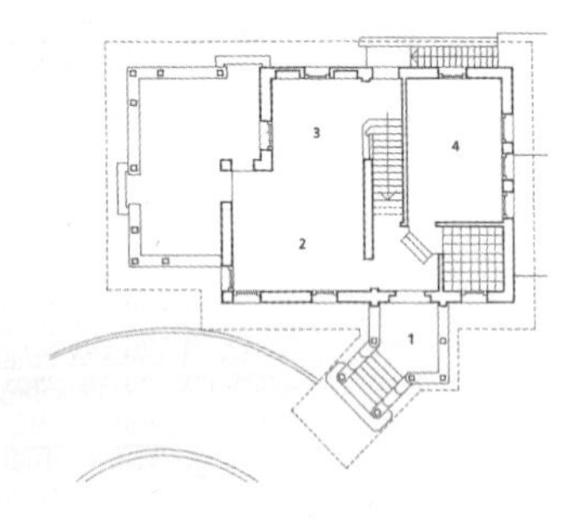

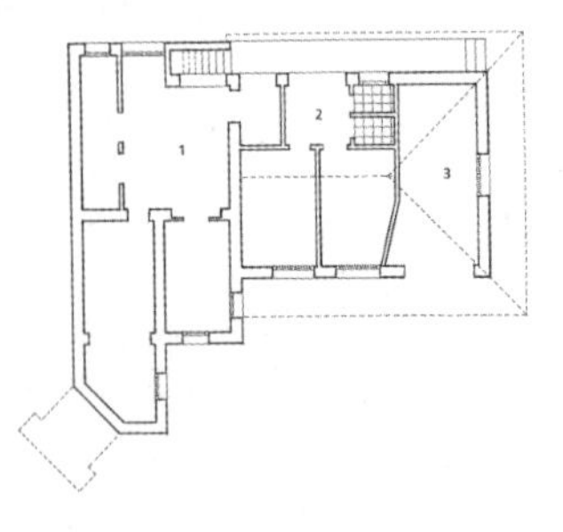

2 底层平面
（1.入口，2.起居室，3.餐室，4.卧室）
3 地下室平面
（1.厨房、储藏室，2.仆人用房，3.车库）

由C. 巴特利设计的这座住宅坐落在孟买市内贡巴拉丘陵的山坡上，用作著名的实业家K. 拉尔巴伊在城市里的住宅。K. 拉尔巴伊当时主要生活在艾哈迈达巴德。住宅设计要求将厨房及服务区与主要房屋分开，并能表现出传统的印度形象。但整座建筑的预算极为有限。

C. 巴特利首先将住宅位置定在贡巴拉丘陵的山坡上，以最大限度地利用这一地理位置所提供的天然景观。然后他到现场挖掘出一种坚实的玄武岩，便将其作为这座建筑的主要材料，同时把这块低地建成半地下室，作为厨房和服务区，从而大大地降低了建筑成本。这座建筑不对称地分为三个部分——以现场采掘的碎原石作为坚实的基础，上部结构涂以石膏，顶棚为木制并伸出宽深的挑檐。

从空间关系以及建筑要素来看，这座建筑不折不扣的是按照殖民地平房

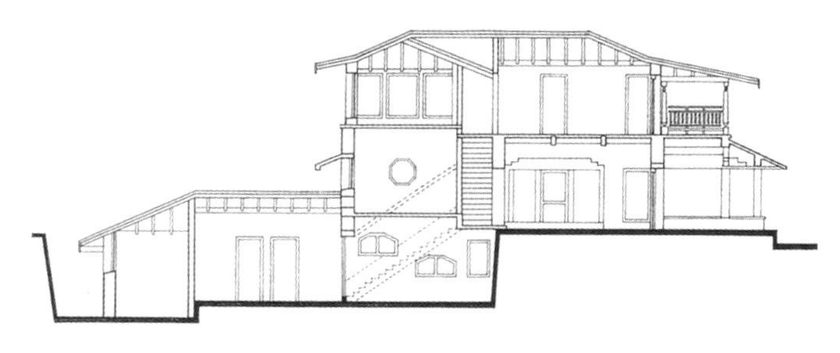

4 从车道方向看这座住宅

5 剖面

的原型建造的。然而在这座建筑中，门廊、阳台以及同外部隔绝的服务区等要素都与乡土建筑中一些表现风格的覆面要素创造性地结合了起来。从“遮扎”、低矮的窗台直至多节式的木柱，多种不同材料引人注目地并置，不对称的设计以及抬高了的地基，都为这座建筑赋予了一种动态感；而屋顶的形状以及歪斜的方位又使这种动态感得到进一步的加强。

这座住宅最典型地表现了C. 巴特利对传统的建筑原则、建筑形象、建筑方式以及它们在20世纪30年代与40年代建筑中应用的理解与悟性。30年代与40年代正是现代主义在印度出现的年代。

参考文献

Kagal, Carmen (ed.), “Vistara: The Architecture India”, Exhibition Catalogue, The Festival of India, 1986.
Mehrotra, Rahul, “Response to a Tradition”, Unpublished thesis, Ahmedabad: School of Architecture, CEPT, 1985.

↑ 6 整个建筑分为三个截然不同的部分——坚实的毛石基础，抹灰的上部墙身，木制的顶棚

照片由R. 麦罗特拉摄制，图由R. 麦罗特拉提供，R. 麦罗特拉建筑师事务所重绘

29. 鲍尔公司建筑

地点：科伦坡，斯里兰卡
建筑师：K. 恩金德，W. 穆勒
设计 / 建造年代：1939—1941

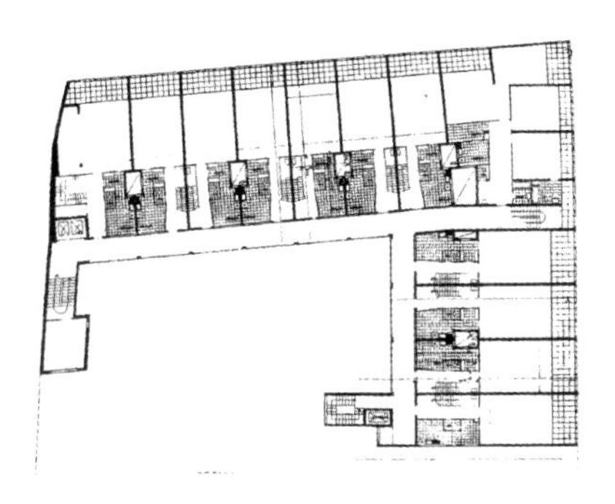

1 标准层平面（一层与三层）

第二次世界大战爆发前不久，建筑师K. 恩金德与W. 穆勒应设在科伦坡的A. 鲍尔公司的要求，在科伦坡市建造一座公司宿舍楼。图纸是在瑞士设计的，然后邮寄到科伦坡。施工是用与原设计要求全然不同的技术与材料进行的。

为适应斯里兰卡温暖潮湿的气候条件，这座建筑采用了二层公寓式的建筑形式；两层公寓套房只有一层公寓过道，用于通风。这是东方第一座这样的建筑。这座建筑遵循勒·柯布西耶的原则，即一个过道，多个入口，分别通往两个楼层上的单元房，使上部楼层的公寓跨通整座建筑，从而达到充分通风。

这座建筑的地下部分为车库，底层为各种办公室以及一个卫生间、一个工作间、一个餐厅、几个衣帽间和一个生物化学实验室。往上，是四个同样的楼层。再往上，第五层楼向里缩进。整座建筑共有22套每套占有两层的三室公寓套房，8套四室单元房，外加一个一室的独立单元。

各公寓套房的所有起居室均与阳台连通，可观赏海景，也可通过一个状如口琴的横贯整座建筑的玻璃隔断与阳台隔开。阳台本身也装有可以升降的百叶木板作为屏障。建筑物内各房间良好的通风是其最为喜人的特色，而特别值得提出的是弥漫在办

↑ 2 鲍尔公司建筑全貌

公室中的舒适可人的气氛。在窄细的柱身与墙面间水平插架的结构，保持了通过使用功能要素实现直接设计表现的现代主义传统，并赋予这座建筑以独具的特征。

参考文献

M. Goldschmid, "Baur's Building", *MARG* (India), Vol.5 No. 3, 1952.

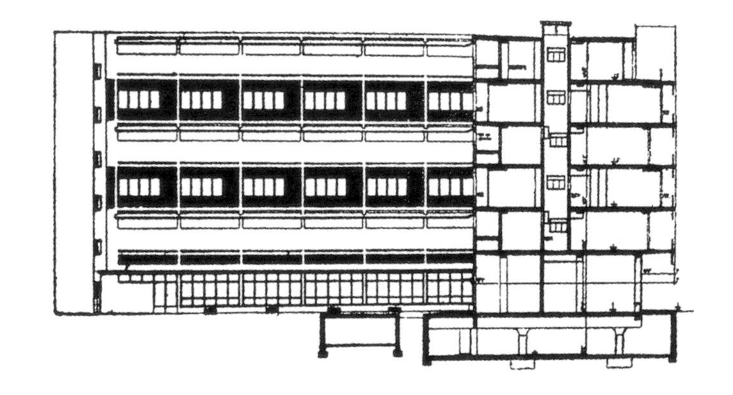

↑ 3 鲍尔公司建筑的模型
↑ 4 横剖面

照片经 ARG 出版社许可复制，图由 A. 鲍尔公司提供

30. 康提私宅

地点：康提，斯里兰卡
建筑师：A. 博依德
设计/建造年代：1942

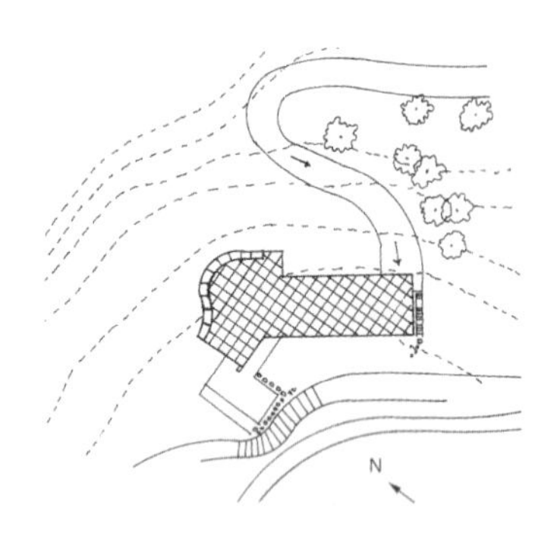

1 总平面

康提私宅由A. 博依德设计，建于海拔1800余英尺（约549米）高的陡峭山坡上，从那可以俯瞰康提市中历史悠久的湖泊。建筑师A. 博依德初来斯里兰卡时是个茶叶品尝员，点缀在斯里兰卡农村风光中的那些一两层高的明快的建筑给他留下了特别深刻的印象。博依德试图以他自己设计的住宅反映这些建筑的特征，表现这个地区的建筑传统；同时，他也以文字广泛地对这些做了记述。

康提私宅系为一个人口少的家庭而建，其起居部分与工作间及卧室分隔开。住宅的核心为底层的工作室套房与上面的家庭起居部分，以及可俯瞰周围坡地景色的引人注目的弯形阶梯。西北角为卧室，下面有通道从车库通往前门，通道上方遮以阶梯。这种一层房间式的设计有利于对流通风，再加上建筑物本身朝向正北，便更易于引入来自东北方向的风。住宅的遮阴与通风是通过宽阔的纱窗阳台及其伸出的百叶遮阳板实现的。挡土墙、厨房的墙壁以及工作室、卧室的弧形墙壁都是花岗石的；其他承重墙则为砖墙，以石灰胶结料打底，并用熟石灰粉刷。

可观赏到康提市壮丽景色的这座住宅，因其创新的设计与惊人的现代美学而引人注目——从当时次大陆的建筑来看，显然这是一座超越其

2 A. 博依德设计的阿尔弗莱德住宅花园中的住宅。该设计系受传统僧伽罗住宅的启发而为

时代的建筑。

参考文献

Andrew Boyd, "A People's Tradition", *MARG* (India), Vol.1 No.2, Jan., 1947.
Hollonby, Ted (ed.), "Andrew Boyd Memorial Issue", *Keystone Association of Building Technicians Journal,* Vol. 36 No. 3.

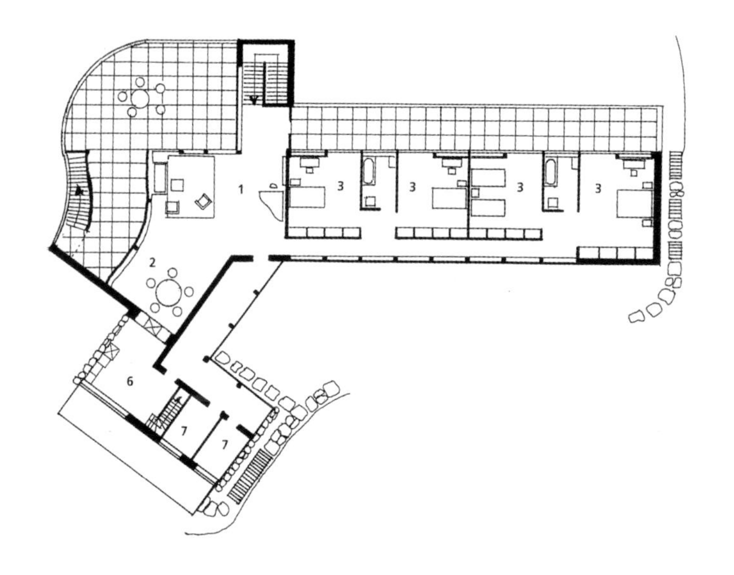

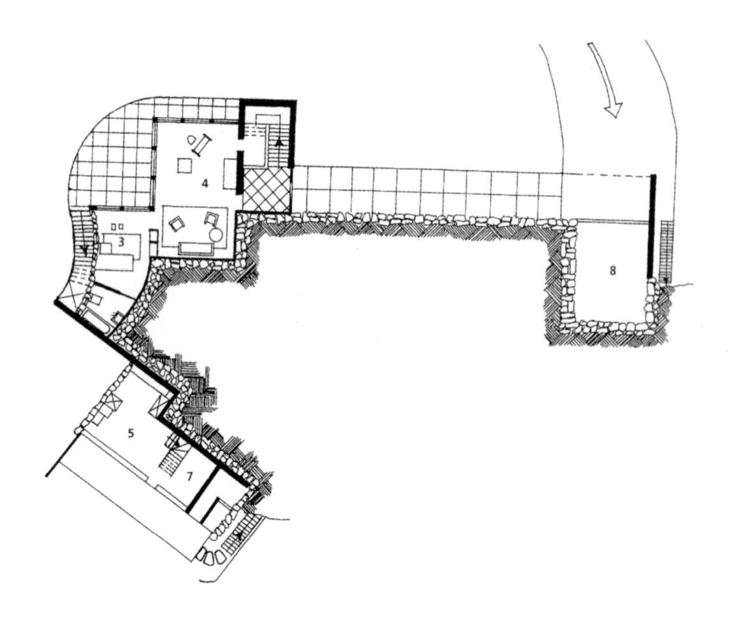

↑ 3 上层平面
← 4 下层平面
（1. 起居室，2. 餐室，3. 卧室，4. 工作室，5. 厨房，6. 食品储存室，7. 储藏室，8. 车库）

照片经 MARG 出版社许可复制，图由 C. 安杰伦德兰提供，R. 麦罗特拉建筑师事务所重绘

31. 豪拉桥

地点：加尔各答，印度
建筑师：H. S. 史密斯，克里夫兰桥梁与工程公司
设计/建造年代：1943

豪拉桥建于加尔各答胡格利河上，由建筑师H. S. 史密斯设计，克里夫兰桥梁与工程公司建造。这座桥取代了原来的一座浮桥，原来的浮桥曾一度是胡格利河两岸间唯一的一条联系纽带。20世纪50年代到70年代末，它成为加尔各答市的象征，是加尔各答城市发展的一个侧影。

虽然这座桥上没有修铁路，但它有条十分重要的电车道，将两个主要的铁路终点站——各居胡格利河一侧——连接起来。豪拉桥为钢桥，以单跨方式建造，长1500英尺（约

1 豪拉桥细部，前景为车站

↑ 2 从豪拉车站眺望桥的全貌

458米)。建桥时加尔各答市正值酷暑，而工程的设计进度为每天4英尺(约1.2米)。豪拉桥多年来高高耸立在美丽的加尔各答市上空，成为该市不可分割的一个组成部分，已成为该市强有力的象征。

3 以单跨方式建造的豪拉桥
4 从对岸眺望桥的全貌

照片由迪诺迪亚图片社摄制

参考文献

Morris, Jan and Simon Winchester, *Stones of Empire: The Buildings of the Raj*, New York: OUP, 1983.

32. 乌梅依德巴万宫

地点：焦特布尔，印度
建筑师：H. V. 兰彻斯特
设计 / 建造年代：1952 / 1929—1944

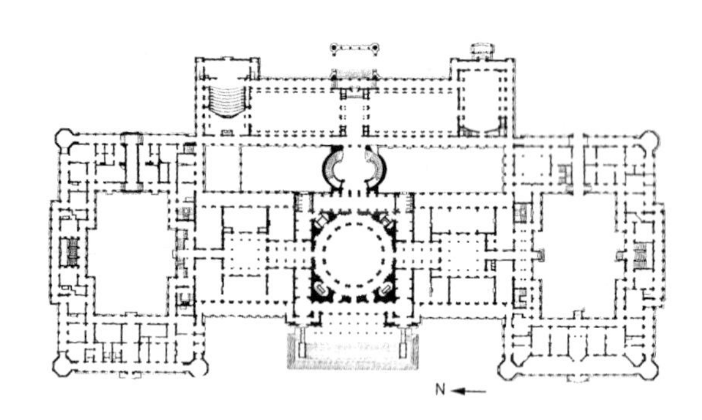

1 底层平面

1923年，焦特布尔的土邦主乌梅依德·辛格计划新建一座巨大的宫殿，作为饥荒救济措施的一个组成部分，以向饥饿的人口提供就业机会。H. V. 兰彻斯特以其与印度长期的业务关系，被指名邀请设计乌梅依德巴万宫［又称奇塔（Chittar）宫］。

乌梅依德巴万宫在形式与结构上基本属古典式建筑，严格按格网系统设计。接待室位于中央，员工区与妇女用房分开，安排在另一翼。这座气派十足的大理石与红砂石建筑有一巨大的穹隆，建筑风格可能受建在加尔各答的维多利亚纪念馆的影响。

在这座建筑的设计中，建筑师兰彻斯特运用了早期印度（前伊斯兰）建筑中的一些细部与要素，并有意识地避开伊斯兰的建筑形式，因为焦特布尔几乎没有受过伊斯兰或撒拉森传统的影响。例如，"遮扎"建成肋拱形的，很像古代印度的寺庙；餐厅则是某座佛教祈祷大厅的变形。然而这些要素并不是对旧有建筑原样不动的照搬，而是有说法、有讲究的借鉴，特别是又在装饰艺术风格的启发下饰以巧妙、精美的雕塑。装饰艺术于20世纪20年代在王侯的青睐下逐渐流行起来。乌梅依德巴万宫宏伟庄严的内部充满了装饰艺术色彩，在波兰美术家S. 诺布林的协助下运用了直接源自西方的一些装饰手段——如在地下游

2 从背后看乌梅依德巴万宫
3 大型穹隆下的接见大厅

↑ 4 乌梅依德巴万宫两侧对称的正面

↓ 5 反映装饰艺术影响的角塔细部

照片由D. 塔达尼摄制，图由乌梅依德巴万宫提供，R. 麦罗特拉建筑师事务所重绘

泳池内砌上描绘黄道十二宫的锦砖。

乌梅依德巴万宫以其精美的形态和细部，堪称东西方建筑传统奇迹般的融合，这种融合创造了印度最后这一座大型宫殿。这座宫殿最近已被改建为一个豪华的饭店，现在的土邦主G. 辛格二世独占其一翼。

参考文献

Cliff, Stafford and Suzanne Slesin, *Indian Style*, London: Thames and Hudson, 1990.

Davies, Philip, *Splendours of the Raj: British Architecture in India 1660-1947*, London: John Murray, 1985.

Holmes, Ann Newton and Fred Holmes, *Bridging Traditions*, New Delhi: Banyan Books, 1995.

Tillotson, G. H. R., *The Tradition of Indian Architecture: Continuity, Controversy and Change since 1850*, Delhi: Oxford University Press, 1989.

33. 贾姆谢德布尔钢城

地点：贾姆谢德布尔，印度
建筑师：J. 肯尼迪，F. C. 坦普尔，O. 柯尼格斯博格尔
设计/建造年代：1909，1919，1944

1 1927 年的城镇总平面

贾姆谢德布尔是以塔塔钢铁厂为中心的典型的企业城，是在印度社会名流的赞助下建设的首批国家级建筑之一。钢城坐落于西孟加拉的煤田，自1908年开始规划以来，为满足这个城镇不断发展的需要，先后由欧洲建筑师进行过五次总平面图的设计。

第一次总平面图由匹兹堡的萨赫林公司J. 肯尼迪分号的J. 肯尼迪设计，以矩形格网结构的典型美国工业城为蓝本，将工厂生产区集中置于钢城的中心，周围为雇员的居住区。这个设计从一开始就树立了“工作是生活的第一需要”这样一种观念。第二次总平面图由城市工程师F. C. 坦普尔于1919年设计，这个设计被认为是历次设计中最为成功的。在当时欧洲时兴的花园城市运动的影响下，坦普尔避免使用直线，而是充分地利用了现地的高低轮廓线，沿等高线分别设计了行政管理、生产业务及娱乐等不同的活动区域。在这个设计中，工业生产区为树林与花园所环绕。第三次图纸由P. G. W. 斯托克斯于1938年设计，由于过于激进且不实际而未予采用。

迈索尔的建筑师兼城市规划师O. 柯尼格斯博格尔于1944年设计的第四份图纸运用了当时最先进的现代城市设计原则。值得注意的是，这份图纸在各居民区内设计有居民区自

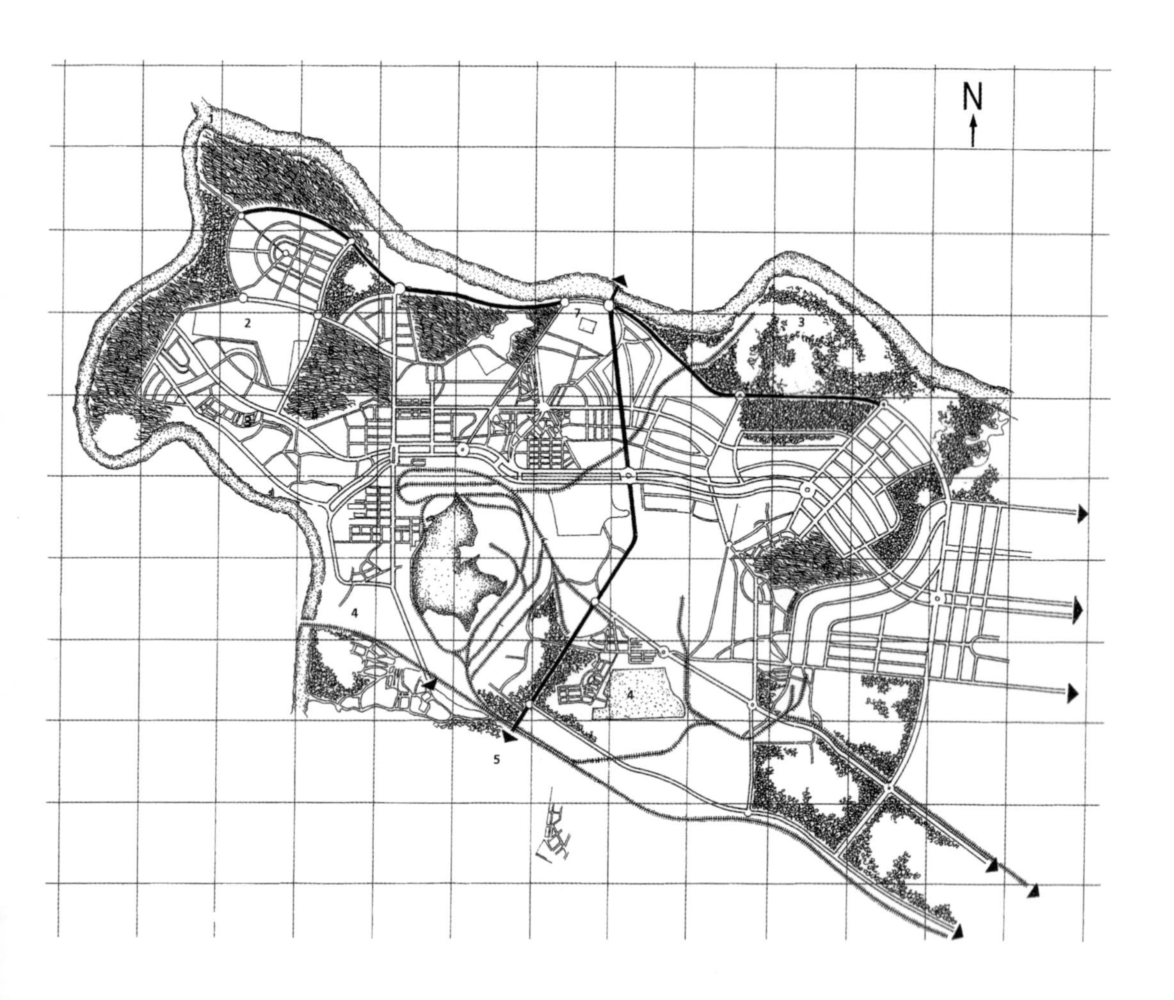
N
1
2
3
4
4
5
6
7

2 1944年O.柯尼格斯博格尔设计的总平面
（1.河流，2.飞机场，3.农田，4.垃圾倾倒场，5.火车站，6.高尔夫球场，7.喷水装置）

图由塔塔钢铁厂档案馆提供，R.麦罗特拉建筑师事务所重绘

用的商业、教育与娱乐设施，为社区生活增添了活力。前四次设计所共有的是：宽广的道路；宽阔的花园中供官员用的平房，营房式的工人用房；有关公共卫生及必需品供应的考虑。第五份图纸由公司的城市规划师与邦政府的规划师于1966年共同设计，重点在于改进城内以及通往外界的交通运输网。

贾姆谢德布尔的规划告诉人们应当如何通过建筑与城镇设计赋予居住地社会内涵以及引导一个社会的价值取向。尽管有人强烈地批评钢城规划设计上所受的西方影响以及严重的等级区化和中央控制体系，贾姆谢德布尔仍然是印度民族主义的有力象征，同时也是新独立的印度所体现的民族创业精神的有力象征。实际上，贾姆谢德布尔是印度的第一座企业城，它后来成为罗克、比莱及杜尔加布尔等其他一些城市效法的典范。

参考文献

Archives of the Tata Iron and Steel Company, Jamshedpur.
Lang, Jon, Madhavi Desai and Miki Desai, *Architecture and Independence: The Search for Identity-India 1880 to 1980*, Delhi: OUP, 1997.
Kling, Blair B., "Shaping the Modern Worker through Architecture and Urban Planning: The Case of Jamshedpur", Lecture delivered at the Theatres of Decolonization, Chandigarh, 1995.

34. 戈尔孔德私宅

地点：本地治里，印度
建筑师：A. 雷蒙
设计 / 建造年代：1937—1948

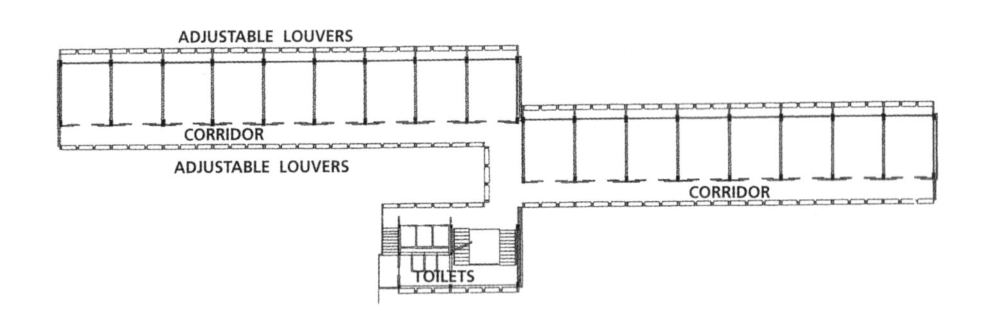

↑ 1 标准层平面
← 2 百叶窗细部

本地治里的奥罗宾多·阿什拉姆的戈尔孔德私宅是为奥罗宾多·阿什拉姆的信徒建造的宿舍。建筑师A. 雷蒙曾在F. L. 赖特手下参与过日本帝国饭店的建设；在戈尔孔德私宅的设计中，他力求体现阿什拉姆哲学的精髓——建筑物的简单、朴素及强大的内在力量。

这座住宅要求有起居室、卧室、工作间和公用设施间。所有这些功能皆以一种极为简单的结构

3 建筑物北面

← 4 建筑物的局部外观，示出可拉动的百叶窗

↑ 5 建筑物入口

照片由侬迪塔、阿里亚-麦罗特拉建筑师事务所摄制；图由 S. 卡斯特利诺提供，R. 麦罗特拉建筑师事务所重绘

实现——互相平行的墙壁挡起沿着南向的走廊排列的全部单间房屋。整个结构在中间交错，并与建筑物所在地成角度构筑，以充分利用其非常窄小的场地。楼梯、卫生间、电梯井等公用设施均集中在错列所造成的空间处。两列长长的墙面上均装有可拉动的水平百叶窗。这些大型的百叶窗除使住宅内免受本地极为潮湿闷热的气候侵袭外，还赋予这座建筑物的前立面不断变化的外观。除涂当地白色灰泥的端墙外，整个建筑的主体由钢筋混凝土构成。

这座建筑之成功在于它将功能、结构与美学三方面的要求全面地结合起来，它很可能是次大陆上第一座真正的现代建筑。戈尔孔德私宅远远超出了这个国家当时的建筑倾向，它为刚刚受过国外建筑风格的培训，而又试图在后独立时期的彷徨中为自己找到立足点的新一代建筑师指明了方向。以其特征鲜明的细部和轮廓简洁的外观，这座建筑完美地表现出建筑师本人的哲学思想——设计者与工程师携手合作，不为创造出一种不同寻常的方案，但求探寻一种最为简单、最为直接而又最为经济的设计。

参考文献

Kagal, Carmen (ed.), "Vistara: The Architecture of India", Exhibition Catalogue, The Festival of India, 1986.

Rewal, Raj, Jean-Louis Véret and Ram Sharma (eds.), *Architecture in India,* Association Française d'Action Artistique-Electa Moniteur, Paris, 1985.

35. 卡鲁纳拉特纳住宅

地点：康提，斯里兰卡
建筑师：M. D. 西尔瓦
设计/建造年代：1947—1951

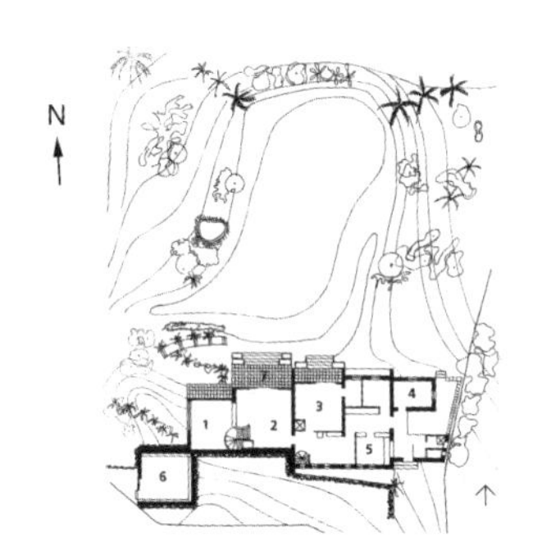

1 底层平面
（1. 书房，2. 餐厅，3. 客房，4. 仆人用房，5. 厨房，6. 储藏室，7. 平台）
2 显示出玻璃砖墙的室内景观
3 横剖面

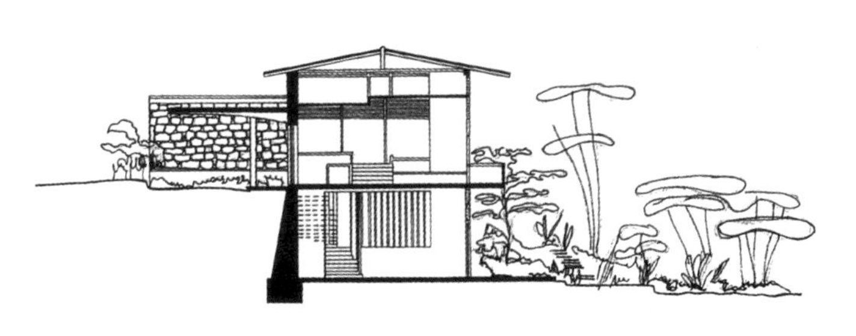

建在康提的卡鲁纳拉特纳住宅是斯里兰卡第一位女建筑师M. D. 西尔瓦早期设计的建筑之一。它坐落在山城康提的南侧坡面上，可俯瞰全市壮观的景色。

整座住宅依当地地形设计，沿东西轴向伸展，南面循等高线而建，北面可眺望迷人的风光。所有的房间都沿走廊排列，从任何一个房间都可观赏市内的景致。住宅的入口在一层，这里有休息室、起

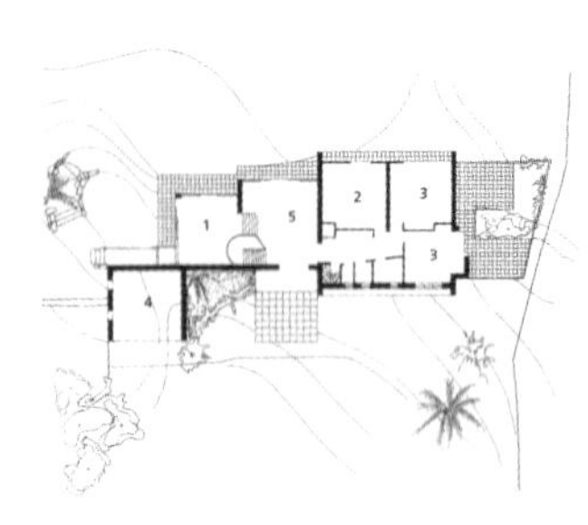

4 从花园看住宅的背面

5 上层平面

（1. 起居室，2. 主卧室，3. 卧室，4. 车库，5. 音乐廊）

照片由 C. 安杰伦德兰与建筑师 M. D. 西尔瓦提供；图由建筑师提供，R. 麦罗特拉建筑师事务所重绘

居室和卧室。底下一层为厨房、餐室及仆人住房。所有的房间均如圈起的游廊，当这些“游廊”完全敞开时，微风送爽，外面的风景一览无余。

这座住宅体现出建筑师将地方的传统与当代佛教僧伽罗家庭的建筑要求结合起来的大胆尝试。直线条、简约的形式以及玻璃等现代材料的运用赋予这座住宅不折不扣的当代建筑面貌。同时，细致入微的外观表现和专门设计的附属饰件如挂毯、地席、当地画家作的壁画以及用木地木材加工的细木作，都让人感受到斯里兰卡传统的温情。与传统的细部表现及地方建筑特色相结合的现代化的空间与结构感，是这座住宅令人赞叹之处。

这座住宅充分利用了它所处的地形，也充分体现了它应有的功能；同时它本身也不无争议地标志着一种探索的开始，即探索如何在次大陆上建设能够使大势所趋的现代主义影响与本地的地方传统相协调的建筑。

参考文献

“A House in Kandy”, Ceylon, *MARG* (India), Vol. VI No. 3, Jun., 1953.

36. 艾哈迈达巴德纺织厂厂长协会总部

地点：艾哈迈达巴德，印度
建筑师：勒·柯布西耶
设计 / 建造年代：1951 / 1952—1954

建于艾哈迈达巴德的纺织厂厂长协会建筑由勒·柯布西耶设计，用于艾哈迈达巴德的实业贵族举行各种商务、社会及文化活动。艾哈迈达巴德的实业贵族实际上就是纺织业贵族，他们在历史上也曾经是艾哈迈达巴德市及其建筑受到社会尊重的赞助者。

这座建筑几乎运用了勒·柯布西耶在建筑造型方面的所有发明——底层用立柱架空、自由平面、与结构脱离的围护墙、屋顶花园、多米诺结构、百叶窗、屋顶各要素的分别表现、与平面相交的曲线

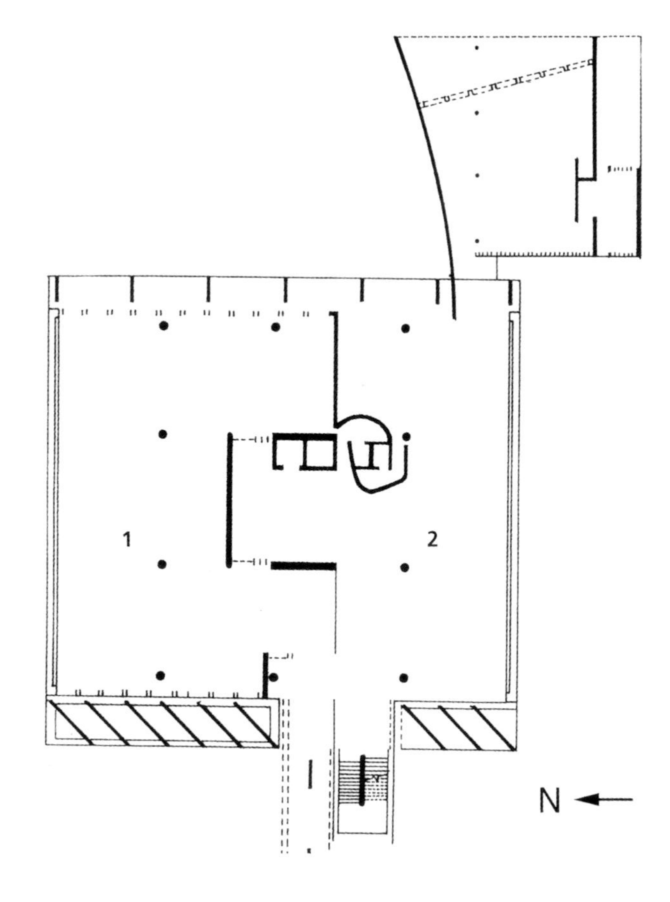

1 底层平面
（1. 办公室，2. 展示区）

↑ 2 建筑物的正门及其百叶窗

3 三层高的楼梯的入口空间内
4 二层平面
（1.门厅，2.办公室，3.会议室）
5 三层平面

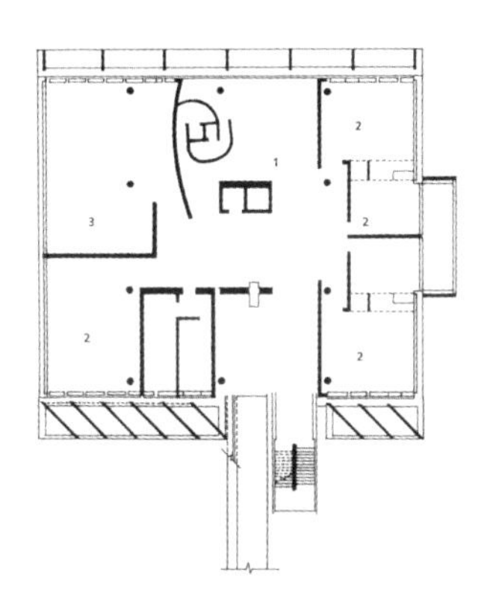

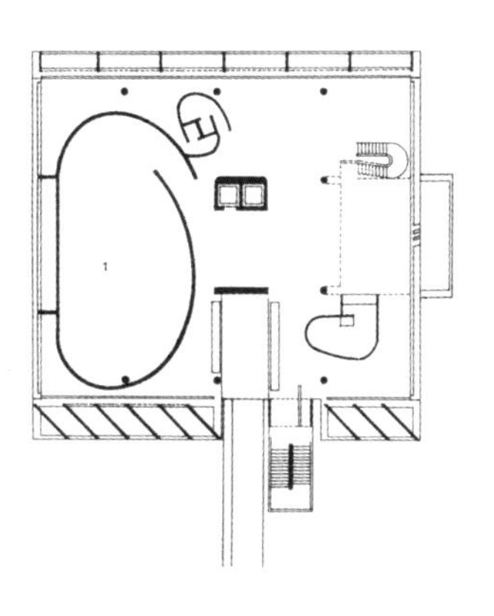

及钢筋混凝土等，所有这些要素都完美地组织在一个四方形的结构中。除了这些完美的设计表现外，一些新的要素，例如角形百叶窗和曲线整齐的大厅屋顶，都在这座建筑——勒·柯布西耶在印度设计的第一座建筑——中有所运用。这些要素在他以后设计的以昌迪加尔的议会大厦为首的其他一些建筑中也得到了应用。

厂长协会总部所属的建筑流派始自萨伏伊别墅，直至木匠中心及肖丹住宅。所有这些建筑都以一个四方形的平面为基础，并有一条坡道作为其显著要素。厂长协会总部入口处的坡道本身就是在使用、表现与细部运用上的一个勒·柯布西耶式杰作。大型的坡状引道直通建筑的一层，入门后见到的是一个三层高的门廊，在视觉上把百叶窗构成的建筑物正面从中破开。一层为总经理办公室，底层为办事员办公室。建筑的东面朝向（长年枯竭的）萨巴尔马蒂河床。在建筑框架结构内，办公室按传统的矩形方式安排，在自由平面中给人以美感的曲线结构则为会议室及礼堂

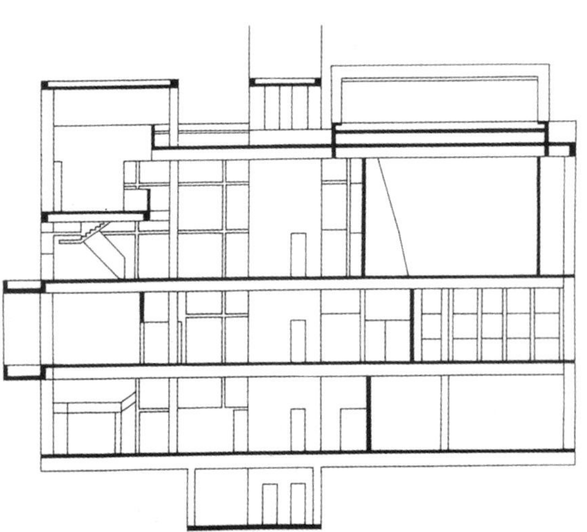

↑ 6 主楼层——在自由平面中用动感的曲线限定空间

← 7 剖面

提供了空间，并给整座建筑带来空间上的活力。

完全可以将这座建筑看成一首对仗诗——如坡道一侧的混凝土外壳的扶手与坡道另一侧的轻型钢材的栏杆。正是这种对立事物并置的统一性（透明性与不透明性，公用场所与专用场所，沉重要素所衬托出来的视觉上的轻盈感，等等）形成了勒·柯布西耶式建筑的独特标志，并使这座建筑成为勒·柯布西耶作品中一个重要的组成部分。

参考文献

Media Transasia, *Architecture + Design*, India, Delhi, Sept.-Oct., 1987.

Dhabuwala, Jignesh, "Study of Scale and Proportions and Use of the Modular in the Works of Le Corbusier", Unpublished thesis, Ahmedabad: School of Architecture, CEPT, 1996.

8 百叶窗形成与主体分离的建筑立面

照片由R. 麦罗特拉摄制，图由R. 麦罗特拉建筑师事务所绘制

37. 工艺美术学院

地点：达卡，孟加拉国
建筑师：M. 伊斯兰姆
设计/建造年代：1953—1955

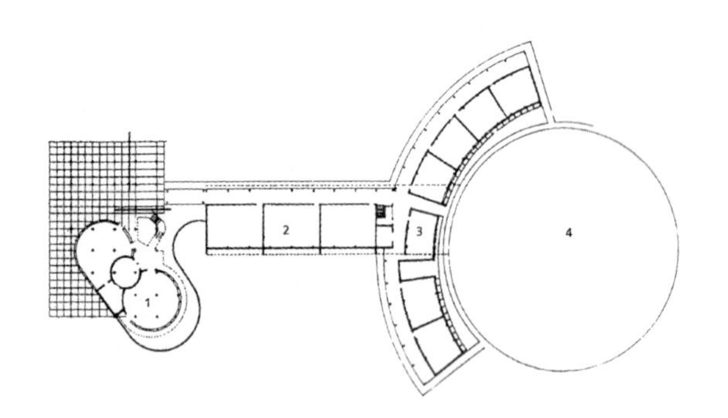

1 底层平面
（1. 入口区，2. 教室区，3. 教学区，4. 水池）

工艺美术学院由M. 伊斯兰姆设计，建于达卡的沙赫巴格地区——一个以花园与公园闻名的地区。工艺美术学院建在一块美丽的林地上，面朝南面的一个大广场。因此，这个项目有一个要求，即在建筑施工与风景区开发中应尽量少砍伐这个地方的林木。这所新学校主要包括绘画、雕刻、陶塑、制图和商业艺术等。

这所学校建筑为一低矮舒展的双层结构，分为三个独立的部分。其前部坐落在立柱上，底层自由伸展的墙壁使校园从入口处一览无余。这个地方相当于外部的开阔空间与封闭的教室之间的分界处。前区有学生用的公共休息室、教职员用房以及一个小的画廊，所有这些场所均通过一个由若干教室组成的线性区域与后面的教学区相通。教室在设计上考虑到对流通风与北向采光。教学区的曲线区域布置在一环形水体的边缘。建筑物如楼阁般的开敞性、穿通各种墙栏的过道、花园绿地以及自然且易于传递感情的环境，都使该校园成为一个理想的思考与学习的场所。

工艺美术学院建筑宣告了孟加拉现代主义的开始，它告别了先前的殖民主义与传统的形式。这座建筑成功地将现代主义手法与当地的气候等周边环境结合起来，在达卡赢得了一种具有象征意义的地位。

2 教室旁的走廊

3 前区入口

4 从院内看前区与教室区的衔接处

照片由C. S. 乌诺约集团提供，图由纽约建筑联合会提供

参考文献

Media Transasia, *Architecture + Design*, India, Delhi, May-Jun., 1988.

"Architecture of the SAARC Nations", Media Transasia, *Architecture + Design*, New Delhi, Dec., 1991.

Research conducted by the Chetna Sthapatya Unnoyon Society, Dhaka.

"An Architecture of Independence: The Making of Modern South Asia—The Works of Charles Correa, Balkrishna Doshi, Muzharul Islam and Achyut Kanvinde", Exhibition organized by the Architectural League of New York, New York, 1997.

38. 萨拉巴伊私宅

地点：艾哈迈达巴德，印度
建筑师：勒·柯布西耶
设计 / 建造年代：1951 / 1954—1956

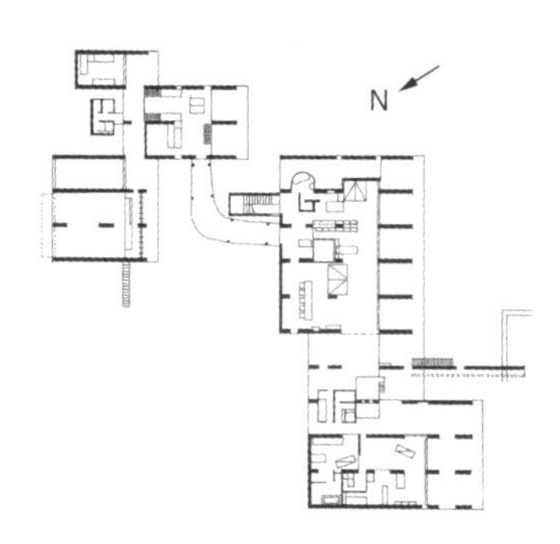

1 底层平面

这座私宅建在艾哈迈达巴德郊区被称作“隐蔽之处”的萨拉巴伊庄园。庄园以浓郁的热带景观为其特征，庄园内遍布萨拉巴伊大家族各成员的住宅。萨拉巴伊私宅基本结构为一系列并置的筒形拱——每一个拱顶都是一个卡塔兰（Catalan）薄壳，架在砖扶壁上面的混凝土横梁上。

按原来的设计，入口与接待处占用两个开间；其左面为萨拉巴伊夫人用，占五个开间，两个楼层；其右面为其儿子们用，占三个开间，一个楼层。一条有顶棚的弯曲通道从这座住宅通往用人住处及车库——像勒·柯布西耶为艾哈迈达巴德设计的所有住宅一样，用人住处与车库都自成一体。屋顶花园使这座住宅夏季凉爽，即使深深凹进的房间也做不到这一点。屋顶花园与游泳池间的滑梯将这座建筑与其四周的景观在视觉上联系起来，十分巧

2 气势宏伟的内部空间
3 外观

↑ 4 内部空间互相交融，并与外部景观浑然一体

妙地增添了一份十足的美感。

正是在这座私宅的设计中，勒·柯布西耶最贴切地表现了印度人注重内在美的传统灵感——这种感受只能从建筑物的内部空间感受到，而不是通过仅仅把建筑物当作一个作品，当作某种环境中的某个事物所能表现的。

参考文献

Media Transasia, *Architecture + Design*, India, Delhi, Sept.-Oct., 1987.

"Inside Outside", *Business India*, Issue 155, Bombay, Mar., 1998.

5 从屋顶花园通往游泳池的滑梯（R. 麦罗特拉摄）

照片由B. 拉马姆鲁塔姆（除署名者外）摄制，Inside Outside公司提供；图由R. 麦罗特拉建筑师事务所绘制

39. 肖丹私宅

地点：艾哈迈达巴德，印度
建筑师：勒·柯布西耶
设计/建造年代：1956

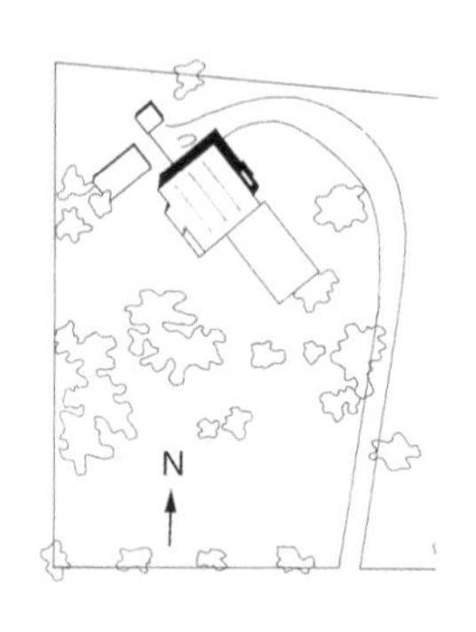

1 总平面

勒·柯布西耶设计的肖丹私宅，在其所处的院落中如古典式的别墅，如一座孤零零的宫殿，与他为艾哈迈达巴德市设计的另一座安卧在宜人景色中的住宅——萨拉巴伊私宅风格迥异。

肖丹私宅的结构为标准的四方形，这是勒·柯布西耶经常运用的手法之一，又见于艾哈迈达巴德市内的纺织厂厂长协会总部建筑。用人的住房和厨房另建在住宅主体的后面，由一条单侧开敞的过道与住宅主体相连。住宅的中央有一条坡道，由门厅盘旋而上通往卧室，一路俯视双层高的起居场所。混凝土挑棚——大型的遮蔽结构——由地面浮起，高五层，架于建筑物内的混凝土立柱上。在挑棚下，一层、二层、三层高的一些独立单元互相穿插，形成多维的动态空间组合。在艾哈迈达巴德干热的气候条件下，平房的宫殿式伞顶结构有利于空气的流动。这种伞式屋顶结构后来为次大陆上的下一代建筑师袭用。在堪文德的哈里瓦拉布达斯住宅以及M.伊斯兰姆本人在达卡的住宅中，这种结构被誉为别具一格的要素。

尽管在肖丹私宅与勒·柯布西耶设计的其他住宅间，人们可以看到某种连续性，但显然其先例是法国的萨伏伊别墅——以四方形的结构和建筑物内漫步场所般的坡道为其特征。然而，体现在萨伏

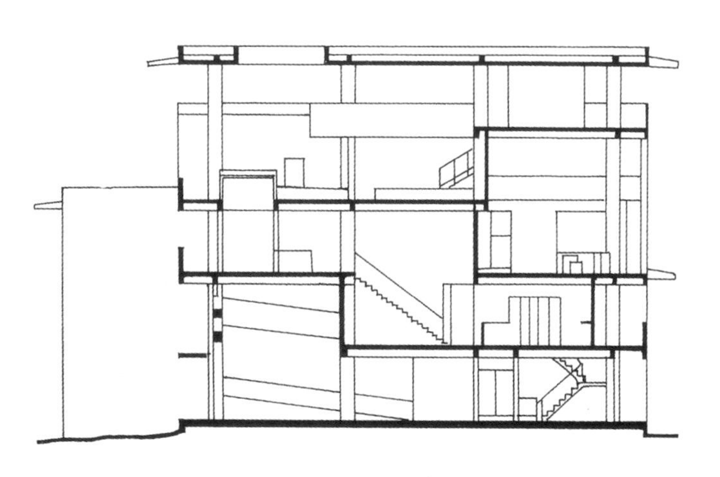

2 从背后的水池看这座住宅
3 剖面

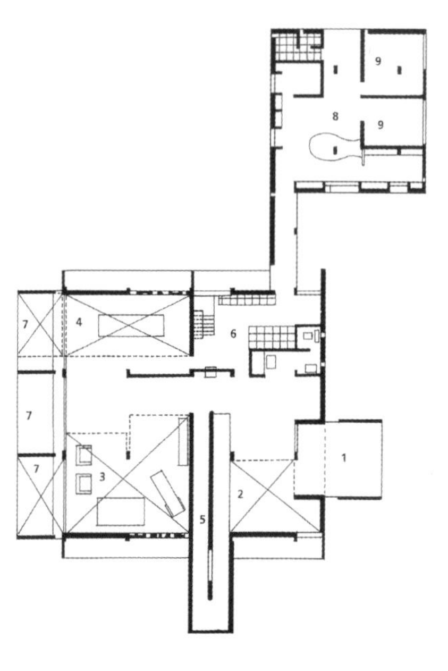

4 从入口处看这座住宅

5 底层平面

（1.入口，2.门厅，3.起居室，4.餐厅，5.坡道，6.备餐室，7.游廊，8.厨房，9.仆人用房）

6 单层、双层和三层高的块体形成多维的空间组合

伊别墅中的诗歌创作般的严谨在肖丹私宅的宽阔的空间中则表现为完全不同的格调。肖丹私宅不乏建筑艺术上的特技，但是，可能在有些人欣赏那双层高的大型客厅的奢侈时，其他人却可能觉得像花园阳台那样的空间要素有些过分，而且似乎不过是为加强视觉效果而勉强为之。

无论怎样说，肖丹私宅与勒·柯布西耶为艾哈

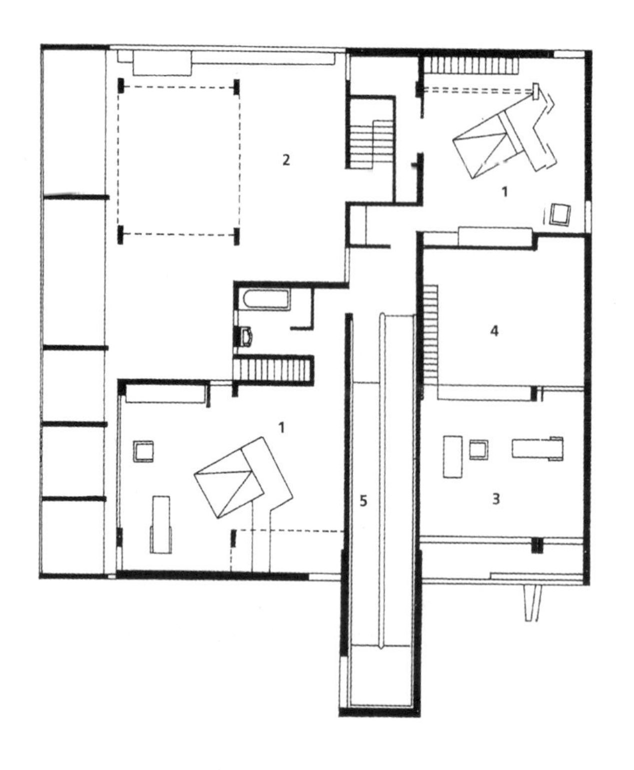

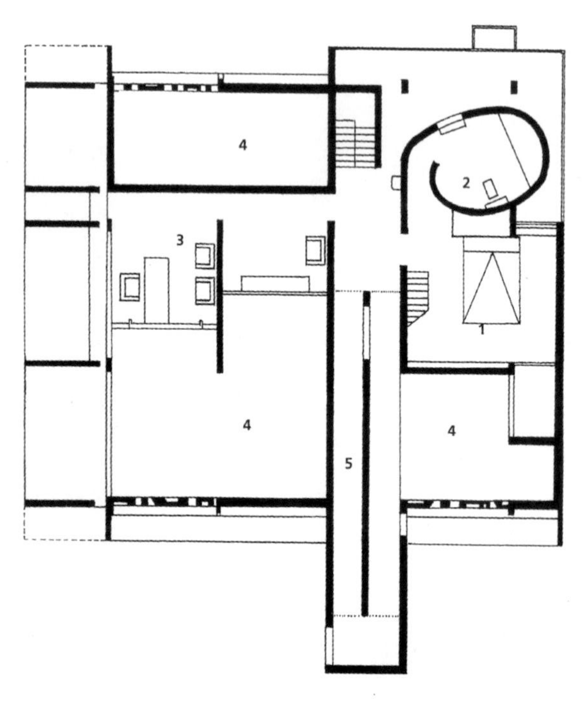

7 二层平面
（1. 卧室，2. 浴室，3. 书房，4 上空，5. 坡道）
8 三层平面

照片由 J. 梅塔摄制，图由 R. 麦罗特拉建筑师事务所绘制

迈达巴德设计的其他项目一起，构成一种对次大陆当代建筑产生巨大影响的艺术，而肖丹私宅则成为一种新的建筑方式的先驱。

参考文献

Media Transasia, *Architecture + Design*, India, Delhi, Sept.-Oct., 1987.
"Inside Outside", *Business India*, Issue 155, Bombay, Mar., 1998.

40. 圣雄甘地纪念馆

地点：新德里，印度
建筑师：V. G. 布塔
设计/建造年代：1956—1957

建在新德里的圣雄甘地纪念馆由建筑师V. G. 布塔设计，坐落于亚穆纳河岸边，用以纪念圣雄甘地焚化之地。

纪念馆的平面图采用圣坛的几何形状——印度教对宇宙的描述形式，同时也反映出甘地生活的简朴。纪念馆的入口处为各种不同形式的凉亭，充满了印度农村及农民生活的气氛。馆内主建筑群由两个独立的要素构成：撒玛迪庭院与纪念馆。撒玛迪庭院是建在一块棱锥形土岗上的凹下去的四方形庭院，可从东南西北四个基本方向穿过石块垒砌的地

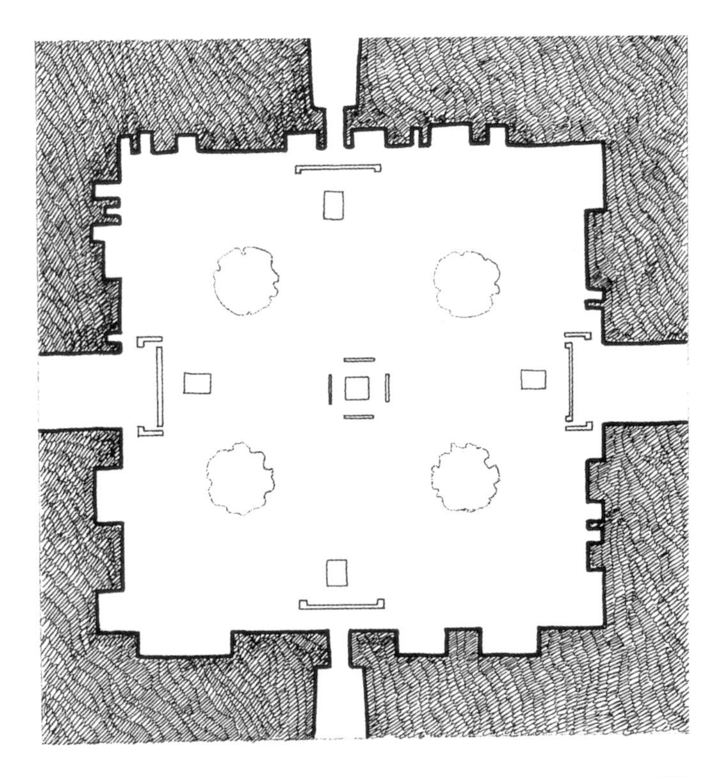

1 平面

↑ 2 撒玛迪庭院为建在一棱锥形土岗上的凹下去的四方形庭院，庭院周边为供朝圣者休息的洞穴

↓ 3 剖面

下通道到达。庭院的周边有可供朝圣者休息的洞穴；庭院的中央有一块矮墙围绕的地方，里面立有一块黑色花岗石，石上为圣雄焚化地的介绍文字。

建筑师通过这个小型紧凑的建筑象征性地表现了甘地的生活方式与哲学思想。虽然在几何形状与建筑结构上非常简单，但通过利用现场的景观与露天的空间，纪念馆创造出一种与永垂不朽的圣雄甘地十分相宜的环境。

参考文献

Kagal, Carmen (ed.), "Vistara: The Architecture of India", Exhibition Catalogue, The Festival of India, 1986.

Rewal, Raj, Jean-Louis Véret and Ram Sharma (eds.), *Architecture in India*, Association Francaise d'Action Artistique-Electa Moniteur, Paris, 1985.

4 介绍圣雄焚化地的黑色花岗石

5 庭院的中央由矮墙围起

照片由 R. S. 戴伊摄制，图由 R. 麦罗特拉建筑师事务所绘制

41. 美国大使馆

地点：新德里，印度
建筑师：E. D. 斯东
设计/建造年代：1958

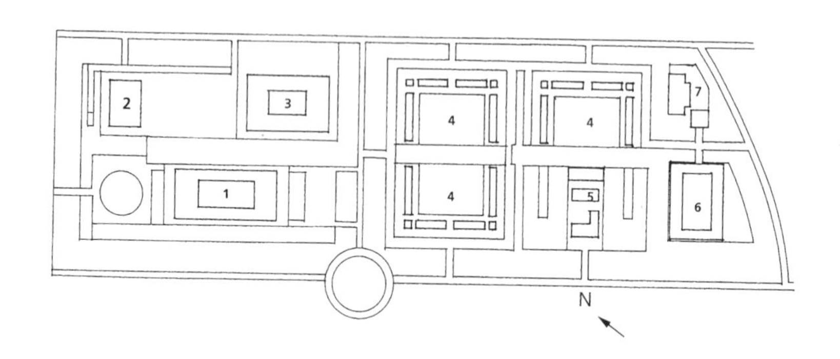

1 总平面
（1. 办事处，2. 大使官邸，3. 办事处附属建筑，4. 使馆工作人员公寓，5. 浴室，6. 用人住房，7. 公用设施）
2 幕墙细部
3 底层平面图

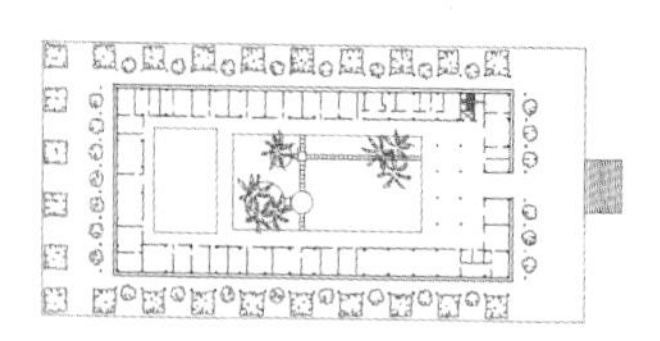

美国大使馆建在新德里的外国使馆区桑蒂帕斯地区，由美国著名的建筑师E. D. 斯东设计，这是E. D. 斯东为次大陆设计的最主要的一座建筑。E. D. 斯东称这座建筑为“和平的殿堂”。

大使馆坐落在一个台基上，并围绕着一个矩形的中央庭院——这种结构很像印度中世纪的许多宫殿。庭院四周环以幕墙，这也是在印度的南方与北方都经常使用的传统建筑要素。建筑物外围环以贴金细柱，并饰以混凝土幕墙。前方为一环形反光水池。景致优雅的内部庭院上方覆以铝制网罩，建筑物其他部分的屋顶则为中空的双层结构。所有这些，再加上玻璃窗外做工精细的防护格栅，都使建筑物内在德里炎热的夏季保持凉爽。

对于建筑师本人来说，美国大使馆的设计的确是一种大胆的尝试：它试图解决在印度传统文化

4 使馆办事处正立面外景
（美国中心提供）

图由 E. D. 斯东提供，R. 麦罗特拉建筑师事务所重绘

背景下设计一座现代的大使馆时所不可回避的一些互相对立的事物，即处理好建筑物内部与外部的关系，设计上保守与创新的关系，以及端庄与华丽的关系，等等。尽管不能说这座建筑已十分完美地解决了这些棘手的难题，但它在某些方面使我们对刚刚独立的次大陆在建筑艺术上碰到的一些重要问题有了比较明确的认识。

参考文献

Evenson, Norma, *The Indian Metropolis: A View Towards the West*, Oxford University Press, 1989.

42. 省会建筑群

地点：昌迪加尔，印度
建筑师：勒·柯布西耶
设计/建造年代：1956

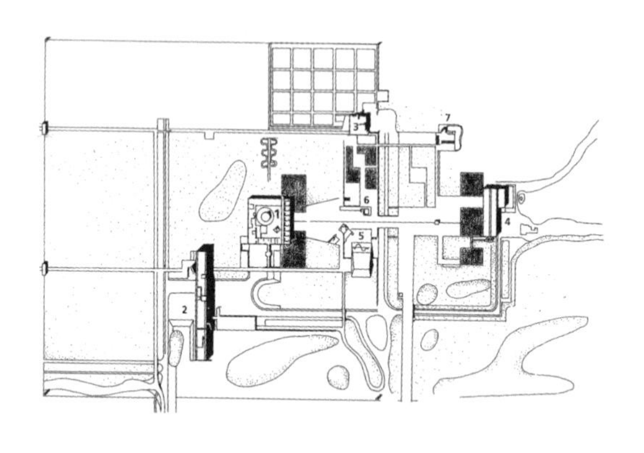

1 总平面
（1. 议会大厦，2. 秘书处大楼，3. 总督宫，4. 高等法院，5. 影子塔，6. 烈士纪念碑，7. "张开的手"纪念像）

2 影子塔
（R. 麦罗特拉摄）

3 庞大的混凝土顶棚。根据勒·柯布西耶对高等法院工作程序的理解，顶棚下设若干独立的单元

勒·柯布西耶于1951年受印度政府委托为旁遮普邦规划新的城市设计。当时印度的新任总理J. 尼赫鲁认为新的省会城市应当表现出独立后印度的现代化的进步形象。新省会的规划小组成员包括P. 让纳雷、J. 德鲁和M. 弗赖伊，由勒·柯布西耶负责领导省会建筑群等重要公共建筑的设计。

省会建筑群建在规划中的昌迪加尔市的一端，使勒·柯布西耶的这个杰作占据了重要的地理位置。整个省会建筑群包括高等法院、议会大厦、秘书处大楼、总督宫、"张开的手"纪念像与影子塔，在城市边上，占地约半平方英里（约1.3平方千米），以喜马拉雅山为其背景。

高等法院与议会大厦相对，中间为一开阔空地。总督宫（未建）拟占用北面的空地。高等法院有一庞大的混凝土顶棚。根据勒·柯布西耶对法院

↑ 4 以秘书处大楼为背景的议会大厦

工作程序的理解，一个三层高的大法庭和八个两层高的小法庭中间由整个法院的入口大厅分开，入口大厅处可以看出整个建筑的顶棚。从这种结构设计中，可以看出勒·柯布西耶经常运用的手法——先将整个建筑项目分解为若干独立表现的形态，然后将它们拼接在一起，形成一个完整的结构。

秘书处大楼被放在整个结构中最不起眼的地方，宛如一长条墙壁砌在省会建筑群的西南边缘。它是一座250米长的巨型墙式建筑，似乎是建筑群内唯一带有城市特征的场所。大楼的每一层都是中央为一过道，两侧为办公室。秘书处的功能所要求的分格式结构体现在立面墙壁五六个壁洞内同样格调的百叶窗上。这个格式只是在部长门的两层高房间的节点处才被打断。勒·柯布西耶为秘书处大楼创造了一种阳光控制装置——将从楼面直达顶棚的窗玻璃与装有垂直转轴的金属板组合起来。房顶上有一脊骨般隆起的带有斜坡的要素，在视觉上给人以将整个建筑在纵向上撑起来的感觉，同时也仿佛以遒劲的姿态将秘书处大楼变化纷繁的立面乃至整个楼体连接起来。从高等法院方向向秘书处大楼望过来，其立面墙恰恰形成省会建筑群的中心建筑——议会大厦的背景。

在议会大厦里，其复杂的内部结构分成两大

5 议会大厦的过道及其有趣的小窗口采光方式
6 议会大厦三层高的门廊（R. 麦罗特拉摄）
7 议会大厦剖面

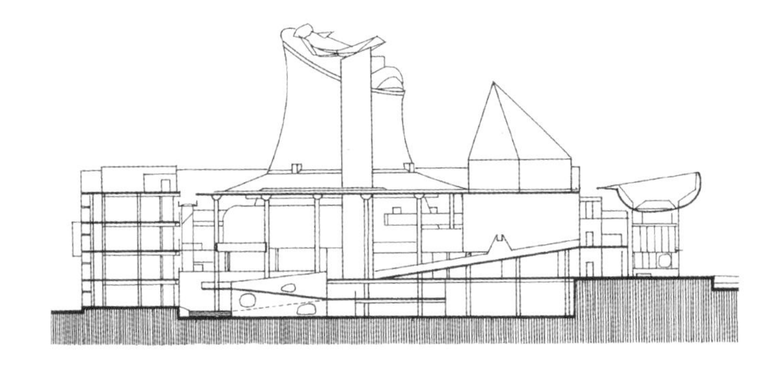

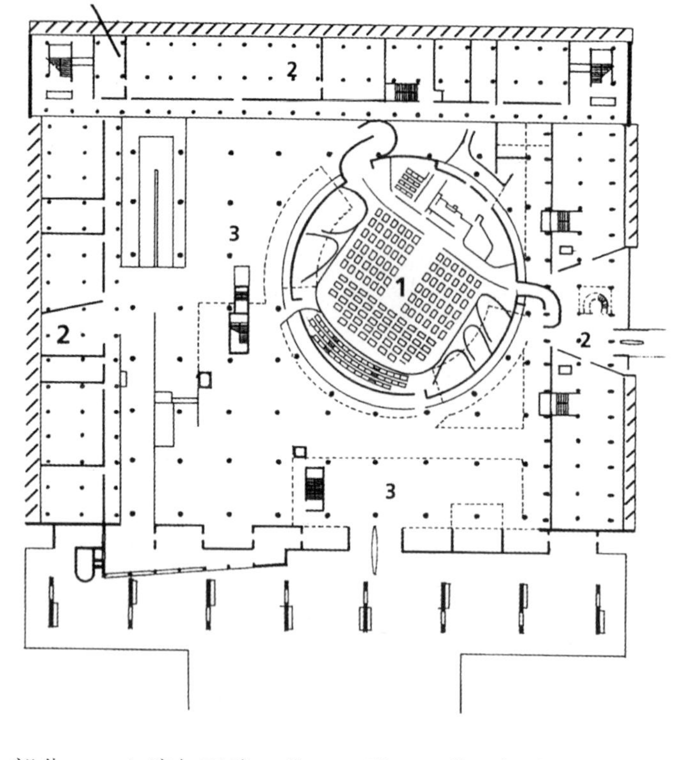

8 议会大厦平面
（1. 下院会议厅，2. 办公室，3. 论坛）

部分——上院与下院，均如醒目的几何图形圈在一个四方形的大盒子里面。两院虽在同一个建筑实体里，却宛如互相独立的两个建筑物，其间不规则但却颇具动态感的一块空间用作议会走廊。角形百叶窗内为办公室，占据了这个标准四方形建筑的三个边；第四个边面对八根矩形细柱，支撑巨大的槽形屋顶，其横截面的两端表现为轮廓醒目的牛角形——勒·柯布西耶在印度逗留时反复描绘的一种形象。下院的混凝土双曲面屋顶据说是借鉴了勒·柯布西耶在艾哈迈达巴德看到的大型热力冷却塔的形象。

尽管各建筑物间的距离很大，很难压住这块地方，但省会建筑群却出奇地充满了活力——其活力来自其各组成部分的雄姿。而且，通过这些建筑的艺术表现与布

9 议会大厦主立面外观

照片由D. 塔达尼（除署名者外）摄制，图由R. 麦罗特拉建筑师事务所绘制

局，勒·柯布西耶同时调动了他先前用过的各种技法——这些技法曾用于国际联盟大学（1927年）、蒙达纽乌姆（Mundaneum，1929年）和联合国项目23A，同时也受到其他一些建筑形象的影响，如德里与阿格拉的红堡等莫卧儿建筑群以及对他影响更大的法塔赫布尔西格里清真寺建筑群。

省会建筑群是20世纪建造的影响最大的建筑群之一，同时无疑也是确定印度次大陆乃至整个南亚建筑发展方向的最有影响的建筑群之一。

参考文献

Media Transasia, *Architecture + Design*, India, Delhi, Sept.-Oct., 1987.

Dalal, Pradeep, "Art of the Ensemble: Le Corbusier's Legislative Building, Chandigarh", Unpublished thesis, Ahmedabad: School of Architecture, CEPT, 1985.

Kagal, Carmen (ed.), "Vistara: The Architecture of India", Exhibition Catalogue, The Festival of India, 1986.

Rewal, Raj, Jean-Louis Véret and Ram Sharma (eds.), *Architecture in India*, Association Francaise d'Action Artistique-Electa Moniteur, Paris, 1985.

第 3 卷

南亚

1960—1979

43. S. B. 阿里私宅

地点：拉合尔，巴基斯坦
建筑师：M. A. 米尔扎
设计/建造年代：1961

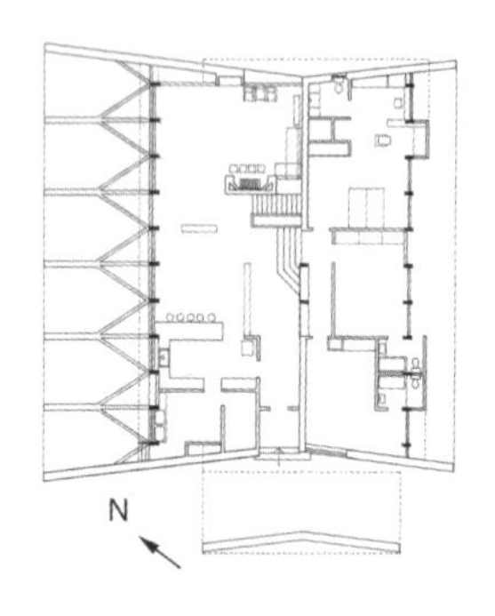

1 楼层平面

2 面向花园的卧室

这座私宅是建筑师M. A. 米尔扎为同一个客户——S. B. 阿里先生设计的两所住宅之一，另一处住宅在卡拉奇。在M. A. 米尔扎的许多设计项目中，这两所住宅突出地表现了建筑师本人的哲学思想。

阿里私宅为矩形结构，两侧各为一部分。一侧为起居、餐饮、服务与厨房区；另一侧分两层，上层为卧室，下层为安装空调设施的地下部分。地下部分实际上就地利用

↑ 3 通过巧妙地运用光线调节内部空间

了原有的两条沟中的一条——另一条经过细心的修整被改造成一个日本式的花园。住宅的上方跨有门式框架结构，轮廓鲜明地表现为“Y”形的拱式扶垛，与地面相接。这种结构赋予这座建筑以强烈的雕塑感，同时在视觉上将其与大地有机地联系了起来。

对M. A. 米尔扎的作品影响最大的是F. L. 赖特，这体现在对材料的运用技巧、空间与采光的协调方式，以及建筑物同周边景观相关的方式上。事实上，米尔扎在巴基斯坦独立以后成长起来的建筑师中是很突出的。他以其超常的才干，吸收了现代建筑运动的哲学思想，并影响了整个一代年轻的建筑师。

↑ 4 贯穿整个建筑内部的精美细部
↓ 5 剖面

照片由Z. 艾哈迈德摄制；图由S. B. 阿里提供，R. 麦罗特拉建筑师事务所重绘

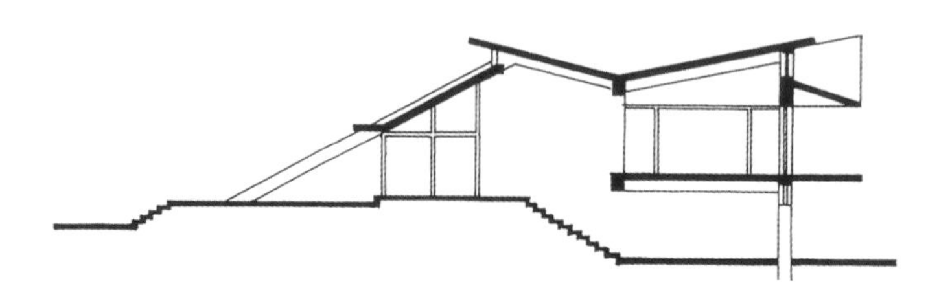

参考文献

Mumtaz, K. K., *Architecture in Pakistan*, Mimar, Singapore, 1985.

44. 依娜地席尔瓦住宅

地点：科伦坡，斯里兰卡
建筑师：G. 巴瓦
设计/建造年代：1962

这座私宅系G. 巴瓦于1962年为其朋友依娜地席尔瓦设计，是建筑师的早期作品之一。依娜地席尔瓦是个要求严格且随时反馈意见的客户，不但参与了设计与建造的整个过程，而且对设计起到了重要的影响作用。

住宅平面呈内向形，采用高挡墙及外伸至宅基边缘的屋顶。结构的焦点是中央的庭院，庭院四周环以游廊，游廊外又环以起居区及许多小型外围院落。尽管这些不过是常见的要素，但其布局却打破了传统的框框。中央庭院——最宽阔的地方——

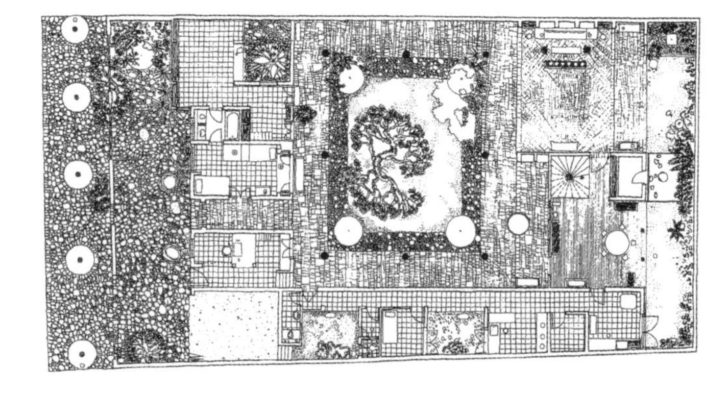

1 底层平面
2 屋顶，右面为中央庭院

↑ 3 从庭院看起居室内部
← 4 剖面

在特性上更像意大利的广场，而不是亚洲带庭院的住宅中常见的那种封闭的空间。

除少量的玻璃与楼板用的钢筋混凝土外，所有的建筑材料都取自当地。地面铺以切割或未切割过的花岗石；墙壁以砖垒砌并抹灰；屋顶为木结构，贴乡间瓷砖。设计上特别注重细节表现以及不同建筑材料间的结合方式。住宅中可见许多戏剧性安排，如走廊顶棚上穿洞以使树干穿出，又如在书房内竟出现一个小院，等等。这种内部与外部的混置是巴瓦一贯的做法，而且在其以后的作品中又得到进一步的完善。

无论从空间安排还是细部设计上，依娜地席尔瓦住宅都表现出一种全新的设计态度。从建筑表现上来看，这座建筑在当时是独具特色的，它代表了传统与现代建筑表达方式相结合的意志与设计态度。

5 卧室院子景观

图和照片由建筑师提供

参考文献

Taylor Brian Brace, Geoffrey Bawa, *A Mimar Book,* Concept Media Ltd. with Butterworth Architecture, London, 1995.

45. 印度国际中心

地点：新德里，印度
建筑师：J. A. 斯坦（斯坦、多西与巴拉建筑师事务所）
设计 / 建造年代：1962

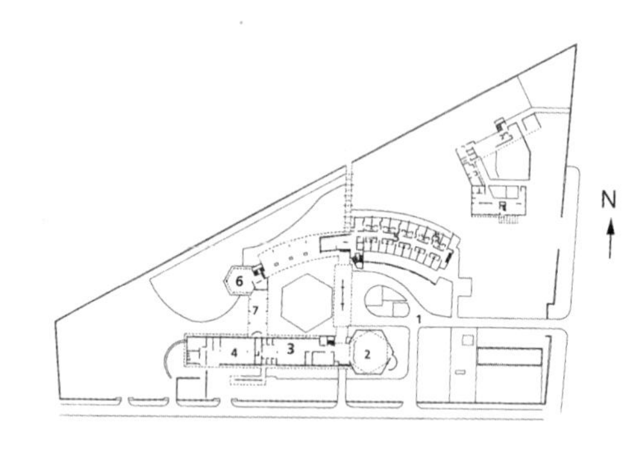

1 总平面
（1. 入口，2. 报告厅，3. 图书馆，4. 会议室，5. 客房，6. 休息室，7. 停车处）

印度国际中心为高级学者、研究人员及科学文化领域中国际知名人士举行各种活动的场所。其建筑由J. A. 斯坦设计，建在新德里的洛提花园旁。洛提花园内现仍留有自15世纪洛提苏丹王国统治时期以来的许多遗迹。考虑到这些遗迹，斯坦在设计中要求印度国际中心的建筑低于临近建筑遗迹的穹隆基座。

国际中心主楼分成两翼，中间由一门廊衔接；同时，门廊又成为外院与里院的分界。楼内天井用于大型的聚会。主楼的一翼包括一个礼堂、若干间会议室、一个图书馆和几间办公室。另一翼为招待用，包括52间客房、几个餐室、一个休息厅兼接待处——全翼俯瞰洛提花园。通过将互相独立的建筑中不同的功能结合起来，客人可以直接由楼外进入中心的任何一部分而不打扰其他部分的活动。

除各餐厅与休息厅可眺望极为优美的花园，所有的主要房间（办公室、图书馆及客房）均朝南或朝北——在德里的气候条件下最适宜的朝向。为适应当地的气候，还采用了一些遮阳装置，如棚架、藤架走廊、“哥哩”以及竖向滑动百叶窗等。这些均反映出斯坦对细节的追求和注重当地实际需要的设计方法。

正是这些遮阳装置构成了一种独特的建筑表达方式的重要组成部分，并

2 从外院看该建筑，其两翼由一门廊相接

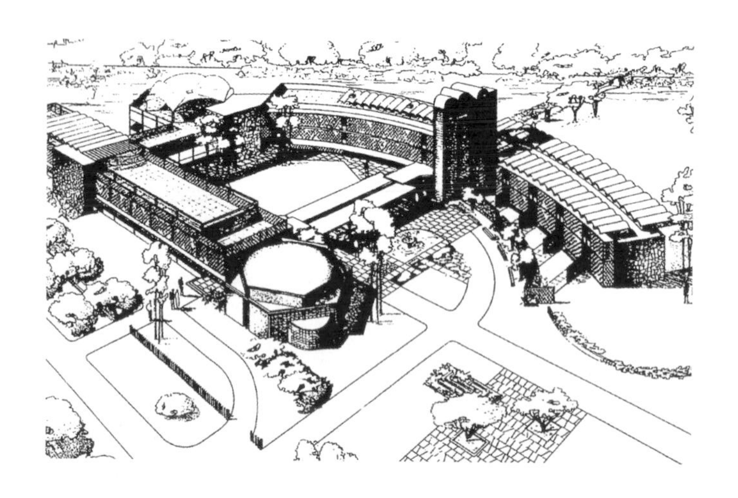

3 轴测图
4 面向内院的过渡区

照片由 R. S. 戴伊摄制，图由 R. 麦罗特拉建筑师事务所绘制

赋予斯坦的创作，特别是这座大楼以独特的建筑特征。此外，大楼外露的结构构件标准形态确定后，其填充材料可以自由地选放，以实现不同的功能。视觉上厚重的材料，如石料，将整个建筑锚固在地面上；轻型的材料以及内置的更为精美的结构，如用陶瓷组件垒的挡墙，则使上部各楼层在视觉上显得轻盈。建筑物的外墙没有抹灰，保留了材料的原色和纹理，因此与近处几个世纪来生成一层铜绿的古代建筑遗迹在视觉上相协调。

包括文化与居住设施在内的各种功能上的综合要求，使国际中心的设计既内涵丰富，又严格符合现代主义要求。而且，简单的用料与精心的细部安排，又使得这座建筑虽久经风雨却优雅不衰。

参考文献

Media Transasia, *Architecture + Design*, India, Delhi, Mar.-Apr., 1988.
Bhatt, Vikram and Peter Scriver, *After the Masters: Contemporary Indian Architecture*, Mapin, Ahmedabad, 1990.
Lang, Jon, Madhavi Desai and Miki Desai, *Architecture and Independence: The Search for Identity-India 1880 to 1980*, Delhi: OUP, 1997.
Rewal, Raj, Jean-Louis Véret and Ram Sharma (eds.), *Architecture in India*, Association Francaise d'Action Artistique-Electa Moniteur, Paris, 1985.

46. 甘地纪念馆

地点：艾哈迈达巴德，印度
建筑师：C. 柯里亚
设计/建造年代：1958—1963

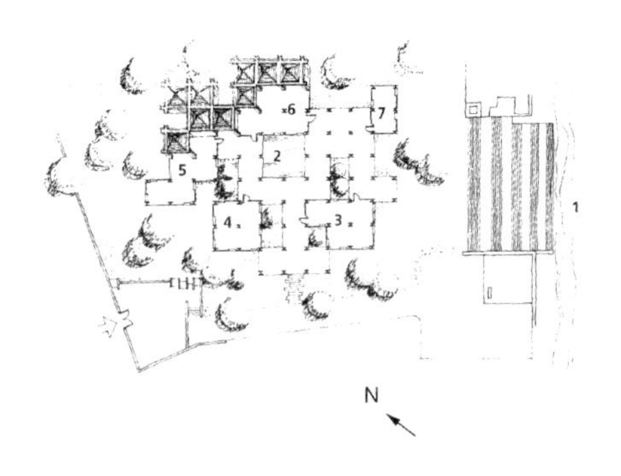

1 总平面
（1. 萨巴尔马蒂河，2. 水院，3. 办公室，4. 信件陈列室，5. 照片与图片陈列室，6. 书籍室，7. 会议室）

C. 柯里亚设计的甘地纪念馆是艾哈迈达巴德的甘地故居的延伸。甘地曾于1917年至1930年在甘地故居居住，并从那里开始了历史性的光辉历程。为纪念圣雄甘地并宣传他的思想，馆里展有信件、照片及其他反映自由运动历史的文献。这座建筑是C. 柯里亚在美国学习建筑以后于1958年开始设计的。

柯里亚在这座建筑的设计中巧妙地把西方理性主义与现代主义同原有的故居建筑中表现出来的简单与朴实结合起来。其结构按标准空间设计，这样，当这座建筑需要扩建或其收藏品增加时，可以随意增建。露天的庭院起到分割（以及综合）纪念馆各个不同部分的作用，同时也是整座建筑的通风中心。建筑的基本模块结构为带有金字塔形瓦顶的方形。建筑四周为砖墙，并装有宽大的可拉动式木百叶窗，以控制各方向的光线与空气。整个建筑没有用玻璃。混凝土槽形梁用作横梁及雨水槽，同时还起到将各个独立模块连接起来的作用，因而当纪念馆需扩建时，便于连接新的模块。

这些要素合在一起，形成一个砖瓦顶的连续图案，看上去很像许许多多的村落集合在一起。各个单元随意地配置在一起，形成一条弯弯曲曲的通道，参观者沿着这条通道可走向中心的水池。这种

2 给干热的艾哈迈达巴德带来清凉的水池
（P. 梅塔摄）
3 阴凉的冥想区
（P. 梅塔摄）
4 石楼板、砖柱、木结构瓦顶
（C. 肖丹摄）

图由建筑师提供

结构形成了建筑面貌的多样化。正是封闭的走廊与露天的空间之间的关系形成了这座建筑的主题——于简单的重复中见微妙的变化。

参考文献

Kagal, Carmen (ed.), "Vistara: The Architecture of India", Exhibition Catalogue, The Festival of India, 1986.

Khan Hasan-Uddin, *Charles Correa*, Mimar, Singapore-Mapin, Ahmedabad, 1987.

Rewal, Raj, Jean-Louis Véret and Ram Sharma (eds.), *Architecture in India*, Association Francaise d'Action Artistique-Electa Moniteur, Paris, 1985.

47. 卡姆拉普拉火车站

地点：达卡，孟加拉国
建筑师：R. 布依
设计/建造年代：1961—1963

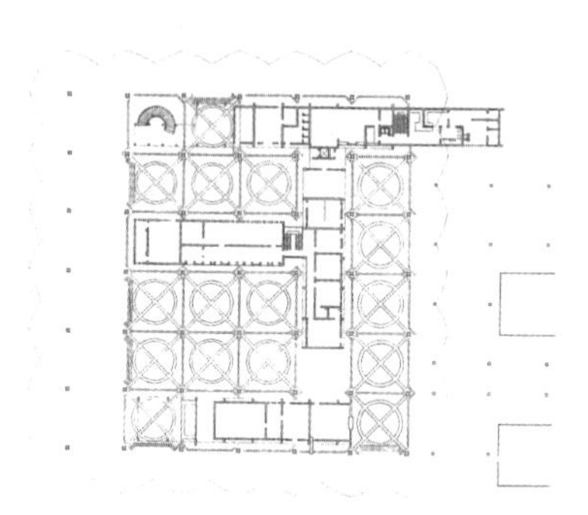

1 火车站平面

达卡的卡姆拉普拉火车站是孟加拉最重要的火车站之一。它是在这个国家大兴土木的20世纪60年代建的，当时的主要建筑还有首都建筑群以及一些学术机场、市政和住宅建筑。R. 布依是参与当时建筑活动的许多外国建筑师之一，他严守现代主义风格，同时也照顾地方实际情况。

布依设计的卡姆拉普拉火车站很像一把由许多混凝土尖形壳顶构成的巨伞。车站的各种功能即由这把巨伞下面的各建筑实体——一个大单元内的若干小单元——来完成。这种结构既给人整体上的宽阔感，又成比例地划出给人亲切感的行人使用区域。火车站的多尖壳顶既是技术上的创新，同时也使人想起在历史上丰富了次大陆景观的大型伊斯兰建筑。这种设计思想与联想效果更因突出表现在楼层设计上的几何图形而得到强化。

在卡姆拉普拉火车站的设计上，建筑师R. 布依成功地将伞形设计用于一种新的建筑，并将其形式与建筑物的功能和文化背景有机地结合起来。

参考文献

Media Transasia, Architecture + Design, India, Delhi, May-Jun., 1988.

Research conducted by the Chetna Sthapatya Unnoyon Society, Dhaka.

2 实现火车站不同功能的伞形结构

3 局部剖面

图和照片由 C. S. 乌诺约集团提供

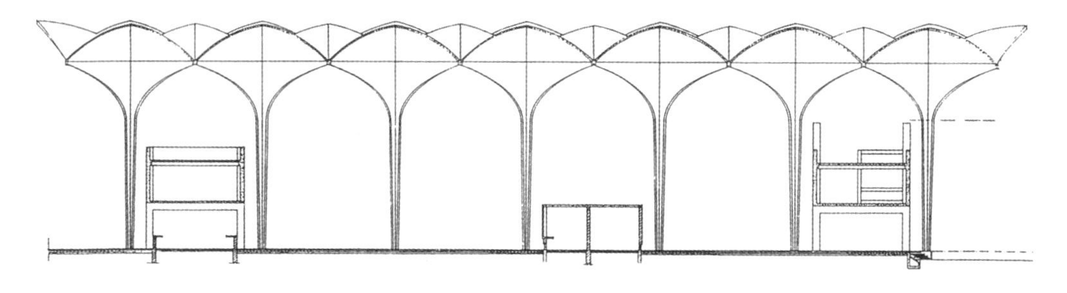

48. 达卡大学教师–学生活动中心

地点：达卡，孟加拉国
建筑师：C. 佐克西亚季斯
设计/建造年代：1963

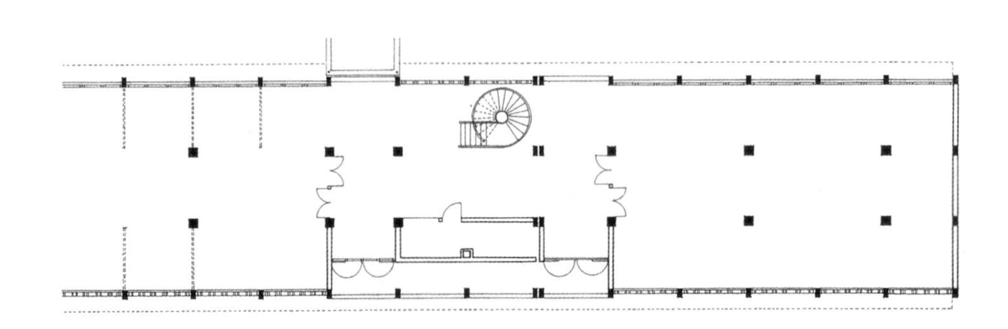

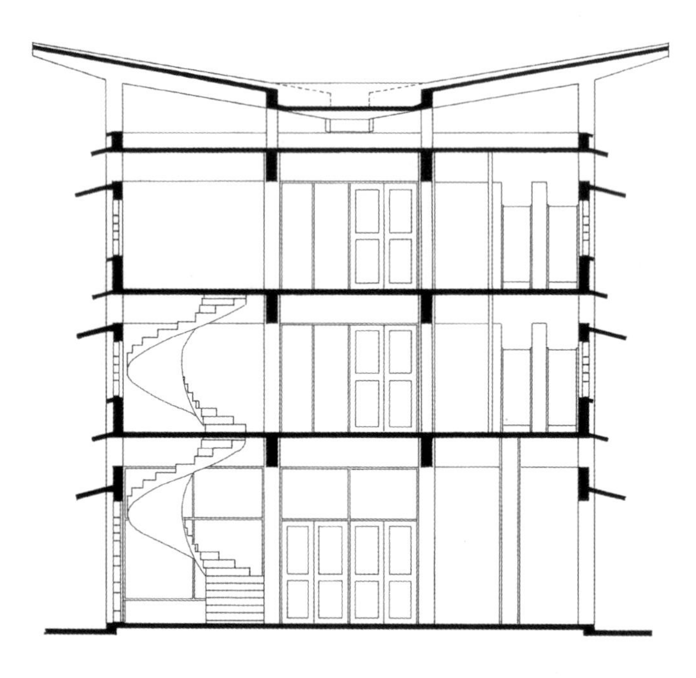

↑ 1 主楼底层平面
↑ 2 主楼剖面

C. 佐克西亚季斯设计的教师–学生活动中心位于达卡市内中心区，靠近达卡大学。活动中心包括一座礼堂、一个餐厅、一个游泳池、几处办公室以及其他一些娱乐设施。

希腊建筑规划师佐克西亚季斯将教师–学生活动中心按两个独立的建筑设计。其中主要的一座建筑容纳书店、图书馆、一个休息室和几个会议室；另一座建筑有餐厅和娱乐设施。两座建筑由一条带

3 带伞顶的主楼与带薄壳屋顶的餐厅楼由一条带顶棚的通道连接

↑ 4 教师–学生活动中心的两栋楼

照片由C. S. 乌诺约集团提供；图由C. S. 乌诺约集团提供，R. 麦罗特拉建筑师事务所重绘

顶棚的通道连接，皆为钢筋混凝土结构，大量使用砖砌“哥哩”和釉面瓦。该建筑群颇具楼阁特征，尤其是其主建筑——覆以伞形屋顶的三层高的长条形框架结构。餐厅屋顶为大型的薄壳屋顶，这种设计使餐厅有如从地下弹出一般。

教师–学生活动中心是最早在异邦——孟加拉国土上按楼阁式主题设计的建筑之一，它代表了印度次大陆的早期现代建筑。以热带建筑风格建造的这个建筑群，力求将现代建筑的设计原则与当地具体的地理和气候条件结合起来。

参考文献

Research conducted by the Chetna Sthapatya Unnoyon Society, Dhaka.

49. 哈里瓦拉布达斯住宅

地点：艾哈迈达巴德，印度
建筑师：A. 堪文德
设计 / 建造年代：1964

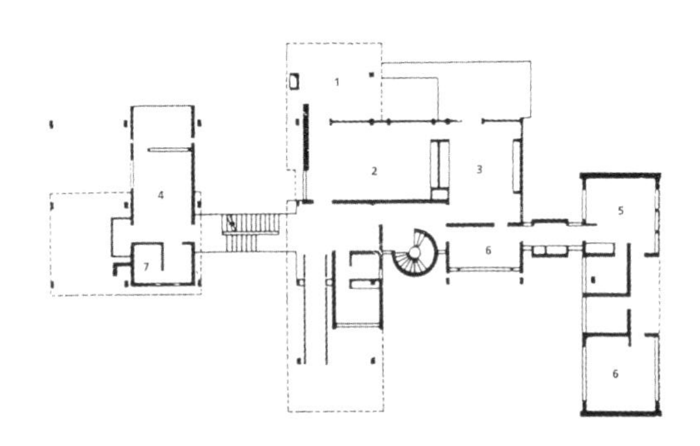

1 首层平面
（1. 入口，2. 起居室，3. 餐厅，4. 客房，5. 厨房，6. 杂物间/储藏室，7. 卫生间）

这座住宅系由建筑师A. 堪文德为一著名实业家设计，是建筑师为艾哈迈达巴德市设计的第一座住宅建筑。房主对住宅不限定任何要求，全凭建筑师设计，给住宅内外带来了一种全新的环境。

哈里瓦拉布达斯住宅为一大型立方体结构，其顶部为伞形屋顶，屋顶架在高大的立柱上，整个建筑坐落于一大片风景秀丽的园地上。住宅主体按功能要求分为三大部分：主区一层的起居－餐饮间和上面的卧室，两个次区包括厨房、客人与主人卧室。主区与卧室间由一俯瞰游泳池的透明楼梯井连接，这是这座住宅设计的一个显著特征。在功能布局上，各个卧室分别沿楼梯处于不同的水平位置上，最大限度地保护了各家庭成员的隐私。当初设计时，由于家庭成员只有四人，故只设计了四个卧室；后来在与原设计师A. 堪文德共同研究的

2 俯瞰游泳池的楼梯是该建筑设计上的一个显著特征

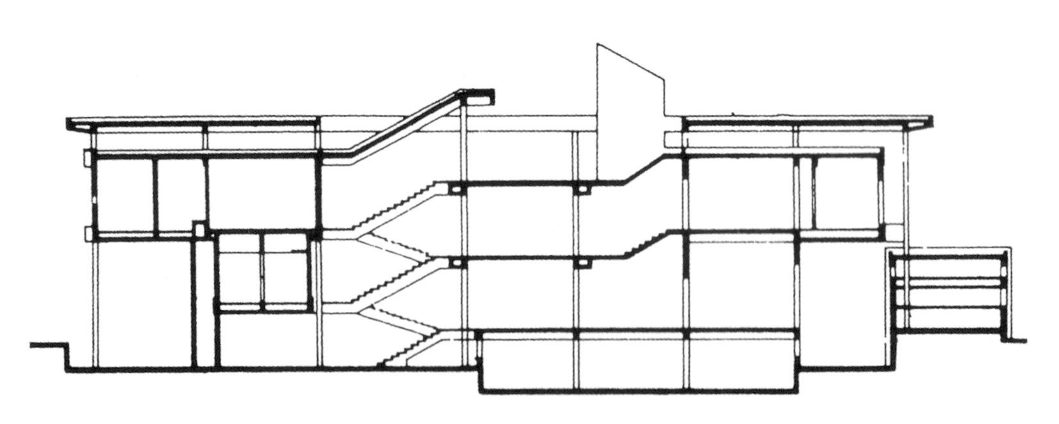

3 从空地处看住宅
4 剖面
5 直线细部表现的设计美学

照片由 Inside Outside 公司提供，图由 R. 麦罗特拉建筑师事务所绘制

基础上，在不破坏原设计整体性的情况下，又增加了四个卧室，现在共可住八人。

住宅为梁柱结构，分部设计在视觉上抵消了重复结构的单调感。各个建筑部位互相交融；建筑材料主要限于砖与混凝土并砌以石墙，给人以一种简朴感。木制与钢制的栏杆和格栅，使人想起20世纪初期一些现代建筑大师作品中流行的设计美学——这些建筑大师曾对次大陆上的年轻建筑师有过很大的影响。堪文德是印度现代建筑运动的先驱者之一，而哈里瓦拉布达斯住宅则是以强烈的现代主义表现手法和建筑形式肯定堪文德对现代风格所做贡献的一个典型实例。

参考文献

Media Transasia, *Architecture + Design*, India, Delhi, May-Jun., 1985.
"Inside Outside", *Business India*, Issue 155, Bombay, Mar., 1998.

50. 印度理工学院

地点：坎普尔，印度
建筑师：A. 堪文德
设计/建造年代：1959—1966

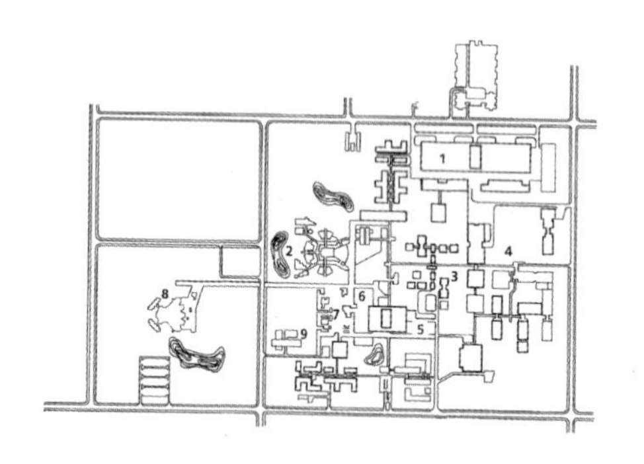

1 总平面
（1. 实习室，2. 演讲厅，3. 教职工大楼，4. 实验室，5. 图书馆，6. 水池，7. 广场，8. 讲堂，9. 计算机中心）

印度理工学院由A. 堪文德设计。A. 堪文德曾于20世纪50年代初师从W. 格罗皮乌斯。印度理工学院建于一块平地上，在坎普尔市西10千米处，系当时为培养新独立的印度所需的技术骨干而建立的几所同类院校之一。

印度理工学院校园内有数座演讲厅、一个图书馆、一个教职工大楼、一个计算机中心、若干实验室与实习室及一些娱乐与文化设施。建筑师重复运用由实验与非实验用地结合组成的模块，作为一个个教学区。这些教学区以不分层次且不相对称的形式配置。不同的教学区与服务区由一组双层的通道联系起来，这些通道穿行于各个建筑之间，便于它们之间的互相交流。这种安排还有利于对流通风及日后的扩建。在校园内和建筑中，一个值得注意的要素是各建筑共同形成的醒目的天际线。建筑物本身主要由钢筋混凝土与石板建成，内嵌砖墙。除美学效果外，未加修饰的外表还节省了日常维修的开支。

校园附近严格限制东西通行，以维持这“步行者之岛”的整肃性。这个岛屿——即校园——的中心为各演讲大厅与其周围的绿地及水体。图书馆前的广场与凹地园用于开展学术与文化活动及鼓励各学科间的交流，这也是建造这个教育建筑群的主要目的之一。

2 中央广场
3 图书馆剖面

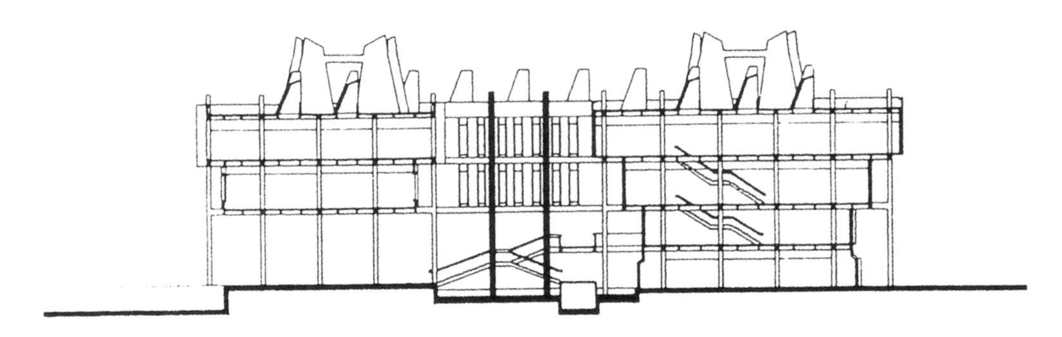

这个建筑项目是印度首批综合性校园建筑设计之一，其目的在于帮助这个新独立的国家创立一种新型的教育机构。

↑ 4 中央学术建筑群
（摘自《印度校园设计》）
← 5 演讲大厅之一，厅前可见人行通道
（D. 桑吉摄）
↓ 6 图书馆
（D. 桑吉摄）

图由 R. 麦罗特拉建筑师事务所绘制

参考文献

Media Transasia, *Architecture + Design*, India, Delhi, May-Jun., 1985.

Kagal, Carmen (ed.), "Vistara: The Architecture of India", Exhibition Catalogue, *The Festival of India*, 1986.

Kanvinde, Achyut and H. James Miller, "Campus Design in India, Experience of a Developing Nation", United States Agency for Internal Development, Kansas, 1969.

Lang, Jon, Madhavi Desai and Miki Desai, *Architecture and Independence: The Search for Identity-India 1880 to 1980*, Delhi: OUP, 1997.

Makim, Vaishali, "Discourse on Indian Modernity in the Context of Three Specific Instances: Hridaykunj, IIT Kanpur and NID", Unpublished thesis, Ahmedabad: School of Architecture, CEPT, 1996.

Rewal, Raj, Jean-Louis Véret and Ram Sharma (eds.), *Architecture in India*, Association Francaise d'Action Artistique-Electa Moniteur, Paris, 1985.

51. CEPT 建筑学院

地点：艾哈迈达巴德，印度
建筑师：B. 多西
设计/建造年代：1966—1968（第一阶段）

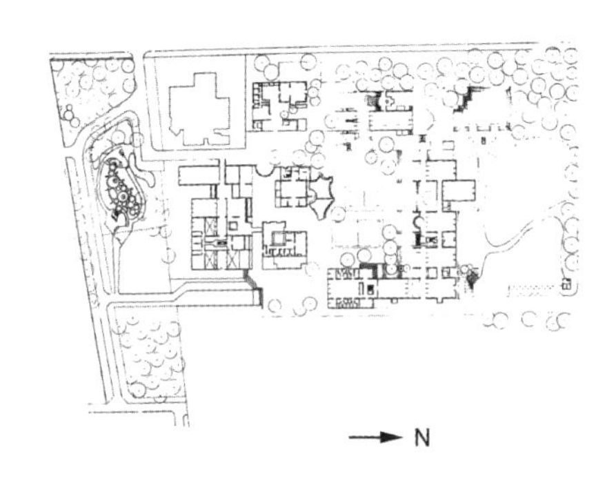

1 总平面

建在艾哈迈达巴德的建筑学院是建筑师B. 多西在其建筑生涯的早期，即结束师从勒·柯布西耶几年以后设计的。建筑学院是一处大型建筑群的一个部分。这处大型建筑群包括室内设计、规划、建筑工艺以及观赏与表演艺术中心等几个部分，合在一起构成环境规划与艺术中心（CEPT）。

环境规划与艺术中心建筑群中的这所建筑学院是一座简单却十分醒目的建筑，它坐落在一处原为砖窑的低洼地面上。建筑设计为严谨的"L"形，由互相平行且外露的砖砌承重墙形成一系列的房间和各个工作室——这是这座建筑的主要功能部分。墙体为建筑的主要承重要素，支撑着混凝土板。混凝土板在断面上呈互相交错重叠状，形成北向采光；各工作室亦逐一重叠，在视觉上形成互相勾连的断面。工作室靠北向玻璃及深深凹进的南向开

2 北向采光的工作室的内部

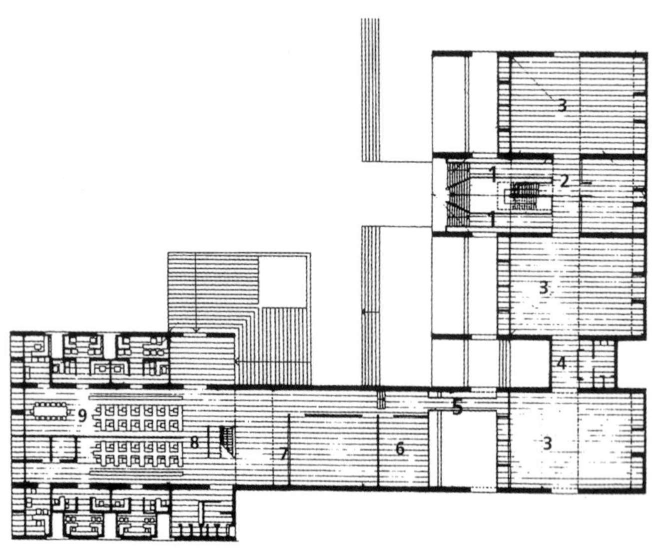

↑ 3 建筑物北侧及草坪

← 4 二层平面

（1. 连桥与楼梯出入口，2. 坡道，3. 工作室，4. 卫生间，5. 连桥，6. 备用房间，7. 办公楼，8. 教职员用房，9. 图书馆）

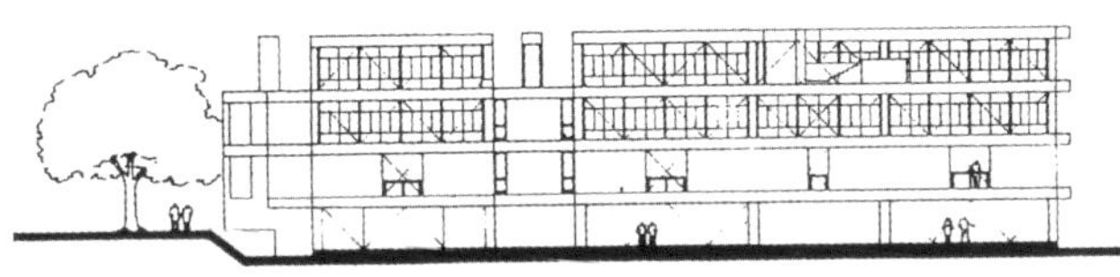

5 从坡道处看通往工作室的楼梯（D. 梅塔摄）
6 北立面

照片由R. 麦罗特拉（除署名者外）摄制，图由建筑师提供

孔采光，以避开直射的阳光。一条狭窄的通道——使人联想起印度中世纪时的街道——从建筑物中穿过，通往办公大楼及图书馆区。

通过严谨朴实的平面与剖面设计，多西在这座建筑中实现了种类繁多的空间表现及多功能的空间利用。建筑学院这座建筑体现了多西作为形态创作者在建筑结构上的贡献，同时也体现了路易斯·康与勒·柯布西耶二人对多西的综合影响——多西曾在艾哈迈达巴德与他们共事。

参考文献

Media Transasia, *Architecture + Design*, India, Delhi, Jan.-Feb., 1989.

Rewal, Raj, Jean-Louis Véret and Ram Sharma (eds.), *Architecture in India*, Association Francaise d'Action Artistique-Electa Moniteur, Paris, 1985.

52. 建筑师巴瓦的自宅

地点：科伦坡，斯里兰卡
建筑师：G. 巴瓦
设计/建造年代：1969

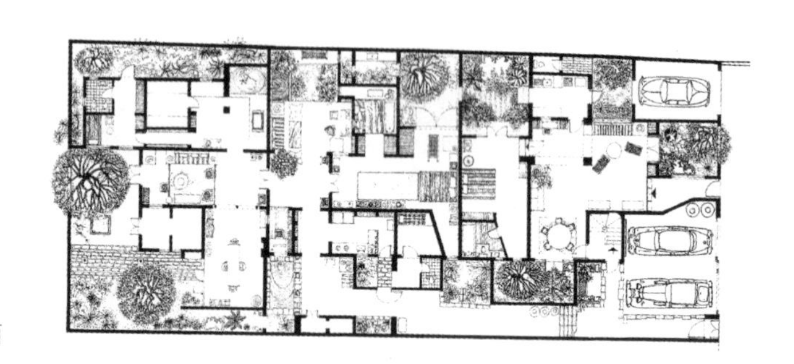

1 底层平面

2 楼上起居室

建筑师G. 巴瓦的自宅在原为一条狭巷的四所住宅的基础上建成。巴瓦首先租了这四所住宅中的第三所，经改建后，有了一个起居室、一个卧室、一个小厨房、一个用人住房及卫生间，巴瓦得到空出的其他三所住宅后，经过综合改建，又有了一个餐室、一个新的起居室和一个图书室，并在稍高一点的地方修建了几个面朝干道的花园。当原来的小巷失去作用后，也被纳入巴瓦的住宅，成为联系住宅内四个组成部分的一条狭长的通道。

从外观看，这所私宅极不起眼，从其简单的白色临街外墙看不出内部的复杂与堂皇。住宅的里面则为众多的庭院、采光井、水池及从其他地方借用的各种建筑要素，所有这些合在一起构成了一处精心组配的狭长景色。刚一走进这个建筑群时很容易转向，一旦从椰子树枝叶环抱的上层阳台向下望

3 中央起居室旁的庭院及院内长凳

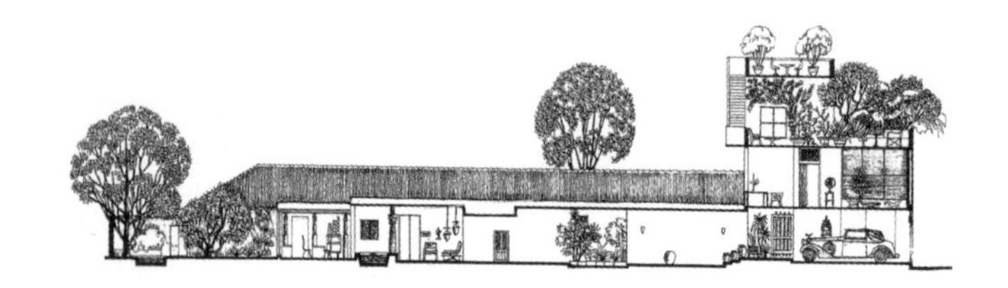

← 4 餐室
↓ 5 纵剖面

图和照片由建筑师提供

去，整个住宅的布局也就一目了然了。

住宅及住宅内的景致为其四周的墙壁所严密环绕，使其居住者免受外界尘土及科伦坡炽热天气的袭扰。结构与叶饰、光与影之间的相互作用使巴瓦的自宅极具表现力，而这种丰富的表现力只有通过亲身踱游其间才能体会到。而且，这种内外院式的空间结构削弱了空间界线感，它所形成的幻象使这座住宅的表现越加丰富、有趣。

参考文献

Taylor Brian Brace, Geoffrey Bawa, *A Mimar Book,* Concept Media Ltd. with Butterworth Architecture, London, 1995.

53. 达卡大学国家公共管理学院

地点：达卡，孟加拉国
建筑师：M. 伊斯兰姆
设计/建造年代：1969

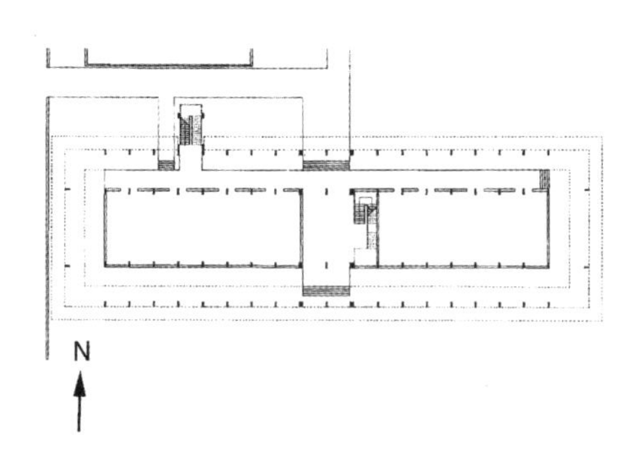

国家公共管理学院（NIPA）建筑是孟加拉达卡大学校园的一个组成部分，由建筑师M. 伊斯兰姆设计。

管理学院为矩形建筑，由典型的结构跨间的重复形成。这个三层建筑的每一层都巧妙地悬出，并覆以伞形悬浮石板。矩形的石柱支撑着第二层，第二层比下面的楼层伸出得更多，为整个建筑物形成了一个两层高的阴翳的遮蔽。事实上，这座建

1 标准层平面
2 伞顶下阴影深投的双层高空间

3 支撑伞顶的立柱
4 建筑物全貌
5 南立面

图和照片由C. S. 乌诺约集团提供

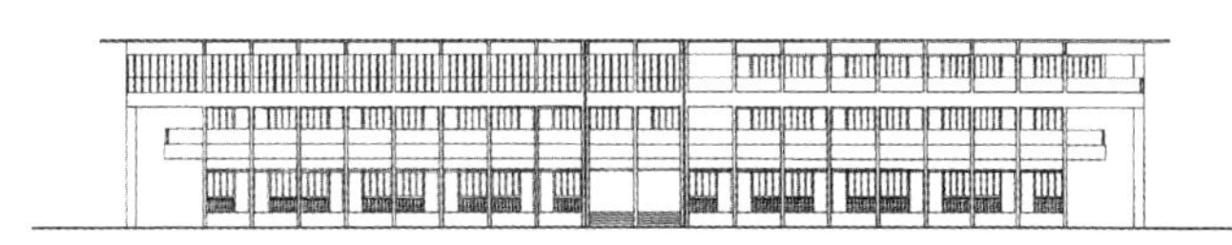

筑是一个体现着亭式结构设计思想的早期现代主义作品。一擎巨伞庄严地高悬在立柱之上，将其阴影投射到柱后的多功能建筑主体上。该建筑以钢筋混凝土建成，砖嵌墙壁、混凝土做工及其模板外观的精美纹理都给人以深刻的印象。M. 伊斯兰姆通过他为孟加拉设计的许多项目——既有公共建筑，又有私人建筑——进行了楼阁类建筑的探索。从许多方面来看，国家公共管理学院与教师-学生活动中心及卡姆拉普拉火车站所构成的一组建筑，通过材料的运用与结构的表现，对楼阁类建筑做出了新的诠释。

参考文献

Ameen, Farooq (ed.), *Contemporary Architecture and City Form: The South Asian Paradigm*, Bombay: Marg Publications, 1997.
Research conducted by the Chetna Sthapatya Unnoyon Society, Dhaka.

54. 建筑师伊斯兰姆的自宅

地点：达卡，孟加拉国
建筑师：M. 伊斯兰姆
设计/建造年代：1964—1969

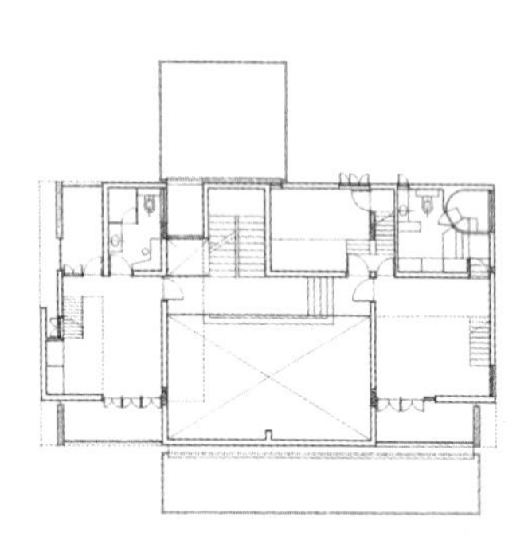

1 二层平面

2 悬浮式伞顶下不同体量的房间

这座住宅系建筑师M. 伊斯兰姆为自家设计，位于达卡市的塔蒙蒂居民区，旁边的小湖为其东部边界。

这座住宅根据建筑师家庭的具体情况而设计——这个家庭有两个儿子、一个女儿。住宅为所有子女提供了一个学习区域以及供一年四季各种户外活动用的各种高度的带棚游廊。住宅设计的主要目的是在尽量不使用冷暖设备的条件下创造一个舒适的内部环境。

住宅建筑有一钢筋混凝土板造的伞形屋顶，架在四根立柱上。其内部空间由砖墙限定，在视觉上与伞顶结构是独立的，这样就有了不同房间及房间内空间在高度与大小上的灵活性。

这座建筑体现了伊斯兰姆对亭式结构建筑的见解，它成为潮湿闷热气候条件中的住宅的典范。事实上，这座建筑在结构上也反映了城市独立式平房

3 伞形屋顶使通风流畅

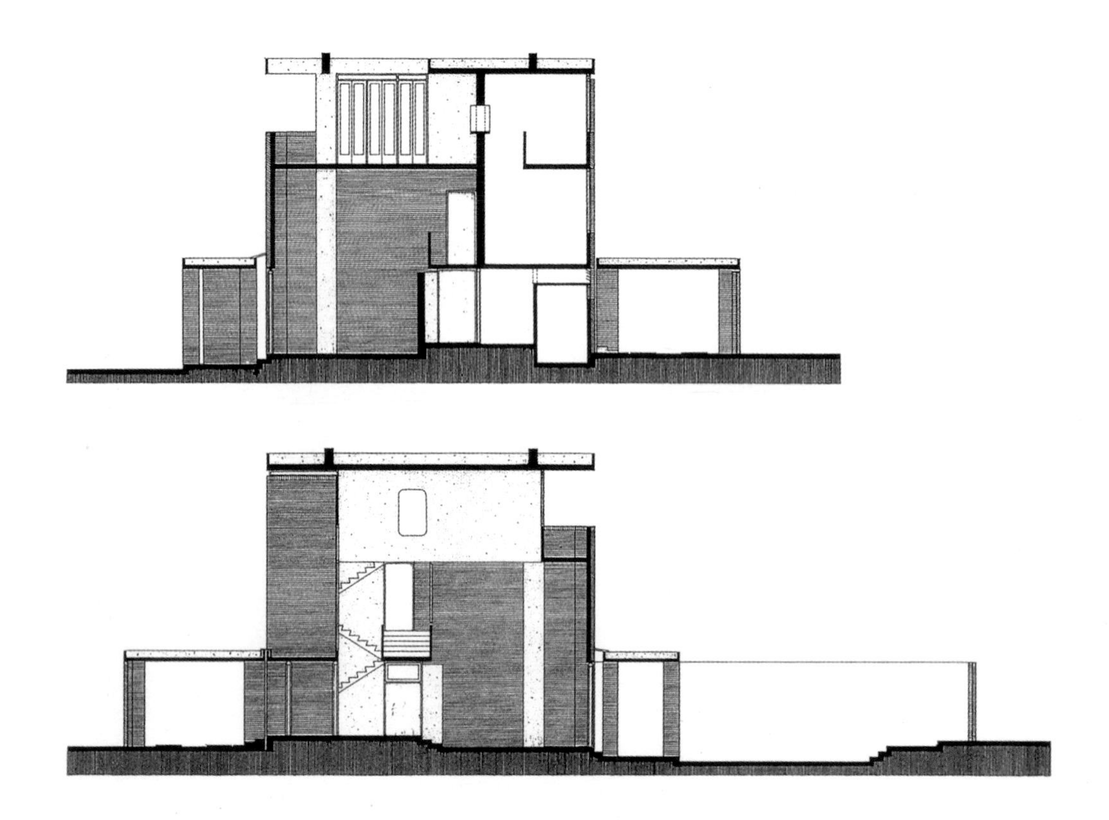

以及勒·柯布西耶在艾哈迈达巴德的肖丹私宅中创造的覆盖整个建筑的伞形屋顶的概念。除探索这些较大的题材外，这座住宅还通过对与当地景致相接融的垂直面的安排巧妙地适应其所处场所的特征，从而使其成为不同要素与材料并置的结构，成功地将表面与缝隙结合起来，创造了一个由覆盖整个建筑的伞顶所围绕的引人注目的建筑形象。

参考文献

Media Transasia, *Architecture + Design*, India, Delhi, May-Jun., 1988.

"An Architecture of Independence: The Making of Modern South Asia—The Works of Charles Correa, Balkrishna Doshi, Muzharul Islam and Achyut Kanvinde", Exhibition organized by the Architectural League of New York, New York, 1997.

↑ 4 剖面

照片由C. S. 乌诺约集团提供，图由纽约建筑联合会提供

55. 劳约拉女研究生宿舍

地点：特里凡得琅，印度
建筑师：L. 贝克尔
设计/建造年代：1970

劳约拉女研究生宿舍是建筑师L. 贝克尔为特里凡得琅设计的第一座建筑。这个项目要求为女生创造一个学习基督教的僻静环境，因此这座建筑特别要求采取内向性设计。为此，贝克尔设计了一些内部的庭院，这样既照顾了使用者的隐秘，又将外部世界引入了建筑物内。

此外，与传统的宿舍设计方法不同，贝克尔以大房间套小房间的方法将许多功能单位组合在一起。每六个学生一个房间，每个房间分隔成六个附室，每个附室可以容纳一张床、一个书桌、一个

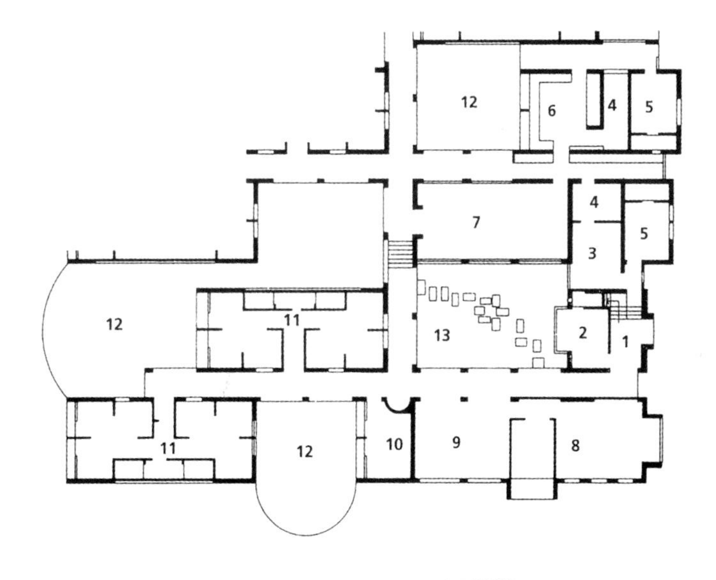

1 底层平面
（1. 入口，2. 接待处，3. 办公室，4. 商店，5. 管理员用房，6. 卫生间，7. 厨房，8. 餐厅，9. 学习起居室，10. 娱乐室，11. 公用设施，12. 屋舍，13. 花园）

↑ 2 校园主入口

3 采用砖砌“哥哩”、牛腿及传统的鱼瓦屋顶，以当地的表现方法建造
4 走廊中滤进的光线

照片由M. 马修摄制，图由G. 巴塔提供

柜橱及一两个座位——给人以分享住处之感。整个建筑以棋盘的格式建于一块坡地上，建筑块体与开放空间互相交替，打破了传统的宿舍楼的建筑模式。这座建筑以当地的技术与表现方法建造，是贝克尔根据喀拉拉邦当地情况创造的各种要素——敞开的砖墙、牛腿及传统的鱼瓦——的组合。

这座宿舍是在预算极紧的条件下完成的，资金还不足同样规模的传统建筑所需资金的三分之一。事实上，L. 贝克尔多年来的实践已经证明，采用本地的材料与技术，可以在不影响建筑表现的情况下建造低成本的建筑。他通过自己的工作，一手掀起了一场运动，年轻的建筑师们献身于喀拉拉邦地区的低造价建筑事业——如今，L. 贝克尔的建筑已成为印度低造价建筑的同义语。

参考文献

Media Transasia, *Architecture + Design*, India, Delhi, Jul.-Aug., 1985.
Bhatia, Gautam, *Laurie Baker: Life, Work, Writings*, Viking/HUDCO, 1991.

56. 焦特布尔大学大教室

地点：焦特布尔，印度
建筑师：U. 贾因
设计/建造年代：1969—1971

1 教室内的阶梯式座位

U. 贾因设计的大教室是焦特布尔大学校园的一个组成部分。焦特布尔大学面积很大，建在印度西北部的沙漠城市焦特布尔。

大教室建筑群在结构上很像古代美索不达米亚地区的古庙塔，从其外部可以看出四个独立教室中倾斜式的座位设计。四个教室皆为矩形，石板直接架于钢筋混凝土梁上，钢筋混凝土梁架于沿矩形长边走向的两堵墙上。这种石造承重结构给建筑物以严谨感，并造就了其基本规模与形态。藤架遮护着中央庭院，四个教室在庭院处会合。

这座建筑由楼区间的坡道进入——这使人想起印度沙漠城镇的坡道与高耸的城堡墙壁。实际上，整个建筑群在形态上很像拉贾斯坦沙漠地区典型的传统山边建筑群。黄色的沙石是大教室的主要建筑材料。焦特布尔市也是用这种沙石建设的。这种沙石在视觉上将大教室与校园的其余部分乃至整个焦特布尔市连成一体。大教室的设计试图吸收旧焦特布尔城的建筑特征与经验的精华——当然是以当代且现代化的观念来借用。

参考文献

Media Transasia, *Architecture + Design*, India, New Delhi, Nov.-Dec., 1983.

Bhatt, Vikram and Peter Scriver, *After the Masters: Contemporary Indian Architecture*, Mapin,

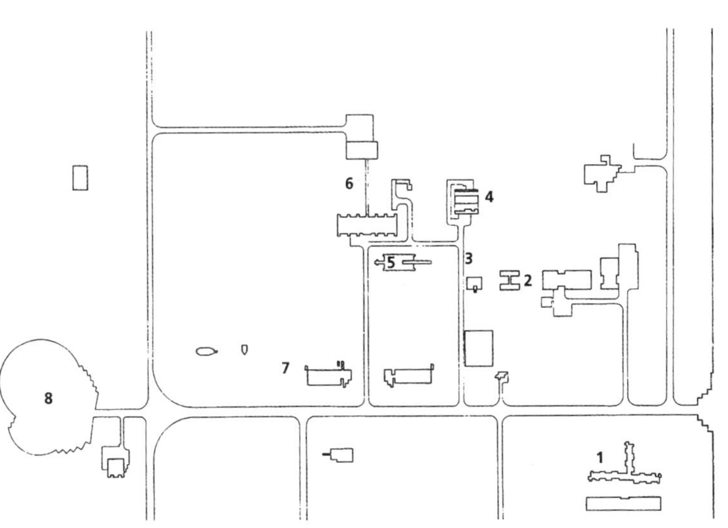

2 大教室的古庙塔外形

3 总平面

（1. 学生宿舍，2. 物理系，3. 教职员办公室，4. 实验站，5. 大教室，6. 化学系，7. 生物系，8. 活动场地）

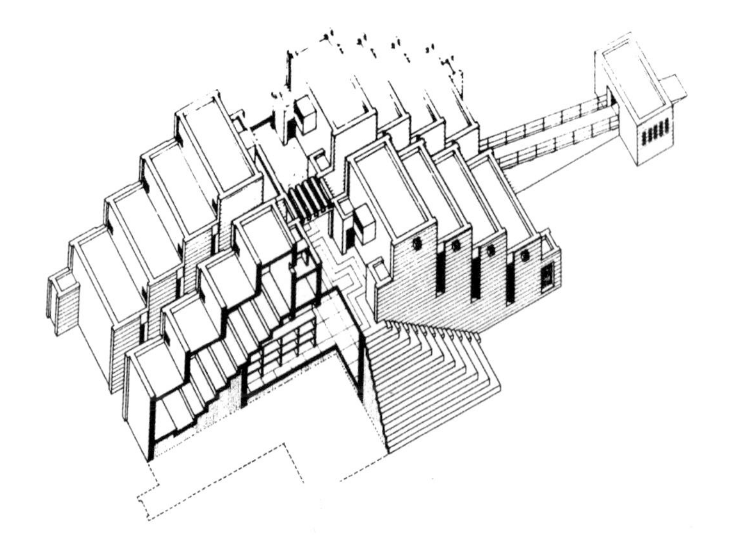

Ahmedabad, 1990.

Kagal, Carmen (ed.), “Vistara: The Architecture of India”, Exhibition Catalogue, The Festival of India, 1986.

Rewal, Raj, Jean-Louis Véret and Ram Sharma (eds.), *Architecture in India,* Association Francaise d'Action Artistique-Electa Moniteur, Paris, 1985.

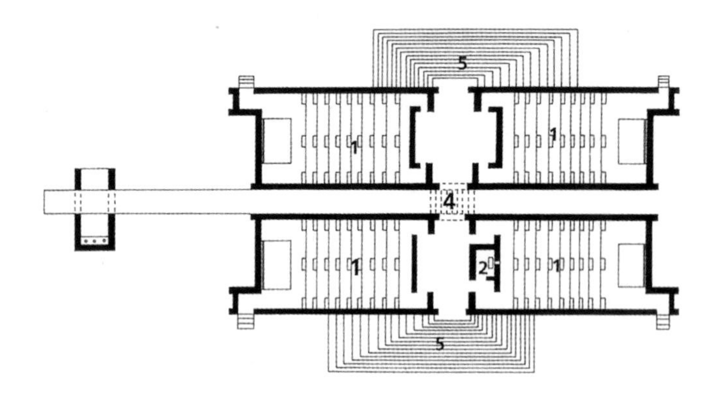

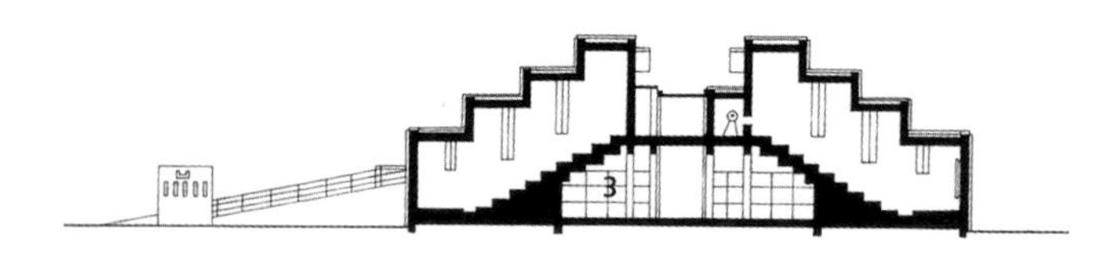

↑ 4 轴测图

← 5 平面

（1. 教室，2. 投影室，3. 商店，4. 庭院，5. 室外座位）

↓ 6 剖面

照片由建筑师提供；图由建筑师提供，R. 麦罗特拉建筑师事务所重绘

57. 新德里永久性展览馆建筑群

地点：新德里，印度
建筑师：R. 里瓦尔
设计/建造年代：1972

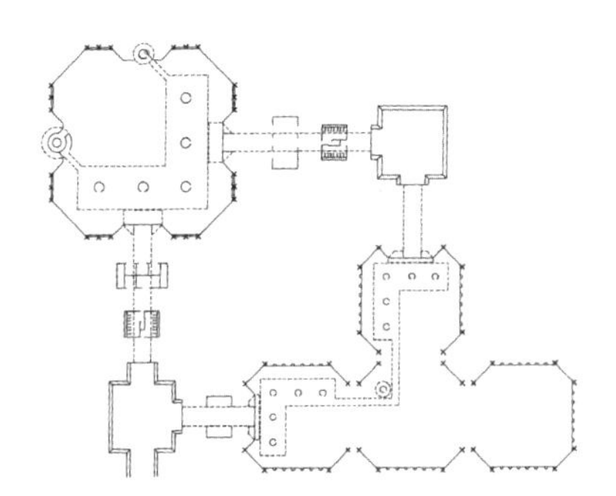

永久性展览馆建筑群由R. 里瓦尔设计，是新德里市52公顷的普拉加提迈丹展览场的中心。这座建筑在设计时间紧、建筑材料与劳动力有限的情况下，形象化且高水平地反映了新的印度在现代工业化国际社会中的位置。

该建筑群分为两大部分：国家馆（跨度72米）和工业馆（分为四个分馆，跨度各为40米）。各建筑间通过坡道在夹层楼面相连，坡道围起一个露

1 平面
2 由空间结构支撑的大空间，可展示从书籍直到推土机的各种展品

3 建筑群俯瞰
4 工业馆中互相连接的管网结构
5 混凝土空间构架的细部

照片由建筑师提供；图由建筑师提供，R. 麦罗特拉建筑师事务所重绘

天展示区。其结构基本上是一个三维的空间构架，基本单元为边长五米的八面体。这些结构最显著的特点是钢筋混凝土构成其独特的形态。靠人工浇灌混凝土建成这样大规模的粗制框架，这在世界上是绝无仅有的。

这些楼阁式建筑为四方形，四角均削角，形成八个框架支架点。这种削角结构可能是受莫卧儿皇帝胡马雍陵墓及泰姬陵的影响。开始时曾想将每个厅馆建成标准的棱锥体形，但最终还是采用了截顶形式，以避免不必要的建设工程。建筑的基本结构类似穹隆形，结构要素为六层高，自我支撑。从便于日后扩建考虑，四方形结构明显优于环形穹隆。

整个建筑群虽不能说是精湛完美的建筑，但它试图树立现代印度的形象，并为探索近代印度建筑的特征提供了一个入门的起点。这个建筑还反映了印度这样的社会中建筑艺术上的矛盾——既要进步与创新，又要保持传统，这是大多数第三世界国家都存在的现实问题。

参考文献

Media Transasia, *Architecture + Design*, India, New Delhi, Nov.-Dec., 1986.
Bhatt, Vikram and Peter Scriver, *After the Masters: Contemporary Indian Architecture*, Mapin, Ahmedabad, 1990.
Kagal, Carmen (ed.), "Vistara: The Architecture of India", Exhibition Catalogue, The Festival of India, 1986.
Rewal, Raj, Jean-Louis Véret and Ram Sharma (eds.), *Architecture in India*, Association Francaise d'Action Artistique-Electa Moniteur, Paris, 1985.

58. 发展研究中心

地点：特里凡得琅，印度
建筑师：L. 贝克尔
设计/建造年代：1972

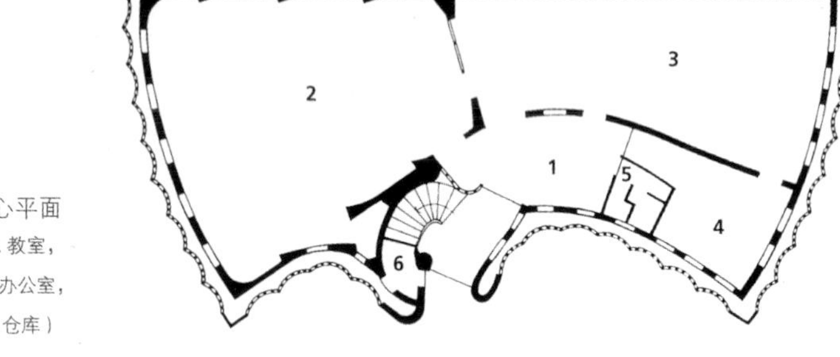

1 计算机中心平面
（1. 门厅，2. 教室，
3. 工作区，4. 办公室，
5. 卫生间，6. 仓库）

发展研究中心从事应用经济学的研究，位于特里凡得琅市的郊区乌洛尔。发展研究中心的建筑由建筑师L. 贝克尔设计，坐落在多岩的陡峭山坡上，从这里可以俯瞰山下的水稻田。坡度大是影响建筑群建筑布局的主要因素。

研究中心占地9英亩（约3.6公顷），建有行政办公室、计算机中心、圆形露天剧场、图书馆、教室及教职工与学生的宿舍。山顶上七层高的图书馆塔楼为该处的最高建筑，同时也是研究中心的主要建筑。行政办公室与教室看起来是随机布局的，其位置皆由山坡上适宜建筑的台地而定。所有建筑都靠一些走廊连接，这些走廊蜿蜒通向图书馆。四层高的学生宿舍远离上述中央建筑群，位于圆形露天剧场的对面。再往下，是学生食堂和女生宿舍，最下面是教职工用房；入口在山脚下靠近教职工用房处。喀拉拉邦有一条不成文的规定，那就是建筑物不得高于椰子树。L. 贝克尔严格地遵守了这条规定。因此整个建筑群都建得很低——比树端要低很多。

这个建筑群的建设又一次肯定了贝克尔在用砖作为主要建筑材料方面的造诣。建筑跨度、质地、形态及种类之繁多均为这个建筑群增添了极大的活力。除成本效益高且于环境有利外，这个建筑群的

↑ 2 图书馆楼是整个建筑群的构图中心

成功还在于它创造了一个能够反映发展研究中心的目标——建立实现正确发展模式的意识——的形象。

参考文献

Media Transasia, *Architecture + Design*, India, Delhi, Jul.-Aug., 1985.

Bhatia, Gautam, *Laurie Baker: Life, Work, Writings*, Viking/HUDCO, 1991.

Bhatt, Vikram and Peter Scriver, *After the Masters: Contemporary Indian Architecture*, Mapin, Ahmedabad, 1990.

↑ 3 礼堂入口
← 4 计算机中心的幕墙

照片由M.马修摄制，图由G.巴塔提供

59. 马杜赖俱乐部

地点：马杜赖，印度
建筑师：G. 巴瓦
设计/建造年代：1974

马杜赖俱乐部是印度次大陆地区唯一一个由G. 巴瓦设计的项目。它位于马杜赖市柯茨科乔达居住区内的一个僻静的角落，有巨大的榕树遮阴，并可俯瞰稻田与远山的美景。一眼望去，院落、水池、过道以及并置的各种景致与采光都产生一种有趣的空间感。入口处庭院的一侧为客人用房，另一侧为主俱乐部。连接这两翼的柱廊是巴瓦常运用的建筑要素——达纳萨拉瓦（dana salarwa）——传统的建有柱廊的长条房间敞开于两侧。一些从拆毁了的切提纳德（Chettinad）

1 切提纳德门
2 横剖面

↑ 3 柱廊、玻璃屏、另一边的庭院

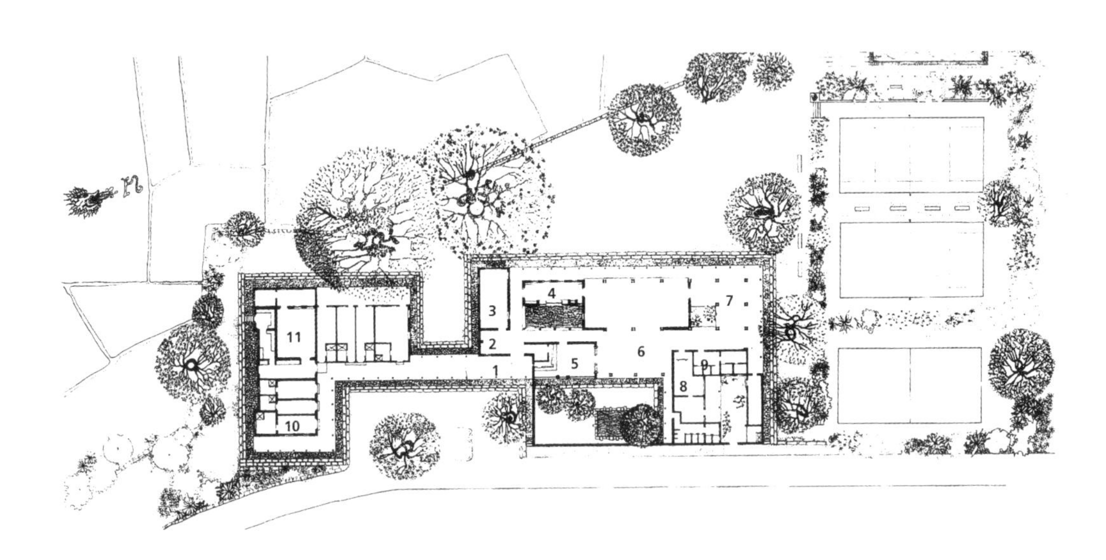

4 俱乐部及其场地的底层平面
（1.主入口，2.接待处，3.休息室，4.图书馆，5.酒吧，6.餐厅，7.平台，8.厨房，9.卫生间，10.客房，11.台球室）
5 带琢石立柱的门廊

图和照片由建筑师提供

地区18世纪旧房中找来的雕饰立柱与门被用于俱乐部的房间中，给俱乐部带来醒目的特征。

俱乐部建筑完美地表达了巴瓦的哲学思想，即“一个建筑不过就是一个屋顶、若干立柱与若干楼层而已。屋顶是无处不在的、最引人注目的视觉要素，其规模与形态由其下面以建筑而定；它遮护屋体并反映屋体的要求”（Taylor，1995年）。石楼板、乱草地、石柱子以及带木椽的毛石墙和泥瓦顶，这些即可构成一个庇护所——与周边的景致没有什么大的差别。然而，空间要素的巧妙运用，封闭区域与外界关系的处理，以及所用材料的优良质地及细节设计的精湛艺术，都使这座建筑成为一个颇具匠心的建筑精品。

参考文献

Media Transasia, *Architecture + Design*, India, Delhi, Mar.-Apr., 1990.
Taylor Brian Brace, Geoffrey Bawa, *A Mimar Book,* Concept Media Ltd. with Butterworth Architecture, London, 1995.

60. 印度管理学院

地点：艾哈迈达巴德，印度
建筑师：路易斯・康
设计 / 建造年代：1962—1974

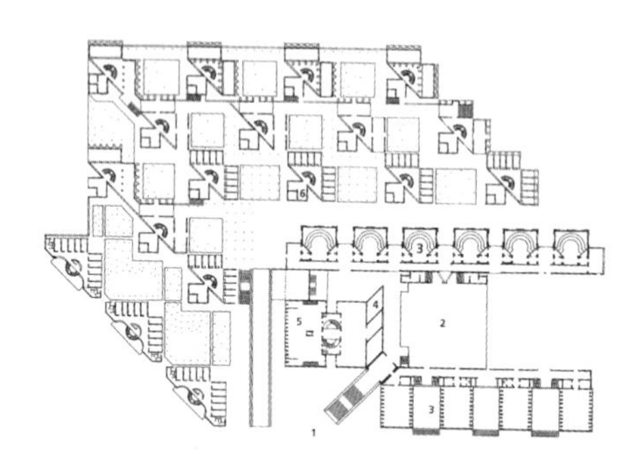

1 教学区平面
（1.入口，2.路易斯・康广场，3.教室，4.办公室，5.图书馆，6.宿舍）

↑ 2 面向活动场的宿舍楼
↑ 3 广场入口，右侧为图书馆

1962年，路易斯・康受邀设计拟建在艾哈迈达巴德的印度管理学院校园。正像勒・柯布西耶十年前所做的工作那样，路易斯・康在艾哈迈达巴德所做的，也给予这座城市乃至整个次大陆的建筑事业极大的推动。

印度这所重点管理学院的中心教学区有一栋主楼、一个图书馆和师生宿舍等若干辅助建筑。教学设施以一个大型露天广场（现称路易斯・康广场）为中心修建。广场的一端为图书馆，另一端为教师办公室、行政办公楼及教室。在这个布局中，图书馆成为所有活动的中心，一条通往宿舍的对角线从图书馆穿过。学生宿舍靠近主要教学区，教师宿舍则与学生宿舍及教学区分开，其间为一大片空地——按最初的设计这里应为一片小小的湖泊。整个建筑群设计得很像一座城市，其规则的几何形状和层次分明的空间次序反

映了建筑群内各功能建筑的不同重要程度。

极爱用砖做建筑材料的路易斯·康利用其在印度这样一个劳动力密集型的经济社会工作的机会，在这个校园的设计上完全以砖为材料。巨大的承重砖墙拔地而起，由混凝土联系着的砖砌缓拱券构成墙面的开洞——人们可以从这种独特的表现方法在次大陆识别路易斯·康的建筑作品。墙壁各处的环形大开孔体现了无与伦比

4 路易斯·康广场

5 总平面

（1.学校，2.宿舍，3.服务楼，4.厨房，5.管理开发中心，6.教员宿舍，7.职员宿舍，8.已婚学生宿舍，9.银行、邮局、商店，10.停车场，11.临时宿舍）

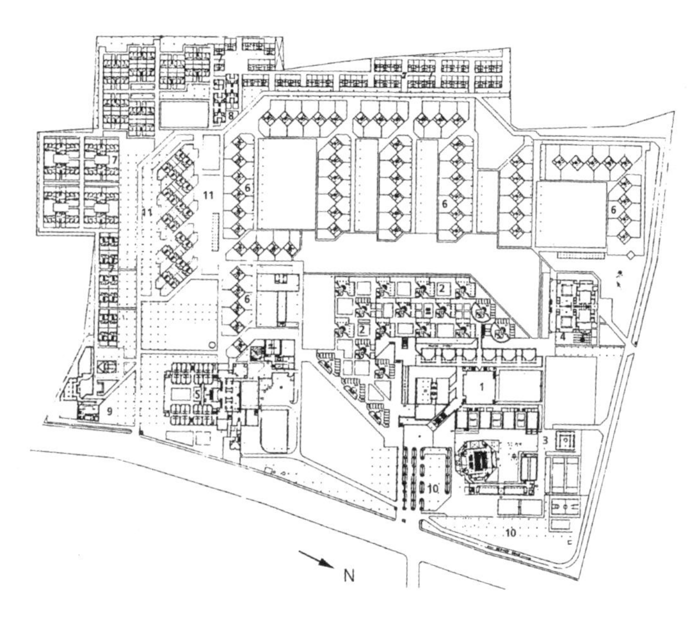

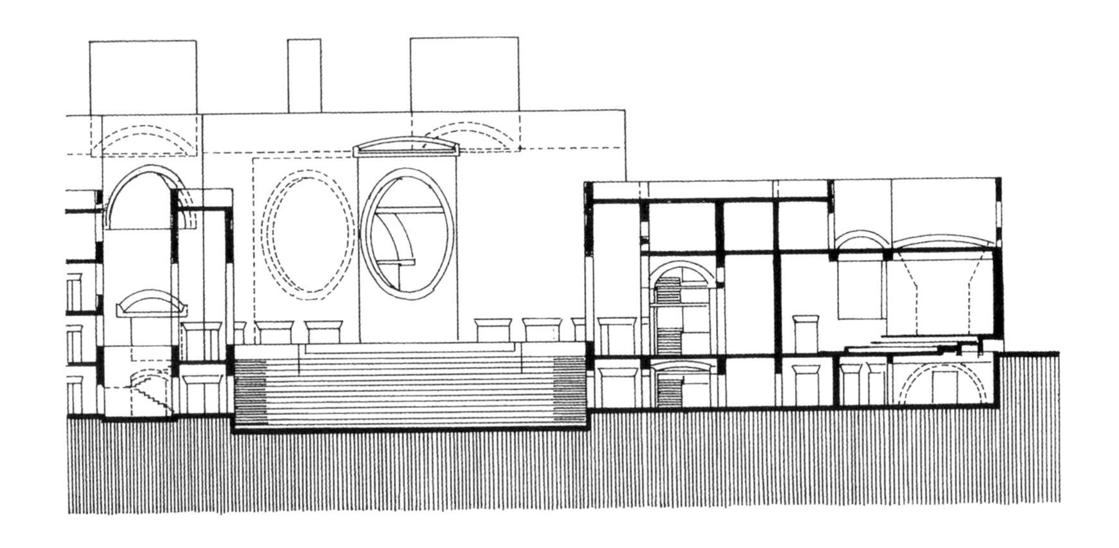

的砖工技术。穿过这些开孔的光线突出了砖面的纹理，与砖石建筑的永恒的质量相协调，给整个建筑群以无限的宁静感。

于宏大之中见朴实（与勒·柯布西耶为印度设计的建筑那种引人注目的雄伟壮丽多少有些不同）是印度管理学院建筑的诱惑力之所在。其独具的特征来自于对材料与结构的合理运用及路易斯·康本人的设计风格。事实上，路易斯·康的建筑方法论与哲学对参与这个建筑项目的许多年轻的印度建筑师都产生了很大的影响。这些建筑师包括B. 多西、A. 拉杰（后来完成了这个项目并进行了扩建）、K. 杰恩与S. 卡帕迪亚——后二者在其后的几十年里成为印度杰出的教师与建筑家。

参考文献

Bhatt, Vikram and Peter Scriver, *After the Masters: Contemporary Indian Architecture*, Mapin, Ahmedabad, 1990.

Kagal, Carmen(ed.), " Vistara: The Architecture of India", Exhibition Catalogue, The Festival of India, 1986.

6 带有间断的混凝土浅开口的富有诗意的砖墙

7 剖面

8 建筑群广泛使用砖材

照片由R. 麦罗特拉摄制，图由R. 麦罗特拉建筑师事务所绘制

61. 巴基斯坦布尔马壳牌石油公司总部

地点：卡拉奇，巴基斯坦
建筑师：H. F. 阿里
设计/建造年代：1973/1974—1976

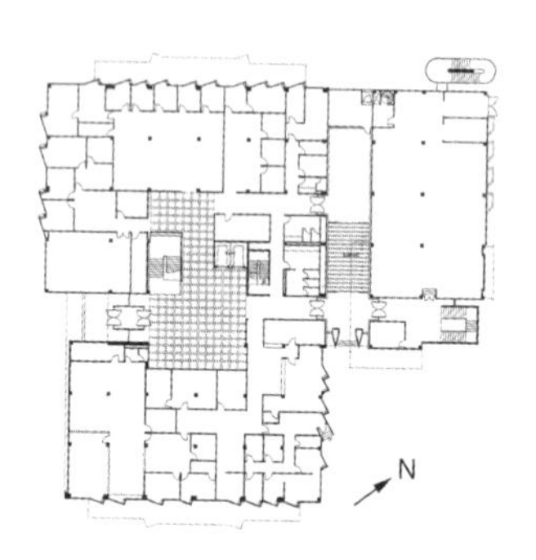

1 底层平面
2 办公室内景
3 剖面
4 两座楼间职员出入口比面向公众的一侧更富于表现力

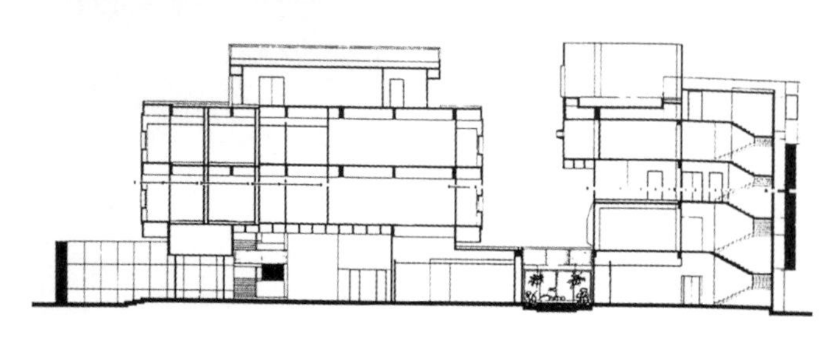

卡拉奇的巴基斯坦布尔马壳牌石油公司总部是由建筑师H. F. 阿里设计的。此项设计曾在一次命题竞赛中获奖，是建筑师阿里最初承建的几个大项目中的一个。

整个建筑群包括两座建筑物——主办公楼与服务楼。办公楼是个三层高的简单的矩形建筑，基底为二层高。与办公楼相比较，具有多种功能的服务楼（内有机械设备用房、职工用房、报告厅和

↑ 5 建筑物面向公众的一侧

图和照片由建筑师提供

一套单元房）则形态更为复杂有趣。这座服务楼在建造上充分地利用了混凝土的可塑性，给人以雕塑感——这在服务楼梯上表现得最为明显。在两座楼间有一个庭院，作为强调两座楼不同功能的过渡空间，庭院内有一小水池。将公司总部按不同功能分为两座楼，服务楼外接楼梯，以及退台式的建筑体和两座楼间藤架遮阴的院落——所有这些，都使整个建筑群更具人情味。

按裸露混凝土建筑的积极推崇者H. F. 阿里的设计，整个建筑群以钢筋混凝土为主要材料，窗槽经夸大处理，将混凝土墙面醒目地分为若干块，给原本平滞的墙面带来视觉上的起伏感。这种处理使这两座建筑看起来仿佛是经过外观修饰的，与常见的裸露混凝土建筑给人的感觉不同。

通过巧妙的功能表现与造型分解，H. F. 阿里成功地实现了这个建筑群的人格化处理。这是一组极为成功的公司建筑。

参考文献

MIMAR 6, Quarterly, Concept Media, Singapore.

Mumtaz, K. K., *Architecture in Pakistan*, Mimar, Singapore, 1985.

62. 莫卧儿喜来登饭店

地点：阿格拉，印度
建筑师：ARCOP 建筑师事务所
设计/建造年代：1974—1976

建在阿格拉的莫卧儿喜来登饭店是一个有200间客房的五星级大饭店，接待前来参观印度的两大建筑瑰宝——泰姬陵与法塔赫布尔西格里清真寺——的观光者。喜来登饭店由ARCOP建筑师事务所的R. 柯斯拉与R. 萨比西及景观建筑师R. 班共同设计。饭店与泰姬陵位于同一轴线上，从饭店的某些部位可以看到泰姬陵。

这座外表普通的低层砖式建筑并不试图在形式或细节上模仿具有历史意义的临近建筑，但在层层相叠的院落布局与内部空间的美化上，却体现出

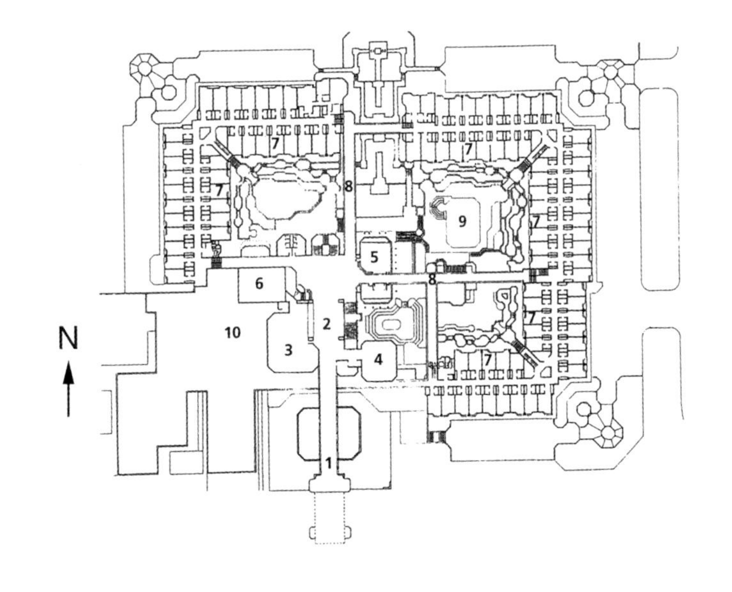

1 底层平面
（1. 引道，2. 接待处，3. 办公室，4. 商店，5. 休息室，6. 舞厅，7. 客房，8. 桥，9. 游泳池，10. 服务楼）

2 剖面

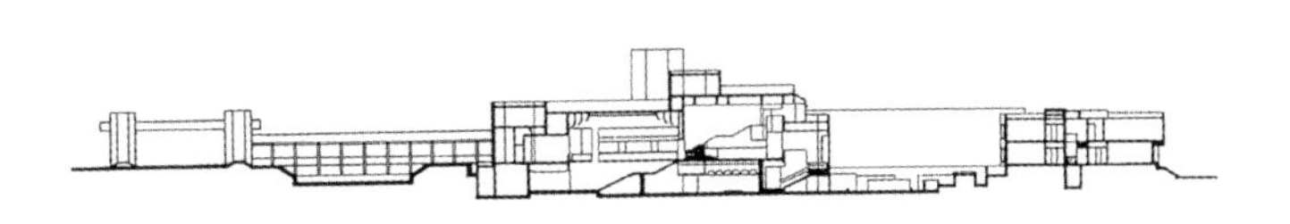

↑ 3 入口桥细部
↓ 4 饭店内经过修整的院落体现出莫卧儿建筑的风格

当地莫卧儿建筑的传统风格。酒店的客房环绕于三个庭园的周围，其中一个庭园内有个游泳池。古典莫卧儿建筑的象征性表现与主题被融入饭店的设计，同时整个设计规划又严格地服从于当代酒店建设的要求。饭店在设计上充分利用了当地的建筑材料及传统工匠，表现了当地丰富的建筑传统。这多少可以从饭店内经过修整的院落和多处喷水装置上看出。楼内环形区域所用的白色大理石和花园中使用的红色砂岩与泰姬陵及法塔赫布尔西格里清真寺所用的材料相映成趣。

整个饭店的内在形象使这座建筑深深地植根于阿格拉的历史背景中。莫卧儿喜来登饭店巧妙地将莫卧儿建筑的民间风格与现代化饭店的成功规划结合成一起，而没有袭用任何传统的套式。

参考文献

Bhatt, Vikram and Peter Scriver, *After the Masters: Contemporary Indian Architecture*, Mapin, 1990.

Rewal, Raj, Jean-Louis Véret and Ram Sharma(eds.), *Architecture in India*, Association Francaise d'Action Artistique-Electa Moniteur, Paris, 1985.

5 普通的低层砖建筑及其院内的喷水装置和庭园景致

照片由H. 辛格摄制；图由阿卡汗文化信托基金会提供，R. 麦罗特拉建筑师事务所重绘

63. 石头园

地点：昌迪加尔，印度
建筑师：N. 昌德
设计/建造年代：1965—1976 至今

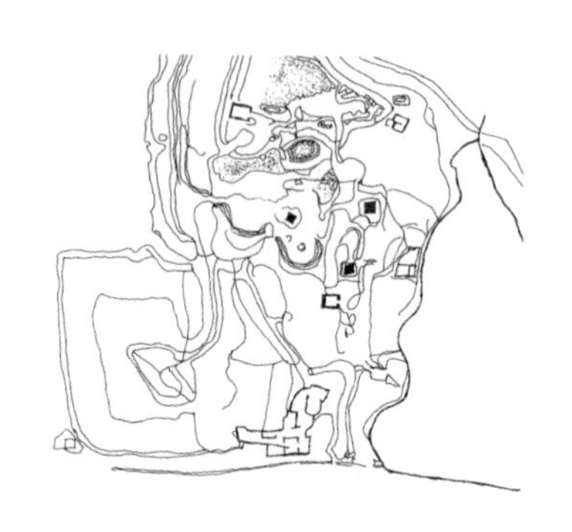

1 总平面

由N. 昌德营造的石头园位于昌迪加尔城的北端，隐逸在省会建筑群附近茂密的树林中。这个露天的花园博物馆收藏着用昌迪加尔地区的城市与工业废物创造的各种艺术品。

N. 昌德是昌迪加尔省会建筑公共工程局的一名公路巡查员，他从1965年开始着手石头园的建设，以实现其艺术理想。N. 昌德足迹踏遍希沃里克群山山麓，收集具有鸟、兽、人及各种抽象意义形态的石头。营造石头园的工作自始至终都是在完全秘密的情况下进行的，到它被发现并正式披露时，N. 昌德已为之独立奋斗了近18个年头。

石头园分三步建成，占地25英亩（约10公顷）。几个露天的分园借低拱巧妙地互相连接，低拱形成分界墙的开口。每个分园都是一个独立的空间，给人以独特的视觉感受，同时又是全园不可分割的一个有机组成部分，并增强全园的艺术效果。布满鸟兽及人类造型的各个分园以其艺术表现力及布局，给人以强烈的视觉震撼。这些艺术品全部由城市与工业废物——碎瓷器、熔化了的灯管、破手镯以及石块、卵砾和煤渣经加工造型而成。园内曲折的小道虽使人转向，却平添了迷惑力。乔木、灌木及其他景观要素均经精心选用与布局，形成一个和谐的整体。岩石、巨砾及瀑布

↑ 2 曲折的小径虽使人转向，却给石头园平添了奇特的魅力

皆模拟自然奇观，具有极大的感召力。在30余年经营的基础上，石头园的营造工作如今仍在继续，在昌迪加尔地区建设废物的循环利用中成长。

石头园平易近人的小巧和创造上的自发性，同其所处的这种城市中官方营造的宏伟性形成鲜明的对照。它以这种方法代表了一种次大陆上一些地区里保存下来的现代主义理性派所未曾尝试过的艺术途径。

参考文献

Jain, Devyani, "Out of the Normative: Deviance in Architecture", Unpublished thesis, Ahmedabad: School of Architecture, CEPT, 1996.

↑ 3 模仿头顶水罐的农村妇女的大小造型

↑ 4 动物造型

← 5 模拟自然奇观的人工造型、植被、巨砾及瀑布

← 6 树木等景观要素同精心选择与布置的石块一起形成一个和谐的整体

照片由 D. 塔达尼摄制

64. 安恭巴格住宅

地点：拉合尔，巴基斯坦
建筑师：Y. 拉里
设计/建造年代：1977

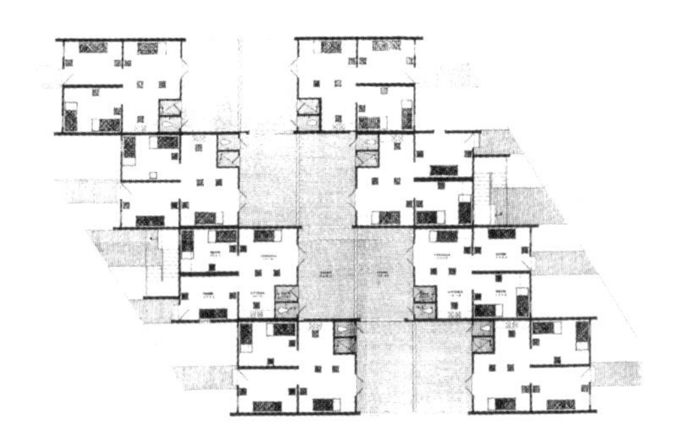

1 底层平面

安恭巴格住宅是政府为拉合尔市低收入阶层提供住房的宏伟计划的一个组成部分。宅地的两侧为车道，第三侧为私建住房，安恭巴格住宅就是为这些私建住宅中的居民开发的。建筑师Y. 拉里规划的这批住宅包括6000个居住单元，从一居室单独单元到二居室的联排房不等。然而由于资金短缺，工程只完成了一部分。设计简图在建筑师与社区客户进行详尽讨论之后形成。设计以传统的城市建筑形式与材料为基础，每个居住单元的面积至少为300平方英尺（约28平方米）至400平方英尺（约37平方米）。每个单元都有走廊与庭院，便于对流通风，并使狭小的建筑面积得以扩大。走廊与庭院围以砖砌格栅，既照顾了隐私，又保证了通风及遮阳。每14个单元为一组，分两排；每两个单元为一对，背靠背建造；简易的十字结构的墙将各单元隔

2 粗疏的结构与环境构成亲密宜人的尺度

3 显示传统城市建筑的形态与材料

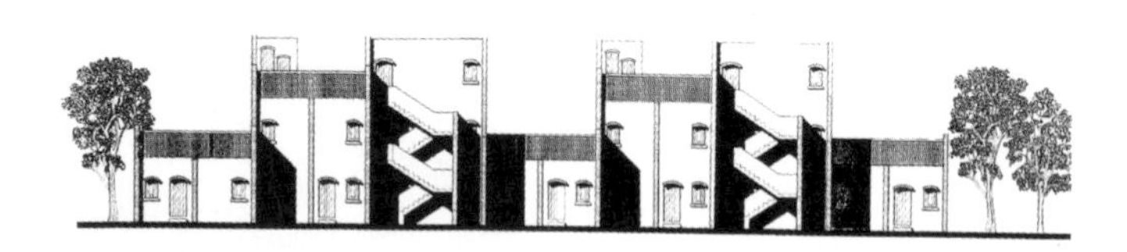

↑ 4 每个单元都有走廊与庭院，既保证了通风，又使狭小的建筑面积有所增加

← 5 展开立面

图和照片由建筑师提供

开。墙用当地最便宜的砖垒砌。这种群组布局最大限度地简化了结构，同时也最大限度地抵挡了夏日的强烈光照。

在安恭巴格住宅的规划中，建筑师试图抛开她长期习得的西方设计原则与规划标准，而营造出一种与当地传统融会贯通的居住环境。这座住宅粗疏的结构和宜人的尺度，使人想起历史名城拉合尔与白沙瓦。在解决发展中国家贫民的居住问题时，无论是从社会还是从气候角度来看，从传统建筑衍生出的设计总要比西方公寓更为合宜。安恭巴格住宅则正是这一差别的实证。

参考文献

Mumtaz, K. K., *Architecture in Pakistan*, Mimar, Singapore, 1985.

65. 石灰石矿与水泥厂宿舍

地点：焦伊布尔哈特，孟加拉国
建筑师：M. 伊斯兰姆
竣工时间：1978

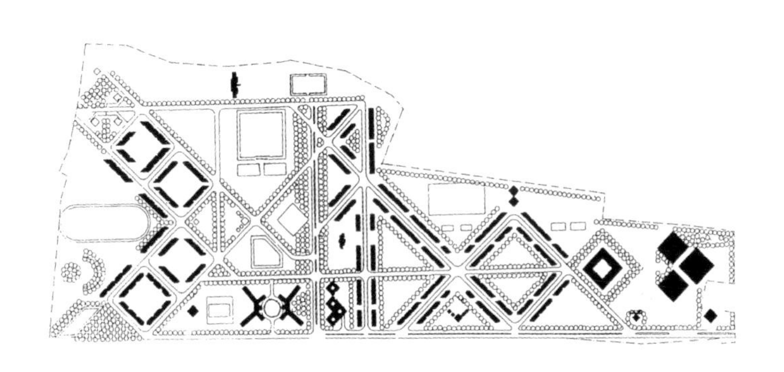

孟加拉国焦伊布尔哈特城外石灰石的发现，导致（石油与矿藏勘探与开发公司）在一处由水稻田所环绕的大片土地上进行矿工住宅与相关设施的大面积开发。距这片土地4英里（约6.4千米）处有著名的佛教遗迹巴哈尔布尔（Paharpur）寺院。

在这个建筑项目中，建筑师M. 伊斯兰姆严格遵循政府住宅建设规划委员会编制的指南进行设计。指南要求就不同类别的官

1 总平面
2 C型单元的标准平面

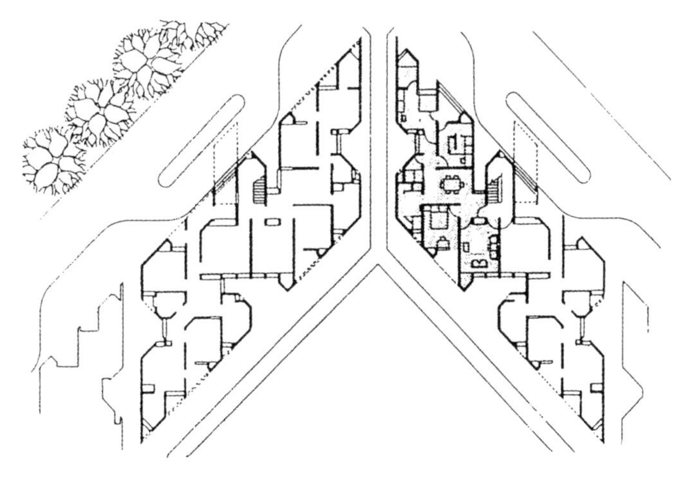

↑ 3 扭转 45° 角后互相成正交的楼房

照片由 C. S. 乌诺约集团提供，图由纽约建筑联合会提供

员与工人设计不同的住宅建筑。在本项目中，2000名雇员的公用设施包括一所医院、若干学校、若干运动场、一个商店以及一个清真寺。与周边地面齐平建有庭院型功能的空间，用作儿童运动场、家族聚会场所及菜园子。建筑物用手制砖建成，未经涂饰。整个住宅还设计得犹如一大片景观，并与邻近青翠的乡村景色融为一体。在孟加拉湿热的气候条件下进行建筑设计，需要解决的一个重要问题是确保房间的通风与减少墙壁的直接暴晒。为解决这个问题，伊斯兰姆将建筑物的四方形平面旋转45°角，使其朝向主风向［此前他曾在贾汉吉尔诺戈尔（达卡）大学的设计中试用过这种方法］，并使建筑物内墙完全呈南北走向，以减小光照的表面积。

通过明显地扭转建筑物的朝向角度，伊斯兰姆创造出一种与气候条件相适应的独特的建筑形式。

参考文献

Media Transasia, *Architecture + Design*, India, Delhi, May-Jun., 1988.

Ameen, Farooq(ed.), *Contemporary Architecture and City Form: The South Asian Paradigm*, Bombay: Marg Publications, 1997.

"An Architecture of Independence: The Making of Modern South Asia—The Works of Charles Correa, Balkrishna Doshi, Muzharul Islam and Achyut Kanvinde", Exhibition organized by the Architectural League of New York, New York, 1997.

第 8 卷

南亚

1980—1999

66. 桑迦特

地点：艾哈迈达巴德，印度
建筑师：B. 多西（斯坦、多西与巴拉建筑师事务所）
设计/建造年代：1979—1981

↑ 1 拱顶通过坚实的底座扎根于地面
↑ 2 从楼梯处俯瞰接待厅

桑迦特（在梵语中意为通过参与而走到一起——译者注）是建筑师B. 多西在艾哈迈达巴德的工作室。由于是给自己建造的工程，多西将其视为一次机会，来探索自己在多年实践和教学中所形成的建筑思想。

桑迦特标志着建筑师在其职业生涯中的一次转折：从早期的追随现代主义大师转向了有意识地探求具有印度特征的建筑。在这座小巧而紧凑的建筑中，包括了建筑师的工作室、瓦苏什帕（Vastu-Shilpa）基金会办公室（瓦苏什帕基金会是一个关注发展中国家人居环境的半自治机构）以及供接待参观学者用的客房。

这一建筑的显著特点是它的拱形屋顶——建筑的主体部分是一个覆盖在工作室空间上的长长的筒形拱。工作室通过拱顶的孔隙采光，另一组拱顶下则为客房及其他小工作间。这些拱顶通过底座和地面坚实地连接在一起，底座这一建筑元素正是借鉴传统的印度寺庙——巧妙的是，它们一方面起着雨水管的作用，另一方面在建筑基座的部位又变成了圆形剧场的台阶，从而很自然地把建筑同环境有

机结合起来，建筑师的办公室及其他附属设施都隐藏在这一底座下。

尽管桑迦特有着非常鲜明的建筑形式，但它超越了现代主义的千篇一律和严格的理性色彩。就空间感觉上来说，它进入到了一种意想不到、模棱两可的意境。整个空间的展开就是一个不断发现的过程：从步入入口小径，环绕建筑四周，一直到最后

↑ 3 建筑物最显著的特征是它的拱形屋顶

↓ 4 首层平面

（1. 入口，2. 接待厅，3. 工作室，4. 陈列室，5. 会议室，6. 建筑师办公室，7. 电脑室，8. 车间，9. 瓦苏什帕基金会，10. 露天剧场）

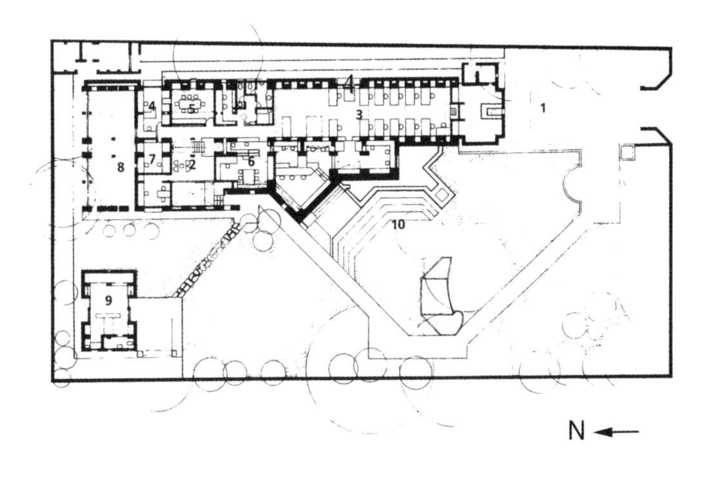

的豁然开朗和整个建筑的一览无余。

这一建筑完美地解决了不同空间体验与不同表现形式相互并存的问题，因而使人们能够从多个角度、多个方面来理解它。在许多方面，这座建筑是建筑师的个人信仰及建筑观念的令人信服的表达。它在某种程度上也可以说是一部记录建筑师的建筑意识和建筑理想的自传。

↑ 5 天窗给设计室带来充足的光线（由建筑师提供）

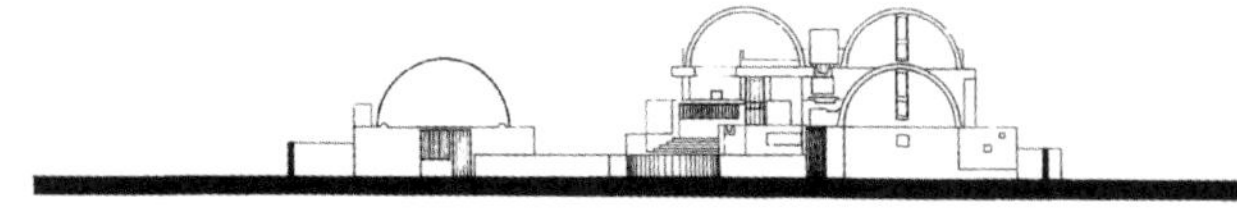

↓ 6 南立面

照片由R. 麦罗特拉（除署名者外）摄制，图由建筑师提供

参考文献

Media Transasia, *Architecture + Design*, India, Delhi, Jan.-Feb., 1989.

Bhatt, Vikram and Peter Scriver, *After the Masters: Contemporary Indian Architecture*, Mapin, Ahmedabad, 1990.

Kagal, Carmen(ed.),"Vistara: The Architecture of India", Exhibition Catalogue, The Festival of India, 1986.

Rewal, Raj, Jean-Louis Véret and Ram Sharma(eds.), *Architecture in India*, Association Francaise d'Action Artistique-Electa Moniteur, Paris, 1985.

67. 布亨清真寺

地点：拉希姆亚尔汗，巴基斯坦
建筑师：赖斯、加齐与穆罕默德建筑师事务所和工匠
设计/建造年代：1932—1982

1 清真寺内部繁密的装饰
2 清真寺内景

布亨（位于巴基斯坦中部）的园主赖斯、加齐与穆罕默德建筑师事务所，承担着这座大清真寺的建造任务。大清真寺是整个布亨清真寺建筑群的一部分，其余部分还包括一座小清真寺、一些花园、一所穆斯林学校和供学生及参观者使用的宿舍。建造清真寺的工匠来自全国各地，布亨的园主希望通过采用传统与现代的材料，尽可能多地体现当地手工艺及伊斯兰宗教建筑的特征。

这座大清真寺及另一座小清真寺（最先建成的小清真寺，用作妇女礼拜殿和图书馆）坐落在三米高的平台上。平台里包含有储藏空间及工人住宅。沐浴池、学校及客人住处等均设在清真寺的庭院里，穆斯林学校及学生住宅则处于建筑的较低层。一个隐蔽的大门标志着整个建筑群的入口，水渠则成为一条主轴线，正对着清真寺。此外，在主要结构上的三个带肋的穹顶及八个邦克楼使整个建筑的轮廓线显得优美而丰富。

在这座建筑中，除了传统的清真寺的建筑元素外，还结合运用了如通向主庭院的巴洛克楼梯，及其斜对面的圆形亭子等其

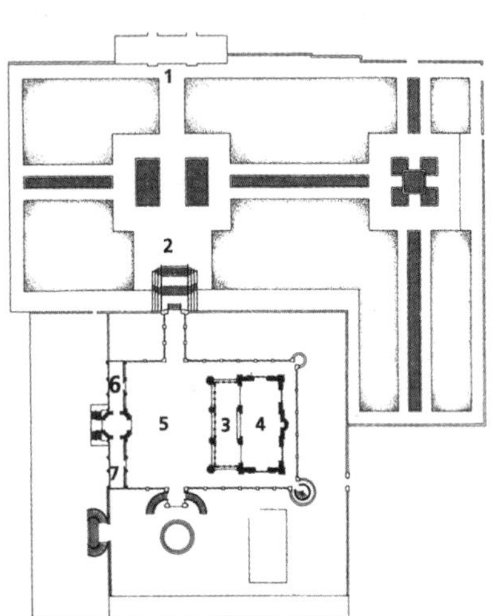

↑ 3 在主平台上看整个建筑

← 4 总平面

（1.入口，2.花园，3.走廊，4.主礼拜殿，5.庭院，6.妇女礼拜殿，7.图书馆）

5 底层庭院中的圆亭

照片由J. 比坦特 / 阿卡汗文化信托基金会提供；图由阿卡汗文化信托基金会提供，R. 麦罗特拉建筑师事务所重绘

他建筑元素。这些元素分别来自巴基斯坦的拉合尔、西班牙、土耳其等地的建筑及西方殖民建筑。现代建筑材料，如具有大理石花纹的水泥砖覆盖着建筑物的大部分外墙，传统材料如镜子和玻璃，它们的工艺制品，各种不同流派的铭文饰等也在室内起着很好的装饰作用。

虽然，过于繁缛的装饰和无节制的折中主义并不在当代建筑的讨论范畴之内，但这座建筑却代表着这个时代的大众品位。实际上，布亨清真寺达到了相当高的建筑成就，因为它的力量、自豪和激情正是整个巴基斯坦民众理想的缩影。

参考文献

Media Transasia, *Architecture + Design*, India, Delhi, Mar.-Apr., 1987.

"Architecture of the SAARC Nations", Media Transasia, *Architecture+Design*, Delhi, Dec., 1991.

Mumtaz, K. K., *Architecture in Pakistan*, Mimar, Singapore, 1985.

68. 议会建筑群

地点：科特（今贾亚瓦德纳普拉），斯里兰卡
建筑师：G. 巴瓦
设计/建造年代：1979—1982

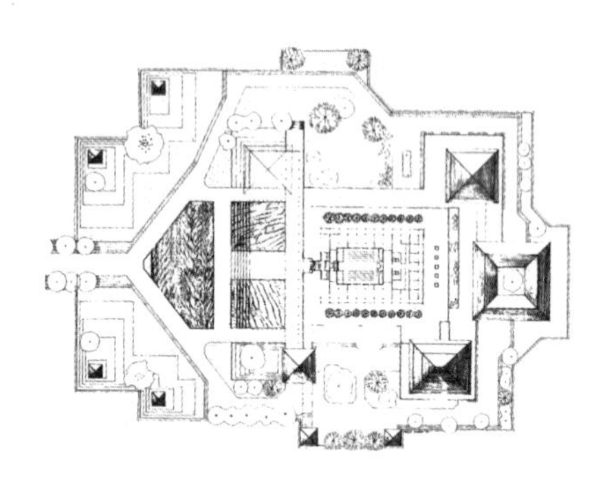

1 议院层平面
2 从议院外上层阳台上所见到的景观

新的斯里兰卡议会大厦由G. 巴瓦设计，位于科特（今贾亚瓦德纳普拉），临近科伦坡。在科伦坡地区范围内，科特是一个不发达的地区，它被1977年上台执政的新政府选定为斯里兰卡新的首府——因为除了靠近科伦坡，科特在殖民统治时代前就一直是一个重要城市。

被选定的议会大厦新址占地12英亩（约5公顷），原先是一个小岛，周围是沼泽地，现在，沼

3 俯瞰坐落在岛上的整个建筑群

4 建筑师最初为议会建筑群所设计的草图

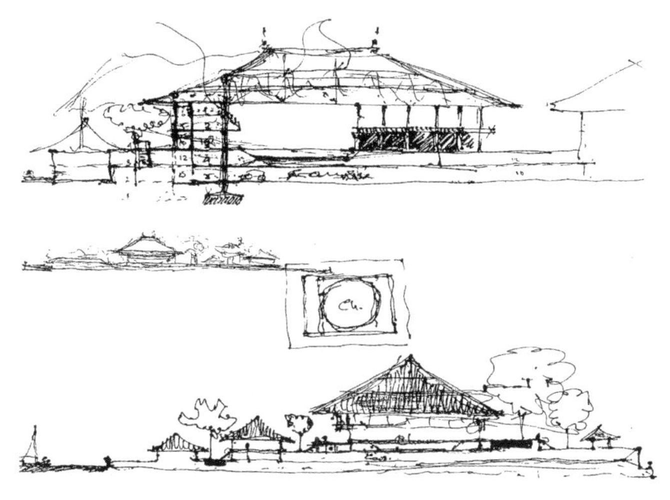

↑ 5 议会楼立面细部

泽地被开凿成有着宽阔湖岸的人工湖。当地的繁茂林木现在也已遍布这一地区。议会建筑群就坐落在岛上。整个建筑群雍容大方，主要包括一幢中心建筑物及旁边的四个方形亭阁——每个亭阁的高度和立面都各不相同。宽阔的堤道则将议会大厦与四周联系起来。

政权的核心——议院就设在中央的主体楼阁之中，主体楼阁共三层，坐落于两层平台之上，平台内则是行政机关和委员会用房。通往议会的入口庄严而隆重，极尽礼仪色彩：从一段宽阔的楼梯开始，再经过一段较窄的楼梯，然后通往一扇方形银色大门，门上镌刻着斯里兰卡宪法。议院的顶棚极其华丽，一盏巨大的银制枝形吊灯，悬挂在帐篷形的用压制铝板做成的屋顶上。事实上，和巴瓦其他的大多数作品相比，议会

↑ 6 议院大厅室内可见精美的装饰和细部

↑ 7 从人工湖对面看建筑群
↓ 8 有青铜门的主要入口

图和照片由建筑师提供

大厦在施工上更强调出一种高度的机械精密之美，使得建筑构件在近观时有如刀锋一样笔直、整齐。整个工程由一家日本建筑公司承包，他们以远不同于其他次大陆地区建筑的创纪录的时间完成了整个施工任务。

当人们从远处凝望这个建筑群时，不禁会感到它比近看时更具魅力——它几乎就像升起在水面上的一组尺度宏大的庙宇。一方面，那些巨大的铜屋顶还带着久远年代里寺院、皇家建筑的遗韵，而另一方面，整个建筑中的空间布局又完全能够满足其复杂的使用功能。最为重要的是，尽管这组建筑采用了巨大的尺度以象征权力机构的力量和威严，但它同样也成功地处理了大尺度建筑与气候、地形和文化内涵之间的关系。

参考文献

Media Transasia, *Architecture +Design*, India, Delhi, Mar.-Apr., 1990.
Taylor Brian Brace, Geoffrey Bawa, *A Mimar Book*, Concept Media Ltd. with Butterworth Architecture, London, 1995.

69. 卡拉克舍特拉剧院

地点：马德拉斯，印度
建筑师：C. N. 拉戈哈文德兰和 D. A. 奈尔
设计 / 建造年代：1978—1984

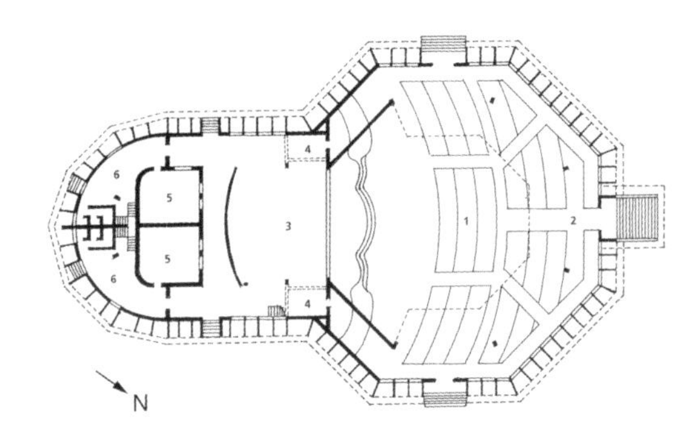

1 总平面
（1. 观众席，2. 楼上包厢，3. 舞台，4. 控制台，5. 排练室，6. 化妆室）

卡拉克舍特拉剧院由C. N. 拉戈哈文德兰与D. A. 奈尔共同设计。它位于马德拉斯一所舞蹈音乐学院——卡拉克舍特拉校园内，是一座表演艺术剧院。在整体构思上，这一建筑采用了传统的建筑形式，并以一篇论述表演艺术的古印度论文——《那特亚 · 沙斯特拉》（"Natya Shastra"）为基础而修建。

观众厅可容纳450人，形状为八边形，正对入口的是前台及后台（这一部分采取了后殿的形式）。大厅没有传统的窗户，而是在观众厅不同高度的位置上，挑出深深的窗户，上面设有传统的水平百叶窗，用来阻挡日晒，并给观众厅提供良好的通风。屋顶形式使人联想起传统的喀拉拉邦建筑——大角度的木制斜屋顶，屋顶覆盖着黏土瓦。在这里，也同样使用了木头椽子这一常用的屋顶建筑材料。对于跨度较大的观众厅，还采用了有雉堞的钢梁来辅

2 明显的坡屋顶显示出建筑的各个不同组成部分

3 深深的出挑以及水平方向上起保护作用的百叶使人联想起当地的乡土建筑

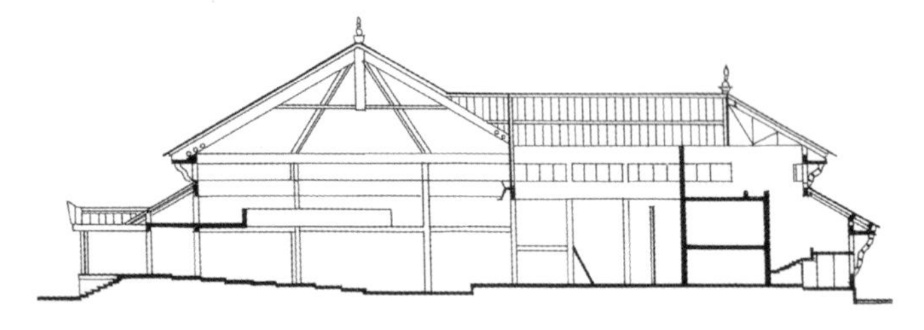

4 剧院入口
5 剖面

照片由C.N.拉戈哈文德兰提供；图由建筑师提供，R.麦罗特拉建筑师事务所重绘

助加固。

整个设计把基于众多观众的现代表演要求同传统的、严谨的喀拉拉邦建筑结合起来。建筑师竭力融合现代与传统的意图不仅反映在舞台区的设计上，而且也在剧院的外观设计及所用建筑材料上有所体现。

参考文献

Media Transasia, *Architecture + Design*, India, Delhi, Jul.-Aug., 1988.

Kagal, Carmen(ed.), "Vistara: The Architecture of India", Exhibition Catalogue, The Festival of India, 1986.

Rewal, Raj, Jean-Louis Véret and Ram Sharma(eds.), *Architecture in India*, Association Francaise d'Action Artistique-Electa Moniteur, Paris, 1985.

70. 湖边住宅

地点：莫勒图沃，斯里兰卡
建筑师：A. 拉特纳维巴沙纳
设计/建造年代：1980/1981—1982（主要住宅），1982—1984（客房和其他增建部分）

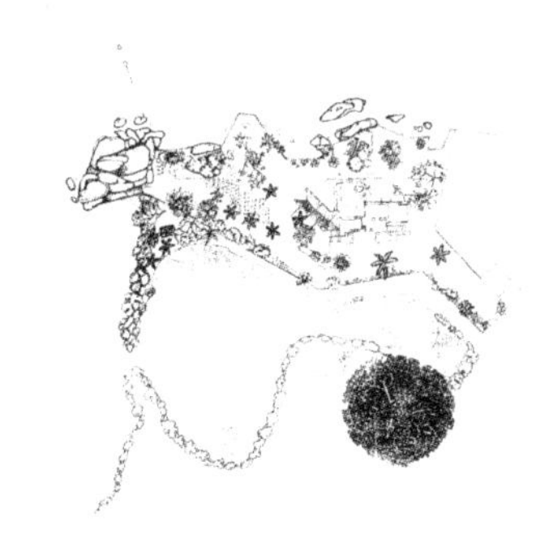

这是A. 拉特纳维巴沙纳为他自家设计的住宅，这所住宅位于科伦坡附近的小半岛上，周围是环礁湖，远处能看见印度洋。它完全反映了建筑师个人对建筑和家族生活的感受和喜爱。

整个设计的重点是一个位于建筑布局中心的水池，它位于院落中央，居室和餐厅则像廊子一样围绕着该水池，并向它敞开。围墙限定出院落，并将起居室围合起来。居室

1 总平面
2 通向屋顶平台的楼梯细部

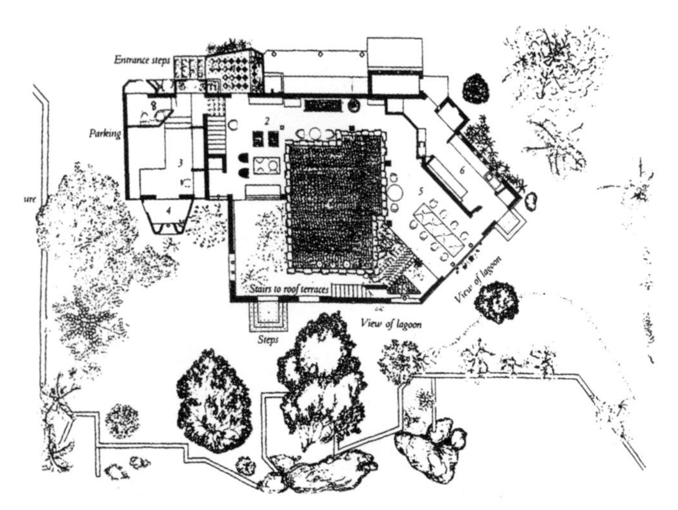

↑ 3 围墙及住宅中心的反射水池

← 4 上层平面

里的限定元素很少，使室内外空间能自由交流。整个建筑主要是钢筋混凝土和砖石结构，室内外均为水泥灰浆抹面，室内为白色，室外则为黄褐色。从一所被毁的古老房屋中保留下来的一根木柱与当地艺术家的绘画，是室内仅有的装饰物。它们背倚纯白的墙面，并与之形成强烈的对比。

在这一住宅中，A. 拉

↑ 5 住宅入口

↑ 6 环礁湖边景观

特纳维巴沙纳同时考虑了气候、文化以及现代观念等问题。这所住宅在某种程度上是一个实验，建筑师试图探索出一种“透明”居室的极限，它一方面与室外环境互相联系，另一方面又不至于缺少一所住宅所应有的私密性及温暖感觉。

参考文献

Media Transasia, *Architecture + Design*, India, Delhi, Mar.-Apr., 1990.

Powell, Robert, *The Tropical Asian House*, Select Books Pvt. Ltd., Singapore, 1996.

7 位于水池边的起居室

8 起居空间像敞廊一样面向水池布置

9 水池形成整个建筑的中心

10 纵剖面

图和照片由建筑师提供

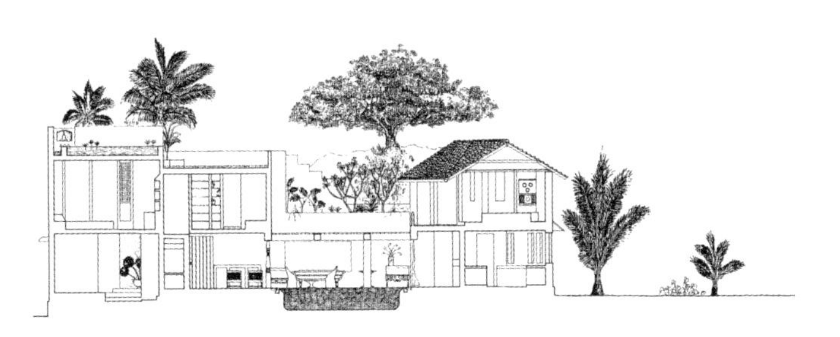

71. 艾西阿德亚运村

地点：新德里，印度
建筑师：R. 里瓦尔
建成年代：1982

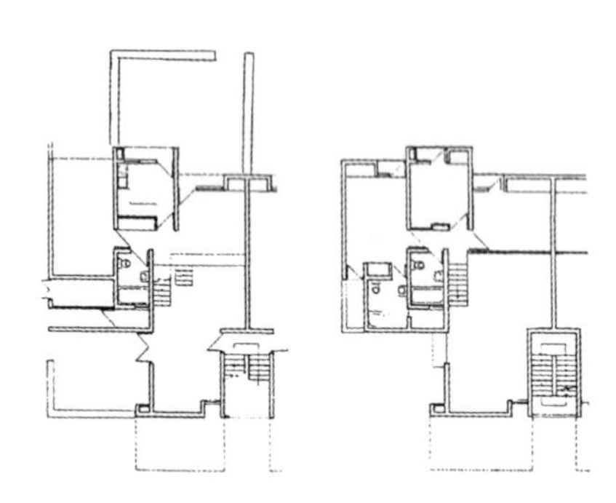

1 E1 型公寓平面

艾西阿德亚运村是一个占地35英亩（约14公顷）的住宅小区，位于德里南部，毗邻斯里城堡废墟（中世纪的首府城市）。这个小区是为接待第九届亚运会（1982年在新德里举行）的运动员而修建的，之后则打算将其改为一个面向高收入阶层的住宅区。经过设计竞赛，工程委托给中奖者建筑师R. 里瓦尔。他的方案以印度北部城市的典型的传统形态结构为基础，将传统的街坊或所谓的“莫哈拉”（mohalla）作为小区的基本单元。住宅小区中大约共有700套住宅，其中包括200套独立的住宅和500套位于二层至四层楼房中的公寓。住宅单元设计的出发点是使它们能相互组合，以形成街道和广场，或围绕着室外的公共活动场地以形成居住组团。整个小区中有各级围合庭院，最高一级的则是位于交通流线中央位置的中心广场。主要的步行干道分别与街坊中的步行小广场及组团中的小路相连接，小区周围的道路则通向尽端的停车场。80%的住宅和公寓都可以到达步行区和停车场。住宅外墙使用水泥灰浆和砂石颗粒饰面并通过外墙划分，做成石板墙面的效果。这种外部空间的处理手法，控制了住宅的尺度并将整个居住区的视觉效果统一起来。

大大小小的开敞空间与步行街互相交织，既阴

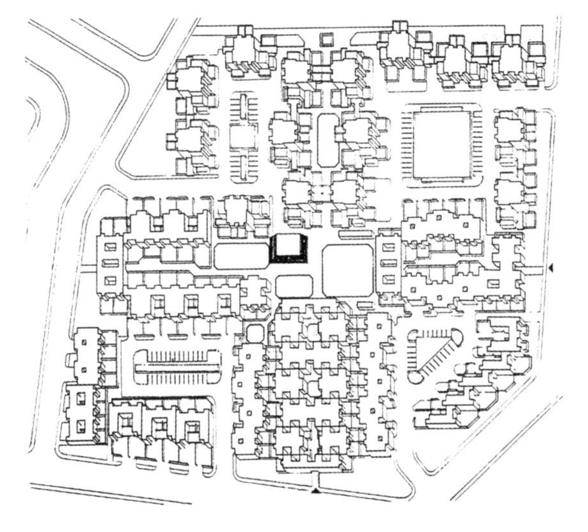

2 根据传统印度城市模式而建成的艾西阿德亚运村

3 局部总平面

凉舒适，又由于精心设置的娱乐和社区服务设施，显得充满活力。街道被有意划分成视觉上易于识别的几个部分，每一部分通常都有标志性的门廊，使人们能够驻足歇息，欣赏风景。尽管小区的设计是有意借鉴了传统模式，但它仍能很好地满足现代印度社会的居住要求，同时，它将历史城市如杰伊瑟尔梅尔和乌代布尔在街景、街坊院落及公共设施设置等方面的设计经验和精华在这个小区中大大地加以发扬。

↑ 4 围绕着一个广场的一组房屋

← 5 林荫步行街道连接着各个居住组团

↓ 6 E2 型公寓平面

图和照片由建筑师提供

参考文献

Bhatt, Vikram and Peter Scriver, *After the Masters: Contemporary Indian Architecture*, Mapin, Ahmedabad, 1990.

Kagal, Carmen (ed.), "Vistara: The Architecture of India", Exhibition Catalogue, The Festival of India, 1986.

Rewal, Raj, Jean-Louis Véret and Ram Sharma(eds.), *Architecture in India*, Association Francaise d'Action Artistique-Electa Moniteur, Paris, 1985.

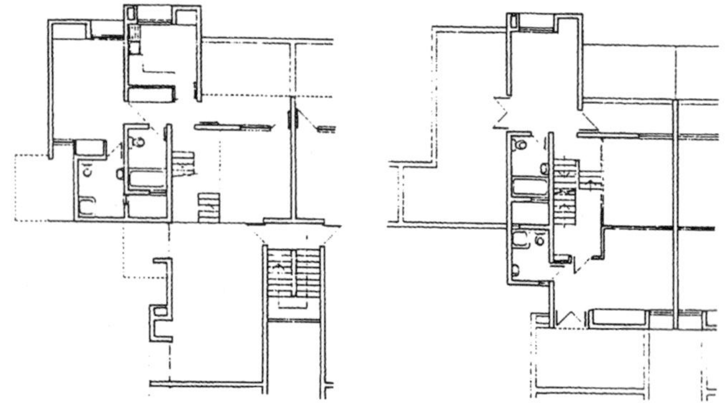

72. 干城章嘉公寓

地点：孟买，印度
建筑师：C. 柯里亚
设计 / 建造年代：1970—1983

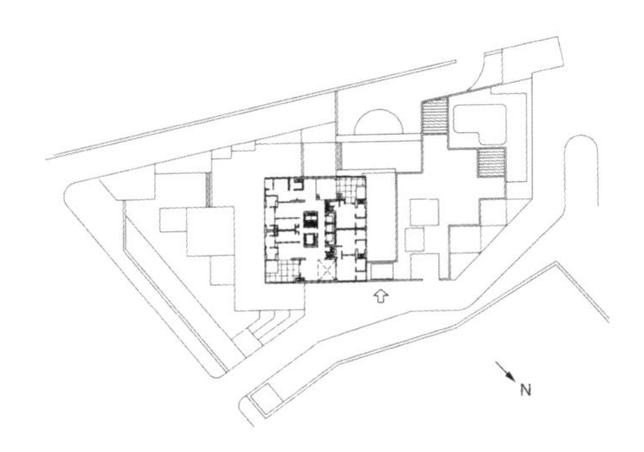

1 总平面

干城章嘉公寓是一个由C. 柯里亚设计的高层豪华公寓，位于孟买西部的丘陵地带，这里有良好的景观，能看到海洋和城市的天际线。干城章嘉公寓使开发商从这一小块城市用地中开发出了最大的经济效益。

这座平面呈正方形的大楼，高28层，共包括32套、四种不同类型的公寓，每套有三间至六间卧室。公寓的布局类似于马赛公寓，很明显是受到勒·柯布西耶"居住单元"设计思想的影响，建筑围绕着一个中心服务核布置。它还在印度首次采用了滑模技术建造。实际上，这一建筑标志着20世纪70年代当地建筑施工技术的成熟。从工程设计上说，干城章嘉公寓可谓一个开路先锋，孟买的一家工程咨询公司舍里什·派特尔事务所主持了它的结构设计。

大楼比例是1:4（21平方米见方，84米高）。

2 在平台花园里

3 部分房屋可眺望作为背景的孟买港

在大楼连续的立面上，建筑师将转角豁开，以形成两层高的花园。通过形式与色彩，隐约表现出大楼内部精巧复杂、引人入胜的空间结构。

建筑力求充分享受到海风和海景，但同时又尽可能使房间免遭日晒和季风雨的侵袭。为解决这一问题，传统的做法是在起居空间四周建造起保护作用的敞廊——就像殖民时期房屋前面用作缓冲地带的露台那样。在这座建筑中，两层高的花园空间是对这一传统做法的创造性继承。事实上，正是这种吸收传统空间元素，并加以改造使之用于现代建筑的做法，成为了柯里亚作品的一贯特点。

干城章嘉公寓在许多方面已经成为孟买城市天际线上的一个标志。尽管面临房地产业的限制和压力，建筑师仍然能够突破千篇一律、单调平庸城市的形象，为公寓建筑带来全新的面貌，使这幢大楼

↑ 4 东南立面景观（R. 伊拉尼摄）
→ 5 空中的平台花园

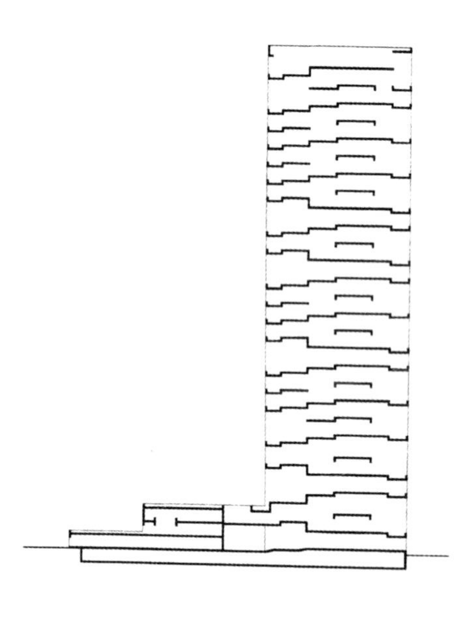

6 典型剖面，显示出基本单元的互相连接

7 四居室单元：入口层及上层平面图（A型）

8 三居室单元：入口层及上层平面图（B型）

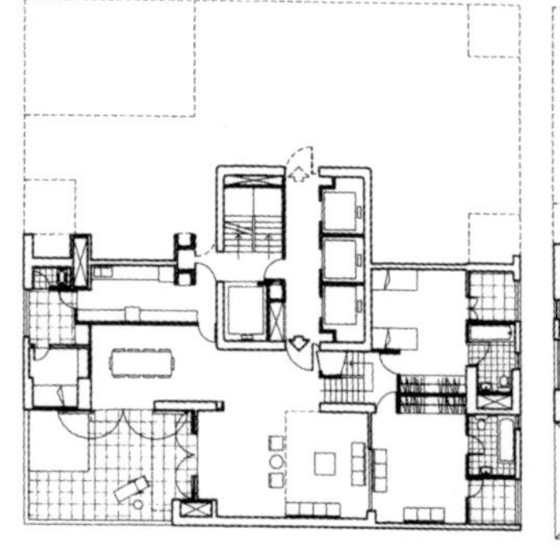

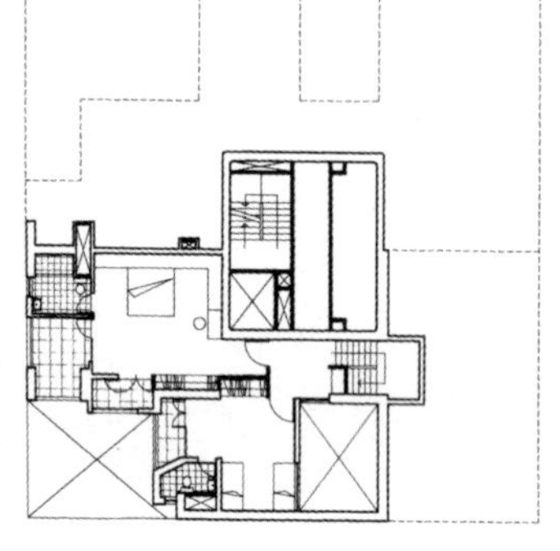

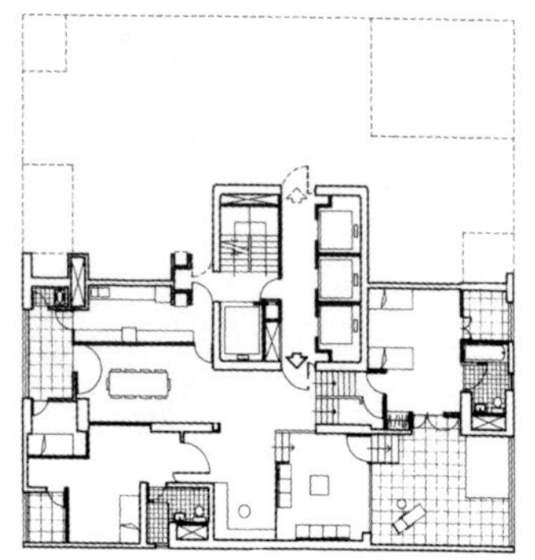

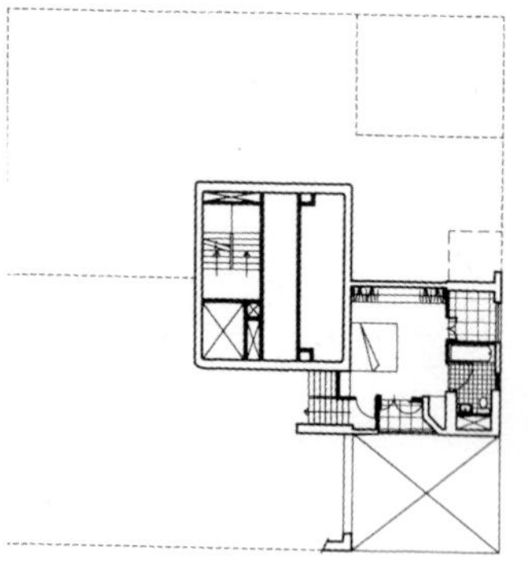

既新潮又有印度风格。

参考文献

Bhatt, Vikram and Peter Scriver, *After the Masters: Contemporary Indian Architecture*, Mapin, Ahmedabad, 1990.

Kagal, Carmen (ed.), "Vistara: The Architecture of India", Exhibition Catalogue, The Festival of India, 1986.

Khan Hasan-Uddin, *Charles Correa*, Mimar, Singapore, Mapin, Ahmedabad, 1987.

Rewal, Raj, Jean-Louis Véret and Ram Sharma (eds.), *Architecture in India*, Association Francaise d'Action Artistique-Electa Moniteur, Paris, 1985.

照片由C. 柯里亚（除署名者外）摄制，图由建筑师提供

73. 比利时大使馆

地点：新德里，印度
建筑师：S. 古吉拉
设计/建造年代：1981—1984

比利时大使馆位于新德里使馆区的主要道路——沙第巴斯大道上，设计师为S. 古吉拉。S. 古吉拉的绘画和雕塑比他的建筑更著称于世。这是在印度的第一座由印度人设计的欧洲大使馆，也是第一座由一个未受过任何正式建筑教育的艺术家所设计的建筑。

这座大使馆建筑包括大使官邸、大使住宅、服务人员住宅及一秘住宅。整个建筑中各部分相互独立，但又通过各种连廊及园林小品相互联系。大量使用的本地建材使整个建筑显得十分统一——外露

1 砖墙与石墙雕塑般的形体

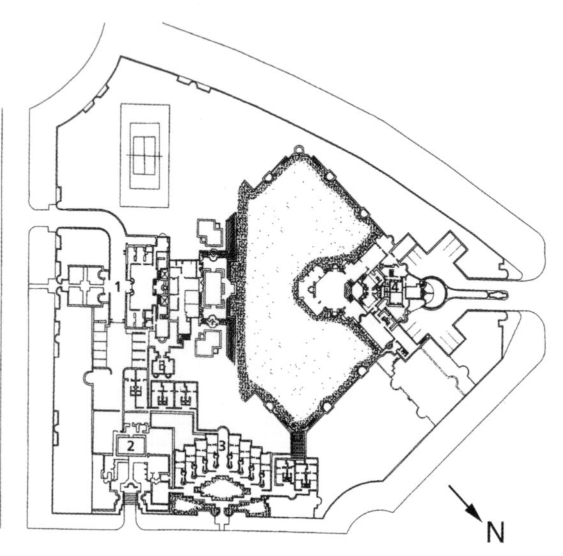

↑ 2 大使官邸夜景

← 3 首层平面

（1.大使官邸，2.一秘住宅，3.服务人员住宅，4.大使住宅）

的砖瓦和粗花岗岩墙体，通过材料的天然纹理和色彩创造出了一个自然、有机的环境。

S. 古吉拉利用砖墙创造出许多不同寻常的形体，这些形体各不相同地从地面升起——球体、三角形、平板以及拱券、曲线、穹顶和三角锥等。复杂的砖墙内则是学院派装饰风格的室内，单个室内房间的尺度都很小，但将它们并列在一起时，却显得很宽敞。实际上，从许多方面看，这一建筑的构成明显是各种不同形状、质感和形式的组合，这一手法也常出现在古吉拉的木雕中——雕塑正是他在设计大使馆建筑前曾致力的领域。

正是古吉拉把一片毫无特色的平地塑造成了一座美丽的花园；将一栋普通的办公楼改变成了非

↑ 4 大使住宅后景
↓ 5 大使官邸正面景观

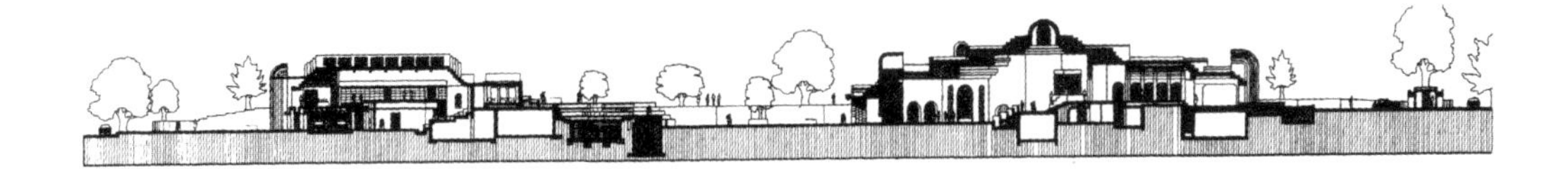

6 具有巴黎美术学院古典风格的室内
7 大使官邸和住宅的纵剖面
8 大使官邸背面景观——用砖石表面创造出一个自然有机的环境
9 从带有中央水池的门厅看大使官邸的中庭内景

照片由 R. 拉赫摄制，图由建筑师提供

凡的雕塑——这一辉煌的杰作，使得建筑师一夜成名，而他设计的建筑物也从此成为了经典！

参考文献

Media Transasia, *Architecture + Design*, India, Delhi, Sept.-Oct., 1986.

Kagal, Carmen (ed.), "Vistara: The Architecture of India", Exhibition Catalogue, The Festival of India, 1986.

74. 首都建筑群

地点：达卡，孟加拉国
建筑师：路易斯·康
设计/建造年代：1962—1974/1963—1984

1 议会大厦平面

2 混凝土结构的议会大厦与邻近的清水砖墙的建筑区别分明
3 议会大厦表面粗犷有力

1962年建筑师M. 伊斯兰姆主动代表孟加拉政府邀请路易斯·康来为新建的国家首都达卡设计一个建筑群，他相信，包含着鲜明的设计思想和设计哲学的建筑就像促进剂一样，能够促进孟加拉建筑的发展。

首都建筑群坐落在占地1000英亩（约405公顷）的被称为谢-孟加拉纳加的地方，那儿原是达卡城北郊的一片农田。现今，这一地区已被日益膨胀的城市所占领，并变成了市区的一个组成部分。首都建筑群包括议会大厦及未建的内阁、医院和政府用房。这一建筑群体现了路易斯·康的典型设计风格，议会建筑体形清晰有力，共分为三个区域：核心部分为议会厅；中间部分为交通区，并设有接待公众和新闻机构的用房；最外层的部分则为办公室、宴会厅、休息室、餐厅及清真寺的入口。议会大厦被设计为建筑群的

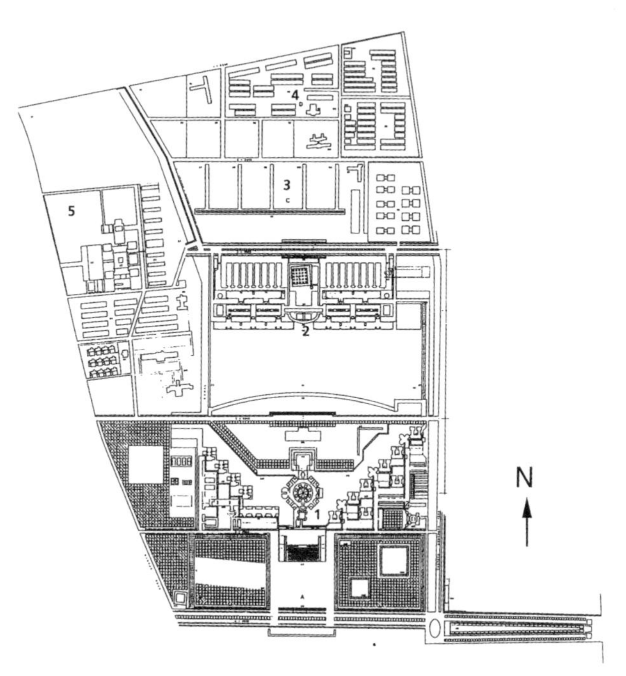

4 以达卡市区为背景的招待所

5 总平面

（1.议会大厦，2.秘书处，3.公共服务中心，4.住宅区，5.医院区）

↑ 6 外墙面为砖墙的招待所和餐厅
↑ 7 苏拉瓦蒂医院

中心，它主要用混凝土建成，与相邻的清水砖墙的建筑形成强烈反差，因而从建筑特征上也显示了其独特的地位。遗憾的是，路易斯·康对首都建筑群的整体构想并没能完全实现，公共服务部、最高法院、秘书处和议会建筑等都未能建成。

就像勒·柯布西耶在20世纪50年代一样，20世纪70年代的建筑大争论，乃是以路易斯·康的哲学思想为中心而展开的，

↑ 8 统领整个建筑群的议会大厦
↓ 9 议会大厦剖面

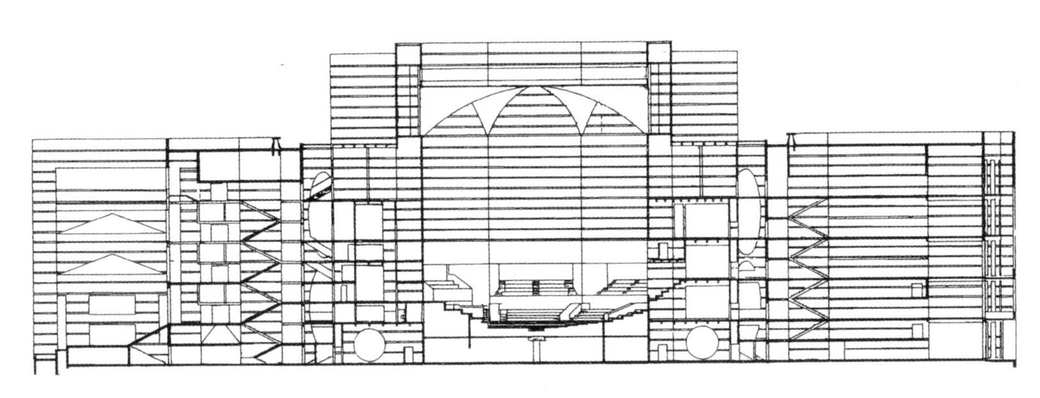

这使得他的建筑在民族独立后的南亚有着举足轻重的影响。事实上，路易斯·康的超越时代的经典建筑语言至今仍激励着这一地区年轻一代的建筑师们。

参考文献

Media Transasia, *Architecture + Design*, India, Delhi, Jan.-Feb., 1990.

"Architecture of the SAARC Nations", Media Transasia, *Architecture+Design*, New Delhi, Dec., 1991.

Ameen, Farooq (ed.), *Contemporary Architecture and City Form: The South Asian Paradigm*, Marg Publications, 1997.

MIMAR 38, Quarterly, Concept Media, Singapore.

← 10 议会大厦中的回廊

图和照片由 C. S. 乌诺约集团提供

75. 格拉米银行住宅工程

地点：孟加拉国各地
建筑师：M. 尤努斯（格拉米银行项目指导）
设计/建造年代：1976

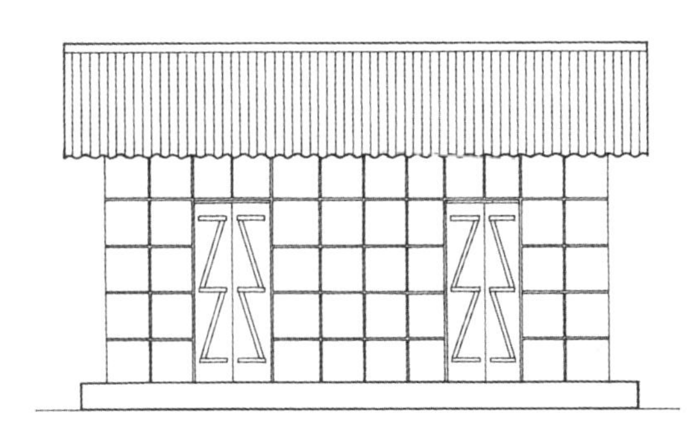

1 住宅标准单元平面
2 全貌

格拉米银行是非政府的集团组织，在1976年开始小笔房屋信用贷款业务。这一项目帮助了贷款人（80%为妇女）修建他们自己的住宅，由于雇用了家庭劳动力，因此该住宅的单位成本较低。

每个住宅单元包括一个长方形的空间（约20平方米）。铁皮屋顶由水泥柱、竹子及连系梁支撑着。实际上，贷款内容包括提供四根水泥柱子、一块卫生间的预制楼板及一

3 住宅标准单元室内
4 轴测图

照片由H. 安瓦/阿卡汗文化信托基金会摄制并提供；图由阿卡汗文化信托基金会提供，R. 麦罗特拉建筑师事务所重绘

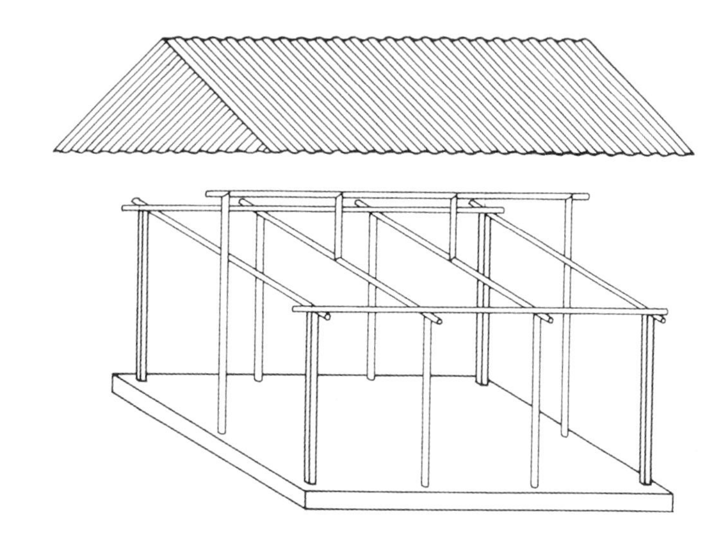

定数量的屋顶波形铁皮瓦。这样既保证了一定程度上的标准化，又易于贷款的实施；既保证了基本单元的修建，又允许人们根据当地的条件及各自的需要在细部处理上各有不同。

经过了一段时间，有数十万孟加拉农村贫困人口从这项计划中受益，他们建起了简单的、卫生的、外观宜人的住宅。同时，这项住宅贷款计划也已经变成了一个旨在增加贫困人口收入，赋予无家可归者（尤其是妇女）权利及协助建房的全面而综合的资助项目。

这项计划的成功已经引起了世界各地的开发者及建筑师们的注意，他们由此认识到了本地模式及民众参与对于有效解决住宅问题的重要性。

参考文献

Media Transasia, *Architecture + Design*, India, Delhi, Jan.-Feb., 1990.

76. 印度管理学院

地点：班加罗尔，印度
建筑师：B. 多西（斯坦、多西与巴拉建筑师事务所）
设计 / 建造年代：1977—1985

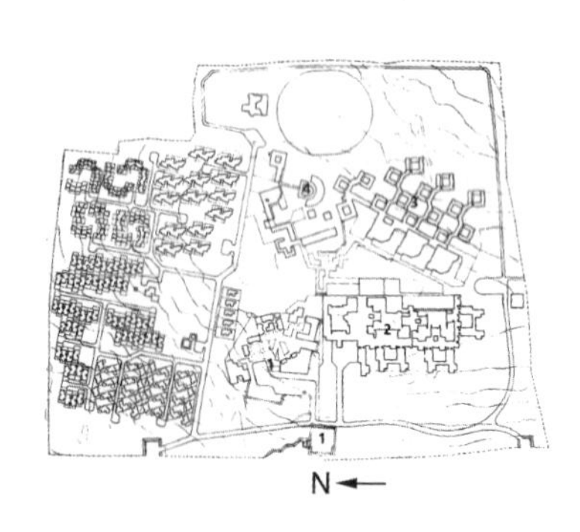

1 总平面
（1. 主要步行入口，2. 主楼，3. 招待所，4. 露天剧场）

2 窗户给外墙以尺度感

印度管理学院由B. 多西设计，它位于班加罗尔市南部边界的一大片丘陵地带。这所重要的国家级学院包括许多教室、研讨室、宿舍、教职员住宅、图书馆、咖啡厅、休息厅和其他附属设施。

受法塔赫布尔西格里清真寺和南印度寺庙的影响，多西在这个建筑的空间布局中表达出自己对印度建筑的理解。在这个复杂的建筑中，体积与空间虚实交错，有如迷宫。建筑的各部分通过一个复杂的走廊网络联系在一起，贯穿其中的则是一条南北向的交通主线。

学院的学术建筑部分被分成教授用房和行政用房两部分。它们沿着交通主线分别成组布置，另有四幢办公楼与主要轴线垂直并有如四翼般向外展开。教学楼较为松散地和交通路线相连接，并围合出一系列大小各异的院落和半开敞的空间，使学生们能充分享受到这个城市

3 连廊中三层高的空间

4 立面处理打破了灰色石头建筑的单调

的舒适气候。在连接各部分的走廊里，藤架和天窗带来了丰富的光影变化并强调走廊的尺度，加之行进路途中各处不同的开合程度，使得在走廊中的空间体验美妙、新鲜，充满戏剧性。精心设计和刻画的外墙面冲淡了灰色石头建筑的单调感。室内充满了从藤架中滤过的光线，它们在建筑粗糙的表面上落下了各式各样的光影。

印度管理学院并不适

合被当作一个空间中的实体来欣赏，相反，只有当人们行走在其中时，才能完全地体会到建筑中空间的丰富及各空间层叠交融的妙处。正是因为空间布局的精巧以及建筑师将大型公共项目同样处理得不失私密性的高超技巧，使得这一建筑无论是在建筑师自己的心目中，还是在次大陆地区，都被视为一个典范。

↑ 5 走廊因变化的尺度、藤架中落下光线而具有戏剧性效果

↓ 6 学院主楼

（1. 行政办公区，2. 教员办公区，3. 教室，4. 图书馆，5. 计算机中心）

照片由 Y. 潘迪亚摄制，图由建筑师提供

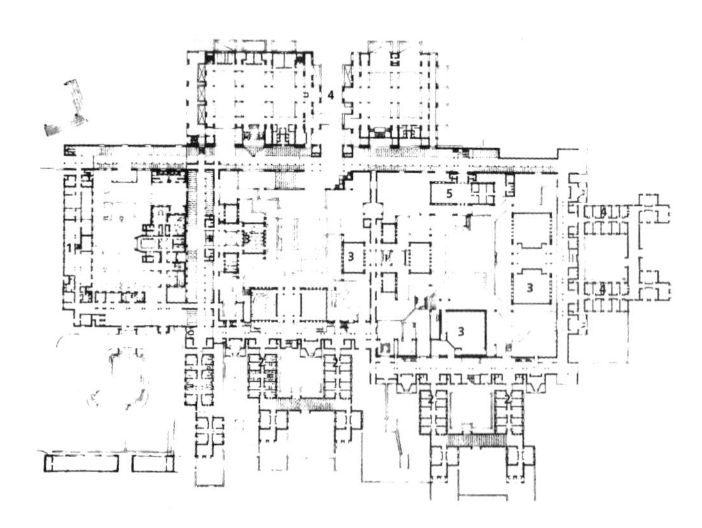

参考文献

Bhatt, Vikram and Peter Scriver, *After the Masters: Contemporary Indian Architecture*, Mapin, Ahmedabad, 1990.

Kagal, Carmen (ed.), "Vistara: The Architecture of India", Exhibition Catalogue, The Festival of India, 1986.

Rewal, Raj, Jean-Louis Véret and Ram Sharma (eds.), *Architecture in India*, Association Francaise d'Action Artistique-Electa Moniteur, Paris, 1985.

77. 路呼努大学

地点：马特勒，斯里兰卡
建筑师：G. 巴瓦
设计/建造年代：1984—1986

路呼努大学由G. 巴瓦设计，坐落在由三座小山组成的地段上，它居高临下，面向大海，景色十分优美。大学中开设艺术类和理工类课程，共有5000多名学生。“无论从哪个方向看，都有动人的景观”是整个校园规划最重要的原则。建筑师的目的就是强调某些景观；为另一些景物建造景框；或是在人们信步校园的路途中，于各转折处都安排些许令人意想不到的景观。

靠海的最低处的坡地是居住区，包括教授和讲师的住宅、一栋学者接待楼、一个俱乐部和副校

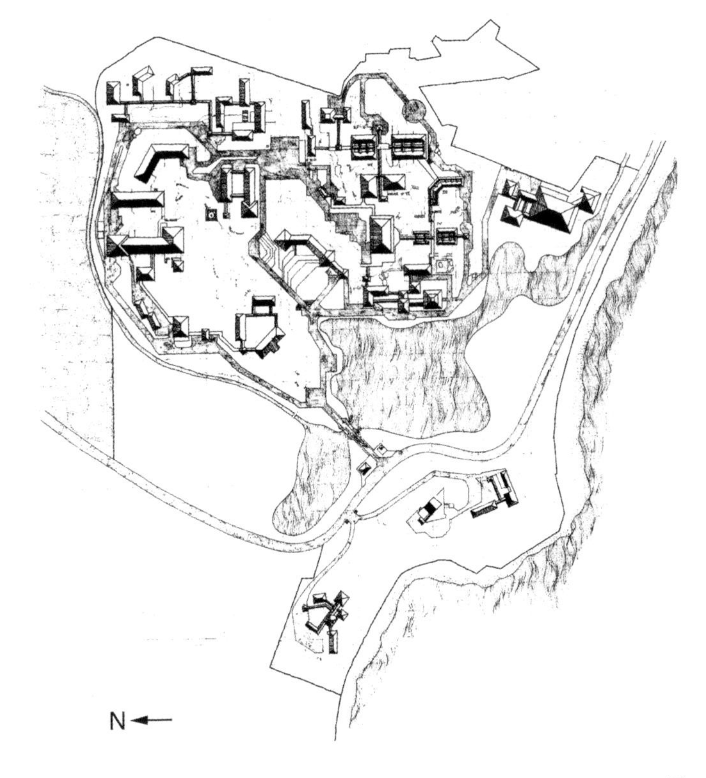

↑ 1 大学总平面

2 从化学一号楼顶层的一角看物理楼
3 教学楼一角——屋顶与环境融为一体

长的住宅。小山上能看到海的地方为艺术大楼，在较远处另一座小山上的是理学楼，中间山谷里为公共设施，如图书馆、咖啡店、露天剧场等。清一色的出挑深远的大屋顶加上混凝土构架和本地建材，如木料、砖、瓦和水泥等，使整个校园显得十分统一。

校园规划沿用了村落或乡村小镇的模式：建筑分片布局，由有遮盖的人行小道将它们连接起来。在这条步行道上不时会出现凉亭或眺望台，内部设有固定的座位和阳台，它

↑ 4 从哲学楼敞廊看理科教学部
↓ 5 立面

6 化学一号楼角上的柱子，动物学教学楼在远处

7 从物理楼看物理报告厅，远处是水塔

图和照片由建筑师提供

们提供了一种轻松愉快、能避风雨的户外场所，使人们能在其中休息、思考或彼此交流。

精心的规划和成功的建筑形式使得大片的建筑群与整个地形完美地结合在一起。整个设计在有效地保护了自然地形的同时，还创造出一道优美的代表校园特色的屋顶风景。

参考文献

Media Transasia, *Architecture + Design*, India, Delhi, Mar.-Apr., 1990.

Taylor Brian Brace, Geoffrey Bewa, *A Mimar Book*, Concept Media Ltd. with Butterworth Architecture, London, 1995.

78. 阿卡汗医院

地点：卡拉奇，巴基斯坦
建筑师：帕耶特建筑师事务所
设计 / 建造年代：1972—1973 / 1974—1986

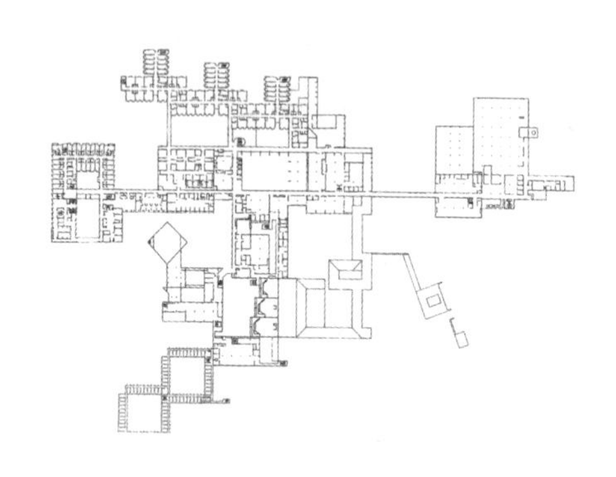

↑ 1 医院楼首层平面
← 2 水及景观元素使庭院变得阴凉

卡拉奇的阿卡汗医院是一个医疗中心，由一家美国建筑师事务所——帕耶特建筑师事务所与巴基斯坦建筑顾问一起设计。建筑师们在着手设计之前先广泛仔细地研究了西班牙、北美、中东以及巴基斯坦的历史建筑及乡土建筑。

这一建筑群包括一所有700张床位的教学医院、一个社区诊所、一所医学院、一所护士学校以及为将来输送到清真寺的学生

↑ 3 阳光照耀下的医院建筑群

↓ 4 总平面

（1. 私人病房楼，2. 男宾招待所，3. 医学院，4. 社区诊所，5. 医院，6. 护士学校，7. 女宾招待所，8. 服务楼）

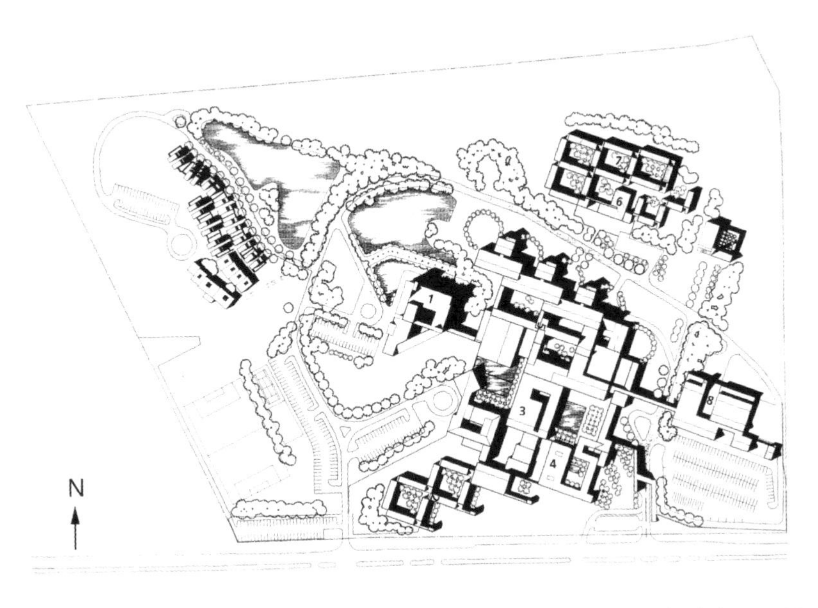

5 庭院用作候诊处并被装饰成休闲风格的环境

6 外墙经过处理：混凝土抹灰造成的阴影使墙体变得阴凉，并减少了眩光

提供的住宅。为了保证各种功能空间的最基本的联系，建筑在平面方向展开，而不是沿立面方向伸展；除了供私人使用的一幢四层楼外，所有的建筑不超过三层；将庭院作为休息、候诊处以及利用水和通风口进行降温，这些都是符合卡拉奇气候特点

7 内部空间在视觉上及形体上都互相连通

8 入口门廊细部

图和照片由建筑师提供

的设计。

建筑外形的特点是它的斜角形体，建筑群体则通过色彩、纹理与它所处的沙漠地区的景观完美地融合在一起。在细部处理上，利用铭文饰暗示出当地的文化、地域特征。在规划设计上，这个建筑描绘出整体一致的外部体形，而建筑室内则充分展现出一系列通过庭院相连的空间，这些空间使得参观者在建筑中行动自如，并发现自己置身于一个由连续的内部空间和庭院交织而成的舒适环境中。

参考文献

Architectural Record, McGraw Hill Publication, May, 1987.

79. 费萨尔清真寺

地点：伊斯兰堡，巴基斯坦
建筑师：V. 达洛开依
设计 / 建造年代：1970—1986

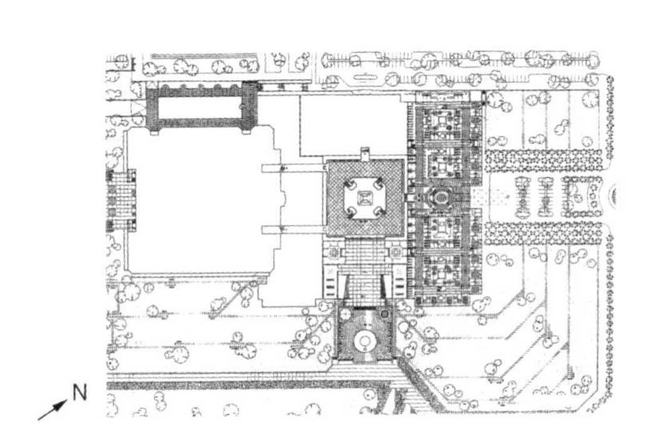

1 首层平面

由佐克西亚季斯为新省会城市伊斯兰堡定制的总体规划，并没有考虑到建一座清真寺，因此在1966年，伊斯兰堡提出了修建一座国家大清真寺的计划，并为此举行了国际设计竞赛，结果土耳其建筑师V. 达洛开依被选中来设计这座清真寺。清真寺的地段位于城市北部玛拉加拉山山脚地带，占地60公顷，垂直于贯穿城市南北的伊斯兰堡公路。

建筑群主要包括一个礼拜殿、一个有沐浴区的院落和一所包括礼堂、图书馆、教职员住宅及辅助设施的国际伊斯兰大学。清真寺的主体平面呈正方形，屋顶的形状有如一顶巨大的帐篷，由交会于中心的三角形构件所形成的空间构架支撑。清真寺礼拜堂的前面是一个大院落，“麦加朝圣墙”和“圣龛”构成了建筑群的主轴线。妇女礼拜殿位于主要入口处的正上方，整个大厅四周有四个纤细高耸的邦克楼。大学和礼堂则位于院落下方两层高的空间里。

屋顶表面是从希腊进口的白色大理石，地面则为黑色花岗岩和米色、金黄色的巴基斯坦大理石。室内的表面处理令人联想到传统的伊斯兰图案，这是由于建筑师将钢筋混凝土结构处理得精巧细腻，比如，人们在顶棚上可以看到有着像威化饼干一样精细花纹的屋面板。

费萨尔清真寺突破了

2 费萨尔清真寺，背景是伊斯兰堡城

3 环绕着伊斯兰大学中心院落的半围合空间

4 清真寺内部可见大跨度、帐篷式的金字塔形屋顶

图和照片由阿卡汗文化信托基金会提供

常见的拱券和穹顶式的传统清真寺模式，给予清真寺一个崭新的诠释。现代形式和现代技术的运用使得费萨尔清真寺成为一座体现着当代伊斯兰堡城市规划和设计精神的现代建筑。

参考文献

"Architecture of the SAARC Nations", Media Transasia, *Architecture+Design*, New Delhi, Dec., 1991.

Mumtaz, K. K., *Architecture in Pakistan*, Mimar, Singapore, 1985.

80. 巴哈祈祷堂

地点：新德里，印度
建筑师：F. 萨巴
设计/建造年代：1976—1979/1980—1986

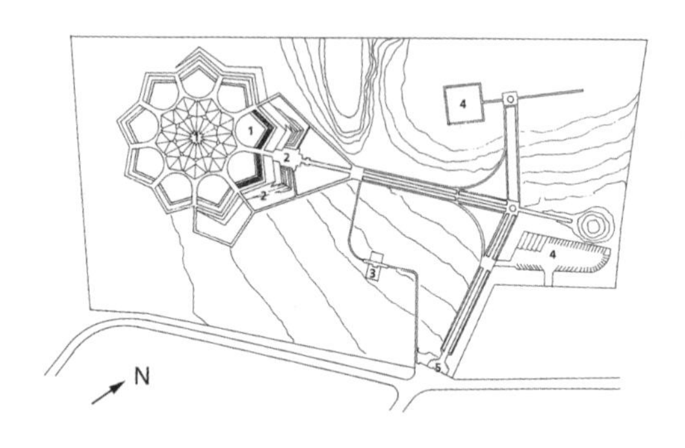

1 总平面
（1. 礼拜堂，2. 辅助建筑，3. 公用设施，4. 停车场，5. 入口）

巴哈祈祷堂被认为是印度次大陆巴哈教派的主寺庙。它坐落于德里南部，其设计要求是，应具有一个九边形的祈祷厅，以象征巴哈教派中的数字“九”。

建筑师F. 萨巴将这一寺庙构想为一个具有大理石表面的莲花形建筑物：它表达了巴哈教人对他们寺庙的理解——“一朵孕育着光明和生长的娇嫩花朵，天地间庇护众生的花瓣”。建筑上部结构由一

2 光线从花瓣上的采光口进入室内

3 巴哈寺庙看似一朵安插在天地之间的娇嫩花朵

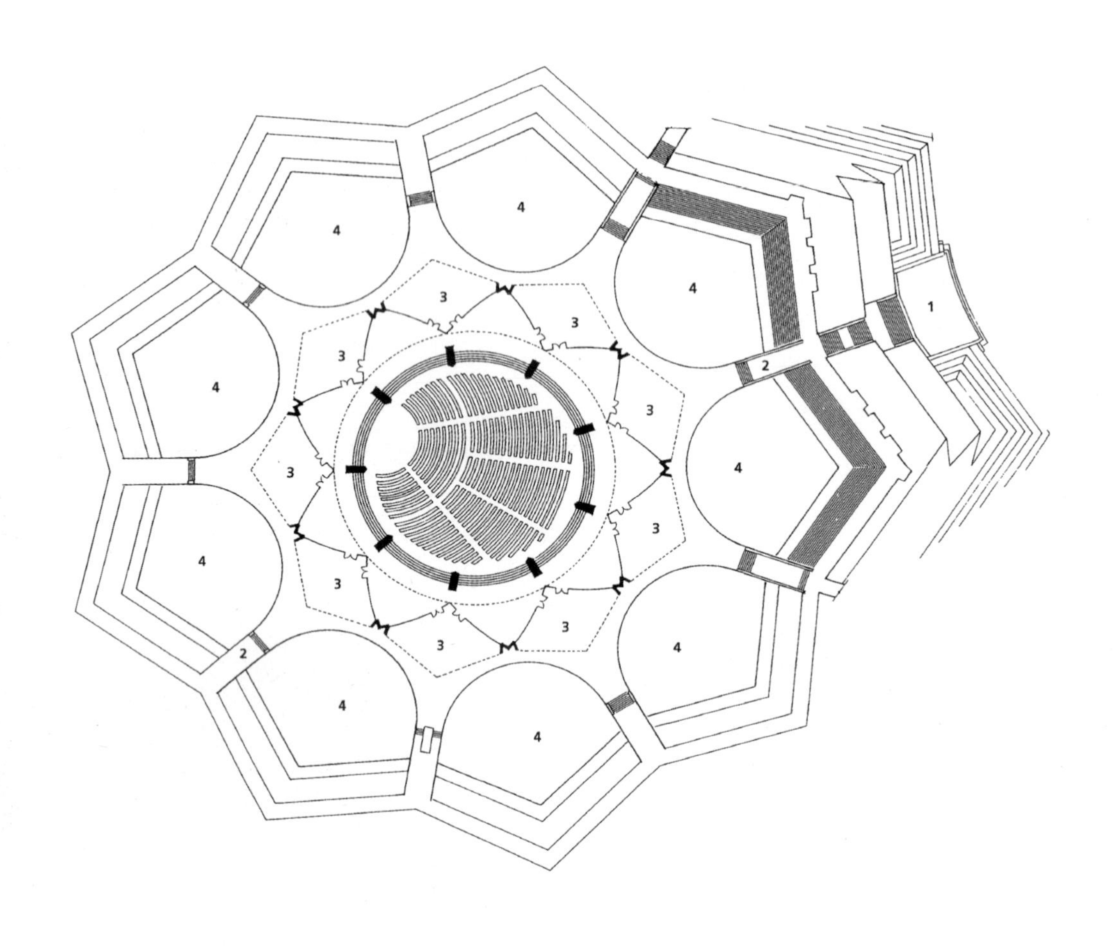

系列花瓣组成，这些花瓣分为九个单元，按同一圆心向心地排列在一个基座上。内外的两圈花瓣朝内卷曲，就像一朵正在盛开的莲花，而入口处围绕在外圈的花瓣则向外展开，以形成中央大厅的门廊。莲花的上部结构有许多天窗，分布在三层花瓣的各个不同高度上。建筑下部结构包括办公室、阅览室等附属设施，它们紧临九个位于地平高度的水池，水池环绕建筑物布置，上有相等数量的九座小桥，通向入口的门廊花瓣。辅助建筑与一系列平台相结合，被各种景观元素巧妙地掩盖起来。主要的景观

4 首层平面

（1.入口，2. 小桥，3.大厅，4.水池）

5 莲花形的寺庙

6 剖面

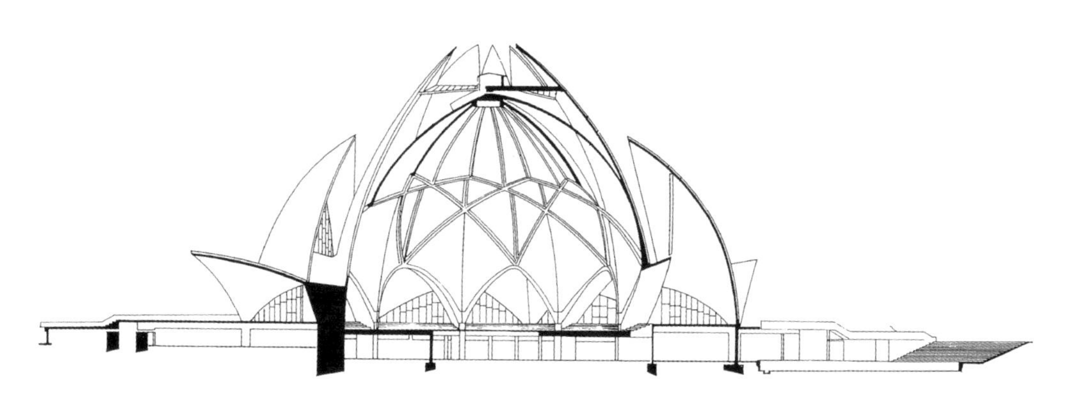

特色是九个环绕成一圈的水池，建筑的外部照明使得灯光射向花瓣的上沿，因而莲花结构显得就像浮在水面上一样。

今天，这一建筑物在某种程度上已成为德里历史建筑的丰富天际线上的一个标志，它吸引着众多参观者、旅游者和来自次大陆各派别的信徒。在这个设计中，建筑为巴哈教派创造了一个有着非凡美感、极具魅力的伟大偶像，并已超越了其单纯作为集聚场所的功能，而成为新德里的一个重要象征。

参考文献

Media Transasia, *Architecture + Design*, India, Delhi, Jan.-Feb., 1988.

↑ 7 集会大厅景观

照片由R. 拉伊摄制，图由建筑师提供

81. 企业家进修学院

地点：艾哈迈达巴德，印度
建筑师：B. 帕特尔，M. 哈斯穆克 / S. 哈斯穆克，C. 帕特尔
设计 / 建造年代：1985 / 1985—1987

企业家进修学院位于艾哈迈达巴德城的东北边，它开设了一门有创意的、对企业家进行教育培训的课程。年轻的建筑师B. 帕特尔通过设计竞赛赢得了该建筑的设计任务。

学院由七座建筑组成，沿着两条轴线布置。沿主要轴线的四座建筑为：行政管理楼、培训中心、研究中心及图书馆；沿次要轴线布置了两座旅馆、一间厨房和一个食堂。建筑主翼因穿插在其间的开敞院落而显得十分丰富，沿主轴线精心安排的活动路线也创造出了多样的景观和围合感。设

1 宿舍庭院
2 建筑群有力的形体映衬在天际线中

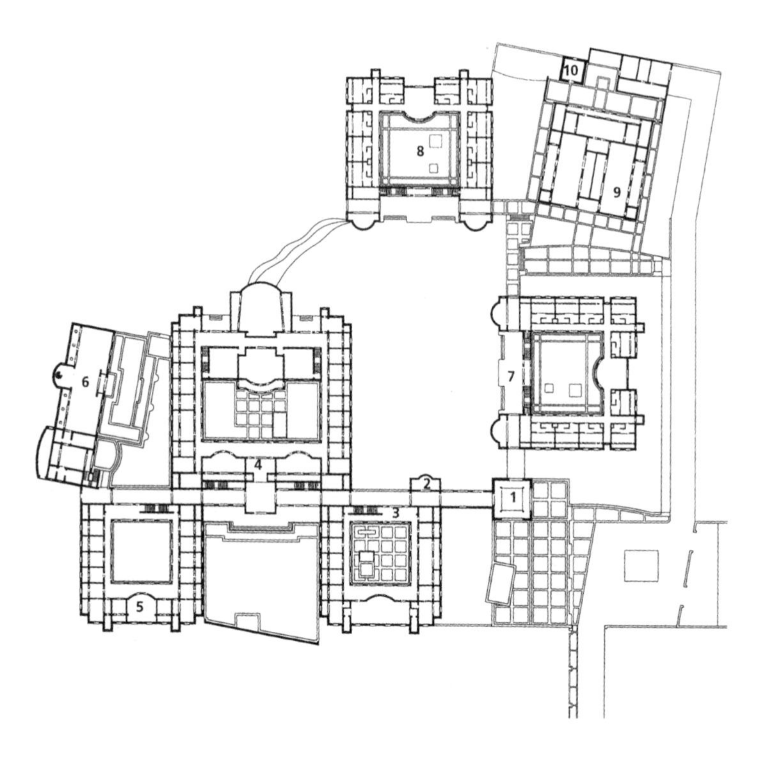

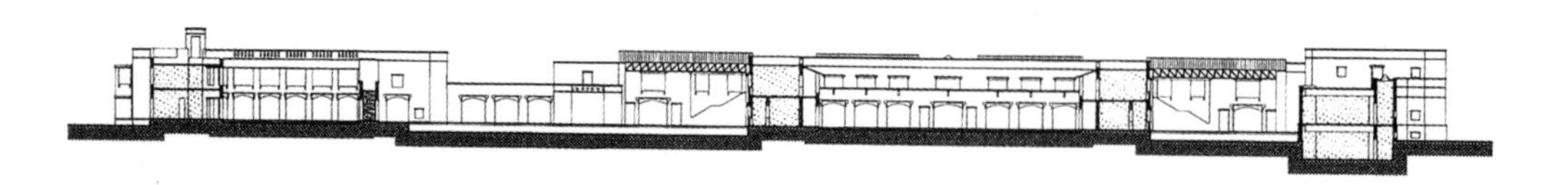

3 建筑全貌

4 首层平面

（1.入口，2.问询处，3.行政部门，4.培训中心，5.研究中心，6.图书馆，7.培训人员宿舍，8.高级招待所，9.厨房和餐厅，10.服务区）

5 剖面

6 宿舍房间内景
7 简单的几何形体赋予建筑极其典雅的风格
（阿卡汗文化信托基金会提供）

照片由D. 梅塔（除署名者外）摄制，图由建筑师提供

计中，庭院形成了各建筑的中心并成为整个校园的组织要素——建筑师巧妙地将两层高的建筑围绕这些开敞院落布置，将不同特点、不同使用功能的建筑轻松和谐地组合到了一起。建筑结构为简洁有力的几何形，与形成建筑前院的开敞空间一起赋予了建筑群鲜明、正统、典雅的风格。过渡空间中不同程度的空间围合带来了光影变化，创造出一个易于交流和休息的宜人环境。砖和混凝土是主要的建筑材料，而细部处理及单个建筑物的严格对称又有助于赋予建筑一种历史的、精美的气质。内部庭院的引入，简洁、现代的形式及少量种类建材的使用，使整个建筑内向、封闭，符合学术建筑的性格。

这一建筑清楚地表明了印度对其后殖民时期建筑风格的一种探索，也代表着一种设计手法：不断地从次大陆地区多元的历史文化背景中汲取灵感。

参考文献

Media Transasia, *Architecture + Design*, India, Delhi, Jul.-Aug., 1989.

82. 国家免疫学院

地点：新德里，印度
建筑师：R. 里瓦尔
设计 / 建造年代：1988

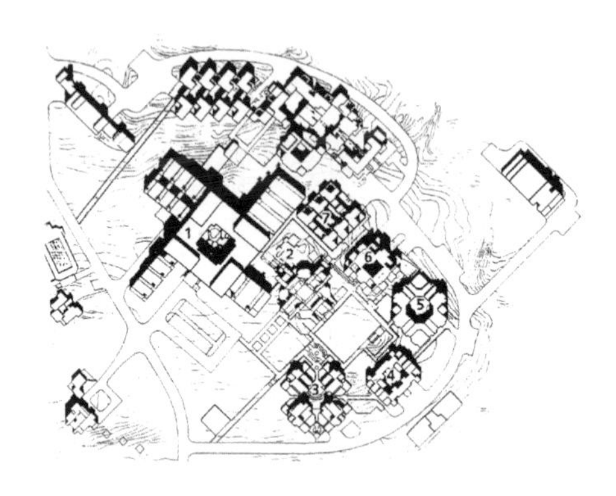

1 总平面
（1. 学院和实验楼，2. 演讲厅建筑群，3. 高级职员住宅，4. 初级职员住宅，5. 研究学者之家，6. 宿舍，7. 一般职员住宅）

2 连接各建筑的台阶和小路

国家免疫学院由建筑师R. 里瓦尔设计，位于南德里的山区，占地19英亩（约7.7公顷）。建筑群包括一座大楼（内有教学、实验和研究用房）和五个提供给教授、学者的居住组团。在由这些建筑所围合出的空场内，有一座亭阁式建筑，内含一个大礼堂及娱乐设施。此外，一些含有辅助设施的单个建筑，则围绕各个尺度不等、功能各异的庭院布置。

3 有礼堂和娱乐设施的亭阁式建筑位于精心设计的四合院中

4 一般职员住宅轴测图

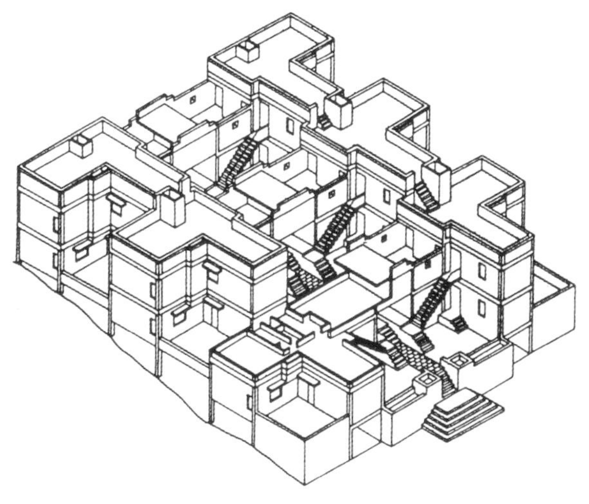

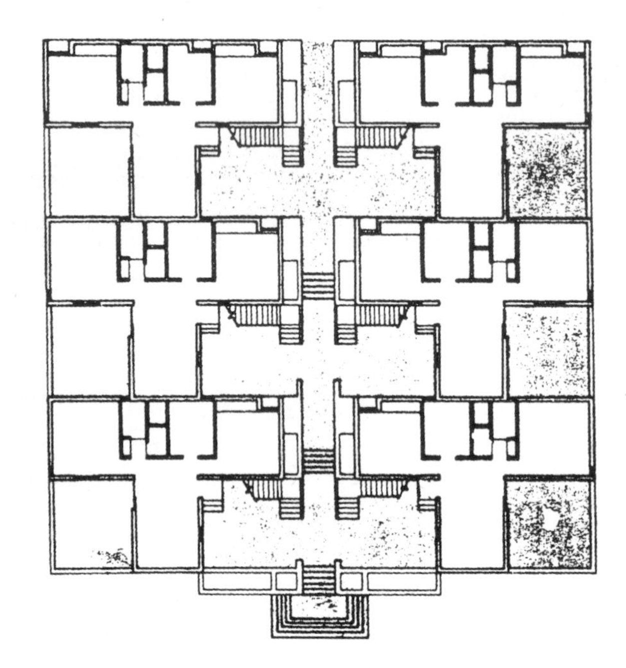

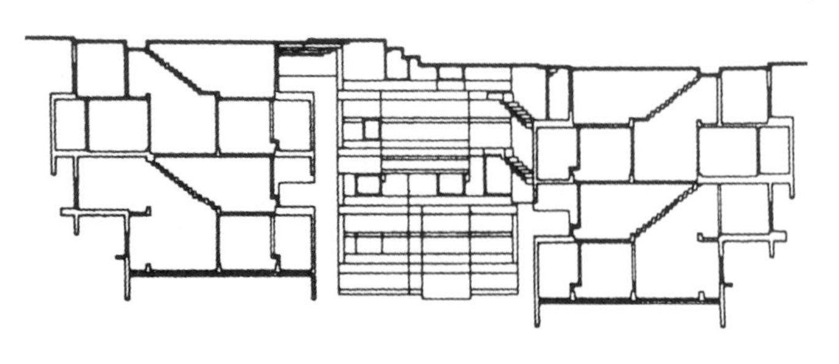

⇦ 5 从马路上看住宅组团
⇦ 6 一般职员住宅首层平面
⇦ 7 高级职员住宅剖面
⇨ 8 建筑组团之间的绿化园林区

各不相同的建筑物通过门廊、林荫道和围合空间等元素彼此相连，围合空间的元素同样形成了远处风景的取景框——所有这些都沿着一条变化着的步行轴线而构筑。沿着人行小道，从一个组团看向另一个组团的框景使各个不同建筑之间产生了视觉联系。也许设计上最重要的一点是当人们在不同的行进路线中穿行时，会意想不到地发现隐藏着的内部庭院。一条沿着地段轮廓的周边环路，将各个建筑联系起来，构成了校园的车行道路系统。

每个建筑组团，既是整体建筑的一个组成部分，又通过各不相同的建筑形式、尺度和内部空间组织而保留了它们各自独有的特征。建筑群统一的视觉效果通过对立面采用

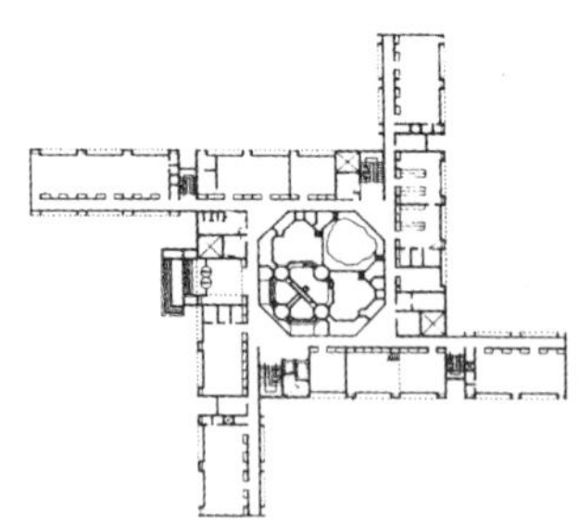

9 显示表面质感的细部
10 学院和实验楼平面
11 高级职员住宅平面

图和照片由建筑师提供

的相同处理手法得到加强，即由红色砂岩粗砂与米色填充砌块并列组成水平色带。建筑物表面以此种方式处理，尤其是外墙，可使建筑降低对维护的要求，并使建筑物能很好地经受各种气候的考验。这也反映了里瓦尔对建造方法、气候条件及后期维护的关心，而这正是发展中国家面临的实际问题——尤其是政府机关建筑，它们只有很少，有时甚至没有维修的预算开支。

里瓦尔在这个建筑中试图尝试寻找一种当代建筑语言，这种语言能够将现代规划原则与印度传统建筑中丰富的空间处理经验结合起来。

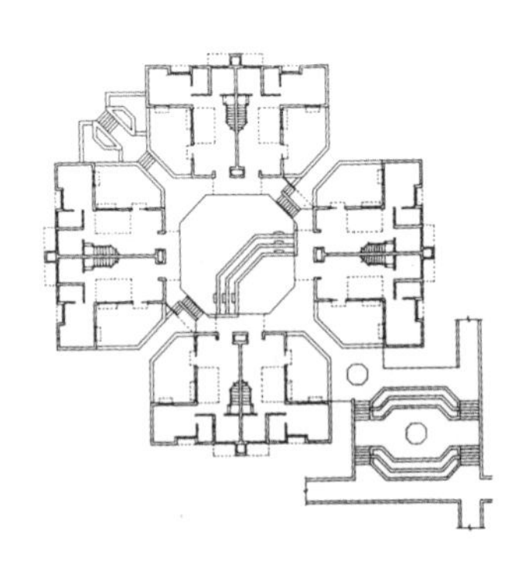

参考文献

Media Transasia, *Architecture + Design*, India, Delhi, Mar.-Apr., 1989.

Bhatt, Vikram and Peter Scriver, *After the Masters: Contemporary Indian Architecture*, Mapin, Ahmedabad, 1990.

Kagal, Carmen (ed.), "Vistara: The Architecture of India", Exhibition Catalogue, The Festival of India, 1986.

83. 印度森林管理学院

地点：博帕尔，印度
建筑师：A. 拉杰
设计 / 建造年代：1984—1985 / 1985—1988

由A. 拉杰设计的印度森林管理学院占地65公顷，俯瞰着宽阔的博帕尔湖。建筑师相信，对于功能各不相同的一组建筑来说，建筑的连续性能促进其中学术、功能和社会几方面的彼此作用，这正是一所成功和灵活的学院的特色所在。因此，对于组成学院的各种活动，拉杰将它们表达为一组相互联系的建筑群，而不是分散、独立、功能各异的单个建筑。

整个建筑群被分成各有特色的几个组成部分，有些是重复的单元（如教学办公室），另一些则偏

1 长条形的水池及有亭子的散步广场，丰富了建筑的视觉效果

2 可俯视湖面的学生宿舍
3 图书馆楼
4 建筑群轴测图

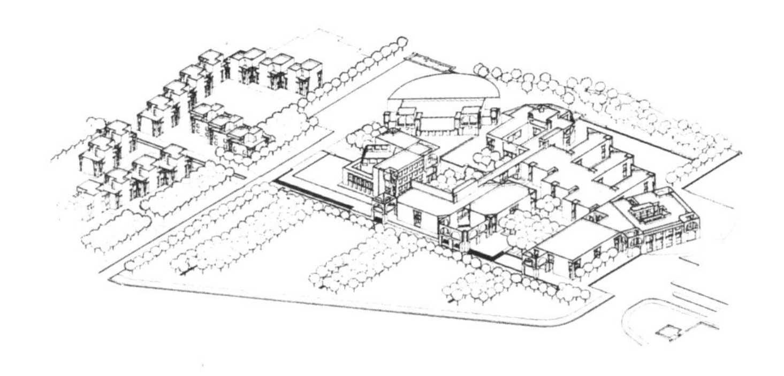

离基本网格，并有着与众不同的几何形体。这些松散地组合在一起的建筑通过空间元素（如拱廊和屏风墙）交织成了一个整体。较重要的使用功能在建筑上则用突出的形体加以表示。在建筑群的边缘，沿着水池设置了散步广场。水池丰富了建筑的视觉效果，并在它的一端以一个水箱作为结束。

“从该充满隆重纪念性的建筑中可见，拉杰深受路易斯·康作品的影响。这座建筑带有一些有如废墟般荒凉、深沉的气质。”（Bhatt and Scriver，1990年）然而，在这一工程中，相比他设计的其他作品，拉杰更多地扬弃了，实际上是丰富了路易

5 形成入口处过梁及雨篷的混凝土构件细部

图和照片由建筑师提供

斯·康的建筑语汇。他在建筑外墙上运用了丰富的建筑材料——各种块状的带有光泽的石板，映衬在灰色的外露的混凝土上，当建筑群沐浴在晨曦或晚霞中时，会呈现出一种细腻精致却不失鲜明的质感。

参考文献

Bhatt, Vikram and Peter Scriver, *After the Masters: Contemporary Indian Architecture*, Mapin, Ahmedabad, 1990.

Media Transasia, *Architecture + Design*, India, Delhi, Nov.-Dec., 1987.

84. 国家贸易公司

地点：新德里，印度
建筑师：R. 里瓦尔
设计 / 建造年代：1989

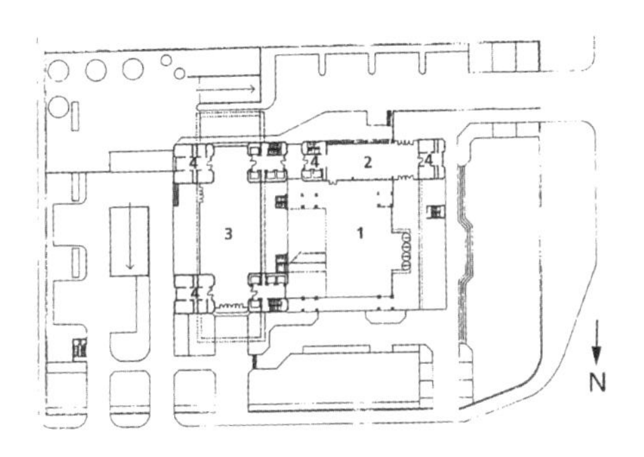

1 总平面
（1. 中央家庭小工业公司，2. 手工编织和手工艺品出口公司，3. 国家贸易公司，4. 服务中心）

由R. 里瓦尔设计的国家贸易公司正好位于新德里商业区中心位置最显要的交通路口，该建筑内有中央家庭小工业公司、手工编织和手工艺品出口公司以及国家贸易公司。

建筑的体形是对使用功能要求的直接反映：三家公司在各自的区域里要有互相独立的交通和服务系统。这座大楼平面上呈“L”形，拥在“L”形两翼之间的是一座三层高的零售商店的裙楼——裙楼

2 大楼在德里的城市天际线上格外引人注目

3 零售大厅里由空腹桁架组成的室内空间

的屋顶上设有供工作人员休闲的屋顶花园，同时这也能将大楼的尺度减小到适合于路上行人的适宜尺度。除去体形外，建筑物的突出特点还在于它对结构形式的生动表达，一系列空腹桁架彼此相叠，自核心部分悬挑出来，使它们看起来就像被嵌在主楼上。这里的桁架，正如常设展览厅里的一样，成为一种既有遮阳功能，又有独特装饰效果的建筑构

件。由于结构构件被移到了建筑的四周，因而没有柱子的室内获得了最大限度的办公空间。一种由建筑师设计的灵活室内隔断系统能够满足各种不同的功能分隔要求，如董事会办公室、会议室、电脑室和图书室等。

该建筑因其独特的、以悬臂梁构成的立面形态在现代新德里的城市天际线上备受瞩目。它也代表了里瓦尔一段时间里作品的特点——建筑的形式来自结构创新并带有20世纪60年代巨型结构理论的影响。

参考文献

Media Transasia, *Architecture + Design*, India, Delhi, Mar.-Apr., 1989.

4 零售商店的裙楼保持和街道一致的尺度

图和照片由建筑师提供

85. 阿卡汗妇产医院

地点：海得拉巴，巴基斯坦
建筑师：A. 卡马尔
设计/建造年代：1989

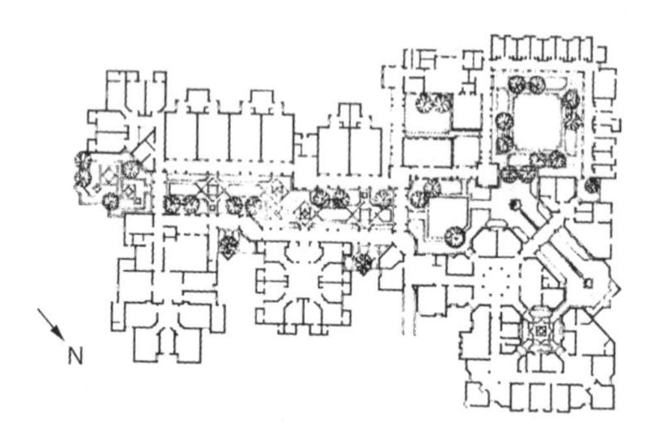

1 首层平面

2 连接处细部
3 沿主要路线的景观

阿卡汗妇产医院位于海得拉巴（巴基斯坦东部的信德省），由建筑师A. 卡马尔设计。医院建筑群由一些连在一起的小建筑组成，一些开放空间或半开敞的廊子穿插于其中，就像一个小城镇的布局一样。主要设计构思围绕着一条中心轴线展开，这是从海得拉巴旧城狭窄而弯曲的街道中得到的启发。这条中心轴线将建筑群一分为二，与公路平行、顺着主导风向从北到南伸展。该轴线间或被一些建筑元素所打断，它们一方面用来联系轴线两侧的建筑，另一方面也可作为门廊。轴线的一端为住院病人的病房，另一端为门诊部。弯曲的轴线最终被引入到一个典雅的玫瑰花园里，这个长方形花园的四周是护士区。在轴线与花园的联结处，还设有一座竖向方塔，它成为建筑群的标志，并引导着整个轴线。

在整个建筑中不断出

4 从护士院看方塔

现的一个建筑要素是竖向通风口（wind catcher）——它在信德省这样的炎热干旱地区很常见。通风口的显著体形不时打断了建筑平缓的轮廓线，使人们在这座建筑中漫步时，能感受到一种清晰的节奏。沿着主轴线两侧，有遮盖的走廊将其女儿墙高度降低，以保持与步行者相协调的尺度。主轴线和庭院通过一些细部处理，如固定长凳、灯柱和地面铺地图案等更显示出设计的细致周到。

建筑的外墙选用坚实的石头基础和米色灰泥墙。一些传统建筑元素的运用，如通风口、滴水或用来减弱眩光的墙上小的开洞等，都令人联想到信德的地方建筑，它们也使得建筑能够完美地融入到当地的文脉之中。

参考文献

KIRA (Korean Institute of Registered Architects), *Contemporary Architecture in Asia*, Baleon, Seoul, 1994.

↑ 5 固定长凳、灯柱和地面铺地图案使主要路线和庭院显得细腻、精美

图和照片由建筑师提供

86. 塞里娜旅馆

地点：奎达，巴基斯坦
建筑师：ARCOP 建筑师事务所（R. 柯斯拉，B. 阿兰）和 A. 卡马尔
设计/建造年代：1982—1989

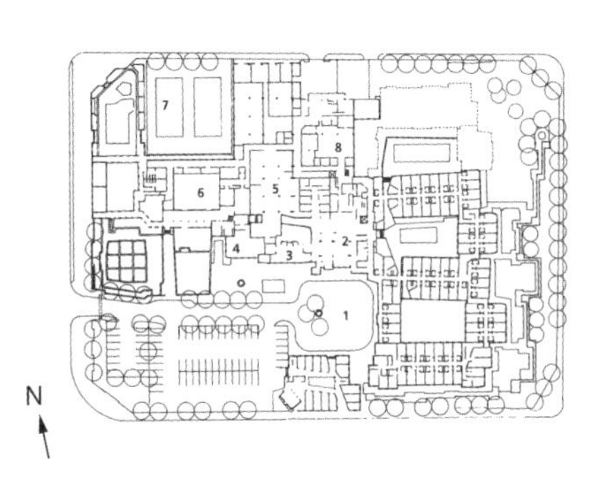

1 总平面
（1. 接待庭院，2. 门厅，3. 咖啡厅，4. 餐厅，5. 厨房，6. 宴会厅，7. 游泳池，8. 洗衣房）

奎达的塞里娜旅馆是由ARCOP建筑师事务所的R. 柯斯拉、B. 阿兰及当地建筑师A. 卡马尔共同设计的。奎达位于颇富传奇色彩的俾路支地区，那儿有崎岖的山脉、层叠的峡谷和极富特色的建筑，正是这些建筑影响了塞里娜旅馆的设计。

旅馆的布局受到俾路支传统建筑的启发——这些建筑的结构形式非常自由，街道、果园、庭院和住宅都由曲线形的黏土墙限定出来。旅馆的设计也完全采取了这种内向观念：建筑物每一空间都以墙或建筑的体量来限定。墙的厚度从首层到女儿墙逐步递减，使墙体侧面形成上厚下薄的特有形状。这也是俾路支的建筑者们长期摸索出来的一种有利于稳固高墙的方法。在这里，位于场地四周的墙体连绵不断并有着不规则的节奏，使旅馆与街道之间产生了有趣的对话。

通过包含各种公共设施的主楼，旅馆所在地段被分成了两个区域，办公室和商店安排在前面，而娱乐设施则在后面较为私密的区域。除了150间客房外，旅馆还包括其他设施，如特产商店、咖啡厅、传统茶室、宴会厅、会议室和供室外娱乐的一系列平台与庭院。游泳池、网球场和壁球场更完善了旅馆的康乐设施。这种并排的建筑布置，使得从旅馆的各主要部位上都可以饱览山景秀色。同

↑ 2 从主入口通过院墙向餐厅一瞥

3 步行道入口边的水渠和水池细部
4 旅馆东侧和典雅的花园
5 旅馆全貌

照片由卡马尔（卡拉奇）摄制；图由建筑师提供，R. 麦罗特拉建筑师事务所重绘

样，在建筑的内部庭园中也可以观赏到周围的景色，这些都使旅馆成为举办宴会、研讨会和其他社会活动的理想场所。建筑的室内照明设在一个个小龛中，吊灯的形式则受到俾路支妇女传统耳环的启发。

建筑中大量采用了传统艺术、工艺、建筑形式及当地的树木花草等，以表达出对当地文化和俾路支传统建筑形式的尊重与自豪之情。设计有效地捕捉到了场所及其建筑的精神——住在这样的旅馆，也就获得了一种难得的关于俾路支的体验。

参考文献

Media Transasia, *Architecture + Design*, India, Delhi, Jan.-Feb., 1990.
MIMAR 36, Quarterly, Concept Media, Singapore.

87. 路努甘加住宅和花园

地点：本托特，斯里兰卡
建筑师：G. 巴瓦
设计/建造年代：1945—1990

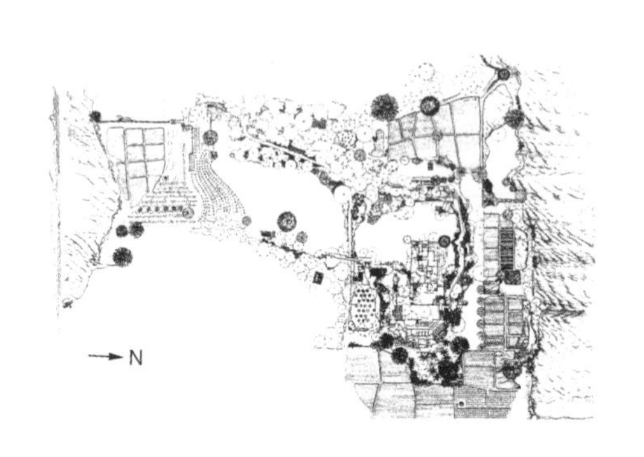

↑ 1 1985年的住宅和花园平面

← 2 朝向蓝色亭子的水池及“坛子台地”

1949年，建筑师G. 巴瓦购买了一个小橡胶种植园，其中包括一所房子和25英亩（10公顷）土地。橡胶园横跨两座小山，面向德德都瓦湖，并位于斯里兰卡本托特河的回流处。

起初，种植园茂密的树木包围着房子，在房间里无法看到湖面，因此有选择地砍伐掉一些树木，以使庄园朝向湖面，就成了整个花园建设的出发点。庄园里原有的

3 从餐厅看起居室
4 路努甘加住宅南侧景观
5 三棵槟榔树、三个坛子及水池

6 有正门的建筑南面景观

图和照片由建筑师提供

住宅位于现有房屋的核心位置，但已经有了很大的改变。另外，还修建了一些平台，地形也被重新整修过。经过多年的不断改造，建筑物和花园就渐渐变成了现在的样子。巴瓦的住宅处于整个布局中心，也是唯一能看到庄园各部分的地方。从它的平台出发，人们可以走向任何一个方向，并可以在多个不同的空间秩序和节奏中领略花园的全貌。一进入房间，则有长长的走廊通向客厅并延伸至宽敞的露台，在那儿，一棵枝叶繁茂的大树正好形成一个美丽的取景框，使远处的湖面和岛屿尽收眼底。

这座花园堪称一个“被精心修剪过的自然”——尽管只是一个单一色调的构图（绿色加绿色），然而它却充满了不断变化的光线和阴影，在山回路转处，每每都有惊奇和趣味。艺术品也被精心陈列在关键的位置上，使人们一路上能驻足小憩，浮想联翩。

如今，整个花园如此自然，以至于人们难以领会到巴瓦在整个创作过程中的匠心及努力。事实上，路努甘加的住宅和花园已经成为G. 巴瓦的实验基地——在这里人们可以看到他的设计哲学和设计技巧的形成。他未来的作品的源泉也都可以追溯到这一仍在不断完善的作品中。

参考文献

Taylor Brian Brace, Geoffrey Bawa, *A Mimar Book*, Concept Media Ltd. with Butterworth Architecture, London, 1995.

88. 杰恩夫妇住宅

地点：洛瑙拉，印度
建筑师：N. 甘地
设计/建造年代：1989—1990

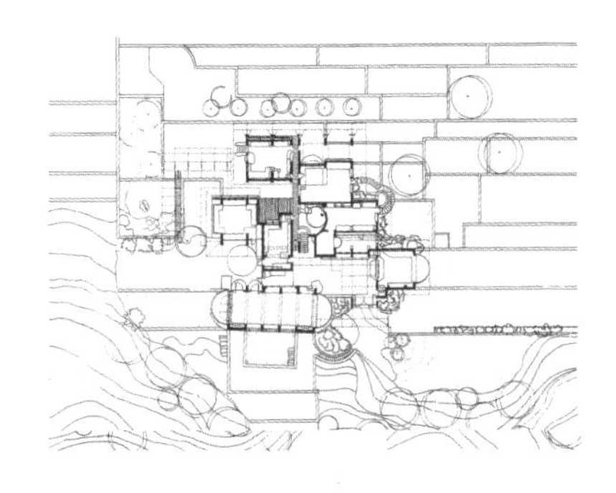

1 首层平面

杰恩夫妇住宅是一栋由N. 甘地设计的周末度假别墅。它位于洛瑙拉一片临近孟买的山地上。房主并没有提出特别要求，因此，建筑师按照自己对房主生活方式的理解来进行设计。

住宅坐落在一个能够俯瞰湖面的陡坡上。建筑师将房屋主体设在地段的一块平地上，而斜屋顶则继续沿既有的坡度升高，以此来强调自然坡地的轮廓线。正是这条轮廓线决

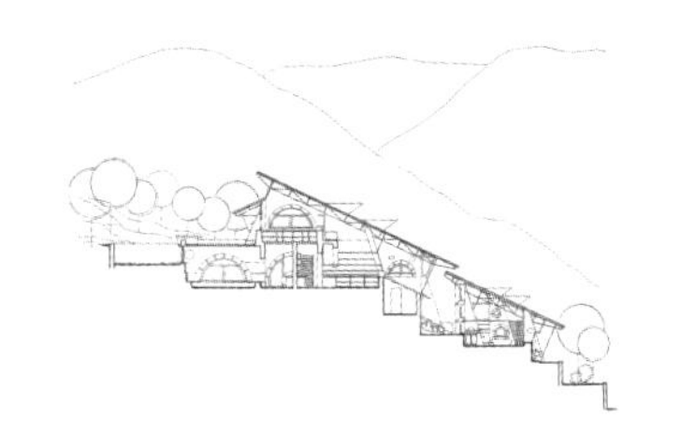

2 建筑师运用了丰富的材料色彩
3 剖面

4 从入口处看住宅
5 位于风景秀丽地段中的住宅

图和照片由R. 戈尔提供

定了建筑的主要元素——楼梯的位置和坡度。楼梯共56级，不设楼梯平台，能够通向各个沿楼梯布置的位于不同高度平台上的房间。尽管地面部分是一系列各不相同、彼此交错的形体，屋顶却只是一个覆盖整个住宅的单个形体，并通过老虎窗将室外美丽的风景纳入室内。正是这些不同的空间体验的组合，使住宅充满了吸引力。建筑的底部处理同多样的开窗方式与丰富的材料相结合，使整座建筑像是从土地中自然生长出来的。

创造性地使用丰富的自然材料，赋予建筑以雕塑感，是N. 甘地的建筑作品的一大特色。对于使用者来说，这些建筑则是有机的，并在许多方面都是标新立异的。

参考文献

Gore, Rahul, "The Work of Nari Gandhi", Unpublished thesis, Ahmedabad: School of Architecture, CEPT, 1996.

89. 阿利尼亚社会住宅

地点：印多尔，印度
建筑师：B. 多西（瓦苏什帕基金会）
设计 / 建造年代：1989—1991

↑ 1 示范区，显示出外墙面的各种处理手法
（Y. 潘迪亚摄）
↑ 2 沿街的住宅
（J. 帕尼卡尔 / 阿卡汗文化信托基金会摄）

阿利尼亚（意即森林）社会住宅是由印多尔开发局（IDA）开发的一个项目，它占地85公顷，位于孟买-阿格拉公路旁，离印多尔市中心约6千米。小镇内居住人口60000人，其中大部分人从事有关社会经济贫困阶层（Economically Weaker Section）的工作，另外一些居民则有其他的收入来源。整个居住区共建有6500套住宅。

这个项目的主要目的是改造贫民区，并强调其作为过渡性用房的特点。因此，居民本人可以参与住宅的建设，印多尔开发局只负责基础设施的修建。这一提供土地和服务的方式已被建筑师在设计其他有关社会经济贫困阶层项目时采用。这便是由开发商提供一个包括上下水、洗手间、厨房的服务内核及一个房间，当住户搬进去后还可以将其扩大。一部分示范住宅已经建好，它们向那些私人的土地拥有者展示了：同样一块土地，如何通过不同的建设方法来满足不同住户的需要。

整个居住小镇分成六部分，从中心轴线，即中心商业区如触角般地向各方向伸展。镇中心有四组

3 镇中未建成和建成部分的局部景观
（J. 帕尼卡尔 / 阿卡汗文化信托基金会摄）
4 生长的图解

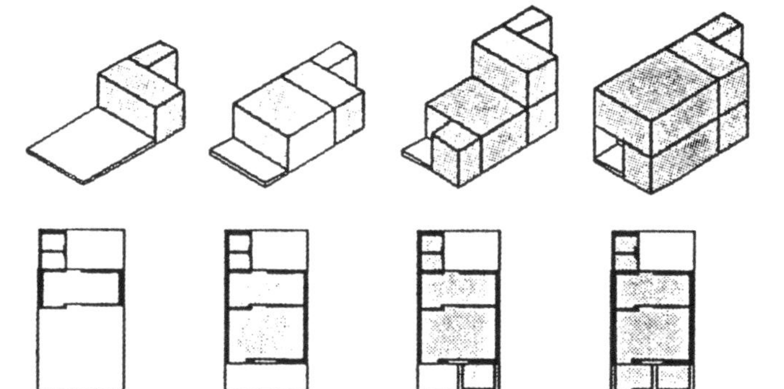

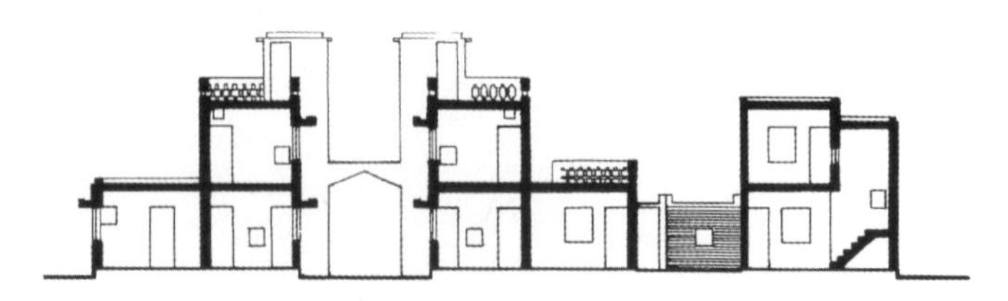

5 对未来居民具有指导意义的示范部分
（Y. 潘迪亚摄）
6 示范住宅剖面

图由建筑师提供

商店、住宅和办公楼，均位于中心轴线的一端。向街道敞开的住宅组团，包含十栋房子，每栋都有用于休闲和服务的后院。敞开的空地和步行道互相联系，并将这些区域同中心轴线连接起来。整个居住小镇的总体规划看起来很随意，像是在模仿一个不断完善、有机发展着的贫民区。

通过对街坊设施和公共空间的设计，这一项目敏锐地激发了人们的参与建设与不断完善其住宅的积极性，从而使小镇中不同的社会群体能彼此交往，并使整个社区日益繁荣起来。

参考文献

Media Transasia, *Architecture + Design*, India, Delhi, Jan.-Feb., 1996.
Bhatt, Vikram and Peter Scriver, *After the Masters：Contemporary India Architecture*, Mapin, Ahmedabad, 1990.

90. SOS 儿童村

地点：加勒，斯里兰卡
建筑师：C. 安杰伦德兰
设计/建造年代：1989—1991

在加勒的儿童村是C. 安杰伦德兰为SOS设计的一系列工程之一。SOS是一个抚养孤儿和贫困儿童的组织，它已在许多国家开展这项工作。加勒儿童村包括12个家庭（每一个家庭有一个母亲及十个左右的孩子）的住宅、幼儿园、多功能厅、母亲楼、办公室、供全村用的医疗及其他公用设施。

儿童村位于加勒海岸崎岖的山区。每栋单独的建筑都有各自不同的使

1 总平面
2 两栋家庭住宅之间的景观，能看到室外厨房的院子
（N. 德索扎摄）

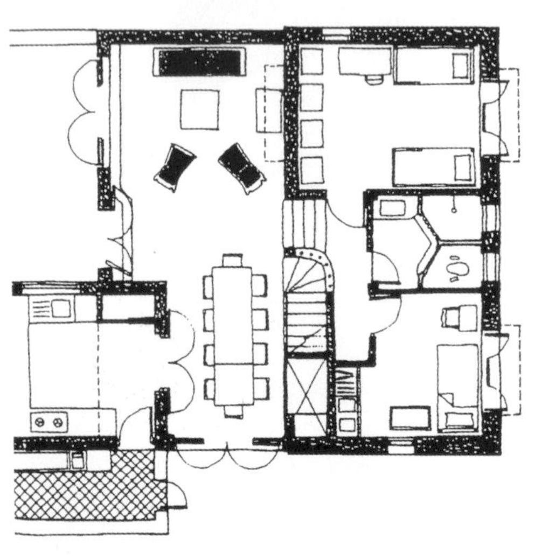

↑ 3 小憩亭景观

（K. 阿南达西文摄）

← 4 标准家庭住宅首层平面

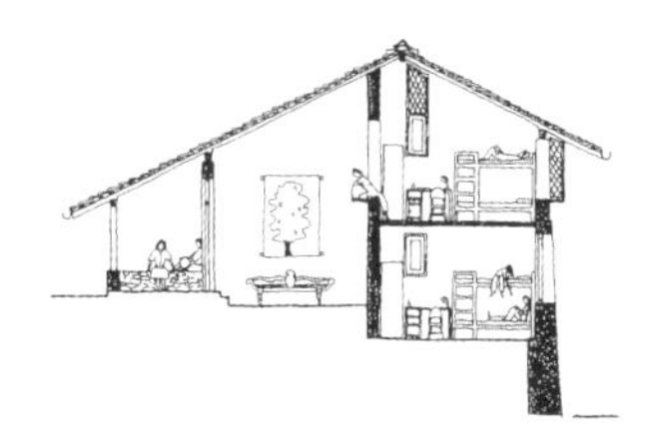

5 家庭住宅剖面
6 入口建筑的中心庭院，建筑中包括办公室和社会中心（S. 贾亚蒂莱克摄）

图由建筑师提供

用功能。起伏的小路和台阶将村子里各个建筑物连接起来。小憩亭建在小路上，既成为视觉中心，又示意出方向的变化。总平面设计十分有机，良好地顺应了地形的特点，又增强了乡村及一个关系亲密的集体所应有的气氛。

为儿童村中的家庭所提供的住宅被处理成像常见的民居一样。通过有着低矮屋顶和固定座椅的敞廊而进入每户人家，这很像住宅区建筑中的入口门廊。在每个房屋中央，都有一个两层高的空间，成为各种活动的中心。由于房间里有孩子，厨房的设计保证了即使母亲在厨房里也能看到她的孩子们。整个地形的坡度以及各建筑在总图上的交错布置使各栋房屋尽管很近，也能享有各自的私密性。来自采石场的淡灰色的石头及从邻近地区出产的淡黄色毛石被结合起来大量使用，使建筑物的外表面呈现出独特的质感和视觉效果。墙面上开口处用白色粉刷勾边，其他表面则采用鲜亮的色彩，使整个村子充满一种强烈、温暖的家庭气息。另外，各栋房屋不同的鲜艳色彩也使它们各具特色，共同创造了一种欢快的环境气氛。

整个工程表达了一种秩序与意外、统一与差异间的微妙平衡。它隐含着一种精神，似乎是在暗示和推动着一股正在兴起的现代斯里兰卡建筑的潮流。

参考文献

KIRA (Korean Institute of Registered Architects), *Contemporary Architecture in Asia*, Seoul: Baleon, 1994.
MIMAR, Quarterly, Concept Media, Singapore, No. 43, Jun., 1992.

91. 罗马天主教堂

地点：科希马，印度
建筑师：R. 卡马什和 V. 卡马什
设计 / 建造年代：1981—1982，1988—1989 / 1987—1991

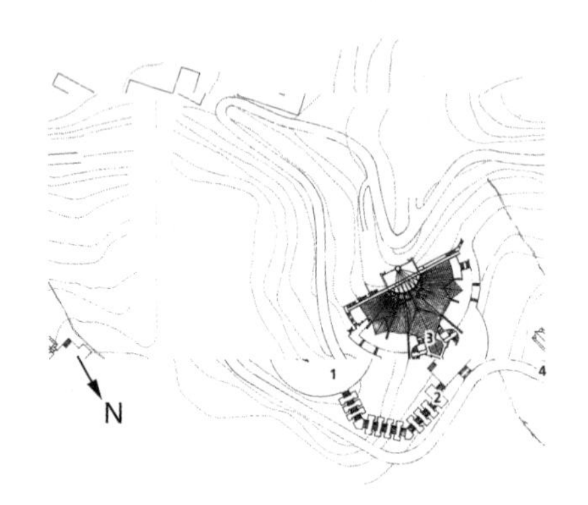

1 总平面
（1. 教堂广场，2. 步行台阶，3. 公墓小教堂，4. 科希马镇）

罗马天主教堂由R. 卡马什和V. 卡马什设计，位于印度东北部那加兰邦山地一个突出的山坡上，俯瞰着科希马城。与天主教堂包容其教徒的多种文化的特征相吻合，该教堂的设计构思是将天主教堂的建筑形式同那加斯的传统部落艺术和建筑结合起来。

教堂位于一个从山坡开凿出来的广场上。经宽宽的台阶蜿蜒而上，到达该广场。教堂中的集会空间对于大跨度结构的要求以及该山地不稳定的地理结构都促使建筑师将传统的那加竹子、雕木和草篷屋顶结构改变成该建筑中的城堡式的轻型钢架结构，这也成为设计构思中的要点——通过屋顶的结构形式和轮廓线来表现教堂的显著特色。

建筑平面呈半圆形，沿着主梁的方向，平均分成八部分。主梁的一端位于最外圈墙的扶壁上，另一端位于祭坛上方的半圆形网架上，并从祭坛方向向外墙方向倾斜。祭坛上方的网架由混凝土钟塔上的呈螺旋状排列的钢缆拉结。这种形体构成自然地拉近了集会的人群与作为教堂中心的祭坛的距离，并为教堂的活动提供了一个富有戏剧性的环境背景。教堂的室内装饰也试图将传统装饰元素、形式、色彩和质感有机地融入到整个建筑中。

对于该建筑的设计师们来说，他们本以擅长

2 屋顶形式给教堂以显著特征
3 正立面

泥土建筑、采用传统方法进行细部处理及建造低成本房屋而著称，而在这个无论是建筑形式还是建筑技术方面都与以前大不相同的工程上，他们同样成功地实现了自己的设计思想。这个建筑充满想象地延续了传统屋顶的形式，并将其与山地的自然风貌完美地结合起来。同时，该建筑也为如何将现代技术与地方建筑形式及技术相结合这一热门论题提供了可行的答案。

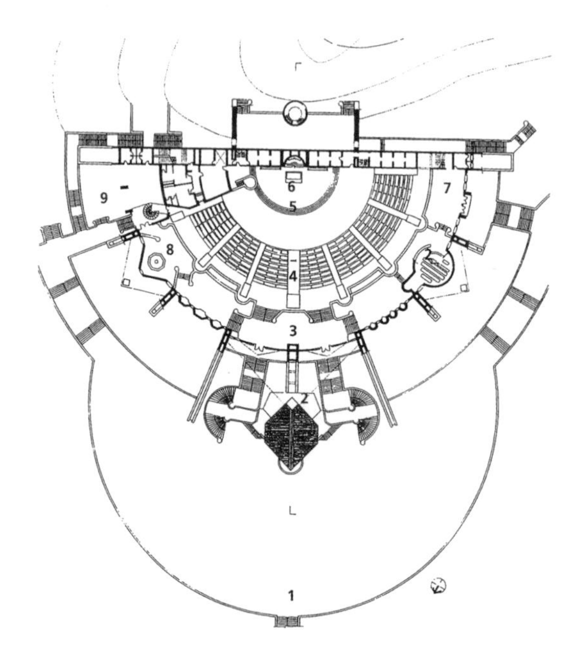

参考文献

"Architecture of the SAARC Nations", Media Transasia, *Architecture+Design*, New Delhi, Nov.-Dec., 1991.

Indian Architect and Builder, Bombay: Business Press, Aug., 1991.

↑ 4 钢架结构的柱子支撑着小教堂屋顶

← 5 楼层平面

（1.主要广场，2.小教堂，3.教堂前廊，4.中殿，5.内殿，6.祭坛，7.门厅，8.洗礼堂，9.院落）

图和照片由建筑师提供

92. 珀德萨拉村居

地点：库米拉，孟加拉国
建筑师：B. 哈克
设计 / 建造年代：1991—1992

珀德萨拉村居背倚着一片充满孟加拉田园风味的开阔田野，是建筑师B. 哈克的乡村别墅。建筑尽量建得较低，以便与周围环境融为一体。住宅掩映在一片树林中，而树林通常是孟加拉平缓连绵风景中的制高点。

为了和传统的乡村住宅布局一致，建筑位于一个半封闭庭院的西北面，建于两个形成“L”形包围的现存的建筑基座上。这栋两层住宅的底部以实体为主，包括主要的起居室空间。上部则为框架结构，其轻盈通透的效果通过开敞的走廊和一个有着特殊屋顶的阳台得到加强。从阳台上可以看到周围令人心旷神怡的稻田风光。平台上的斜屋顶一直往外出挑，落在了柱子上，它既强调出建筑的入口，又显示出屋顶的轻巧。整个建筑都采用当地出产的砖、木料和波形镀锌铁板建造，加上拱形的开口和木制百叶窗，建筑

1 总平面
2 细部显示出：通过对各要素的组织，坚实的底部结构自然过渡到了通透的上部结构

↑ 3 入口雨篷及出挑的斜屋顶

师在这里创造了一种借鉴当地形式和传统的建筑语汇。

在一个被有限的资源和本地技术左右着绝大部分建筑的国家里，这座设计严谨的建筑，通过创造性地使用地方材料，表达了建筑师对于使用民族语言去描绘当地现代风格的一种态度。

参考文献

Ameen, Farooq (ed.), *Contemporary Architecture and City Form: The South Asian Paradigm*, Marg Publications, 1997. Research conducted by the Chetna Sthapatya Unnoyon Society, Dhaka.

4 二楼阳台景观

5 首层平面

（1.入口，2.画廊，3.起居室和餐厅，4.厨房，5.卧室，6.卫生间）

6 二楼平面

7 轴测景观

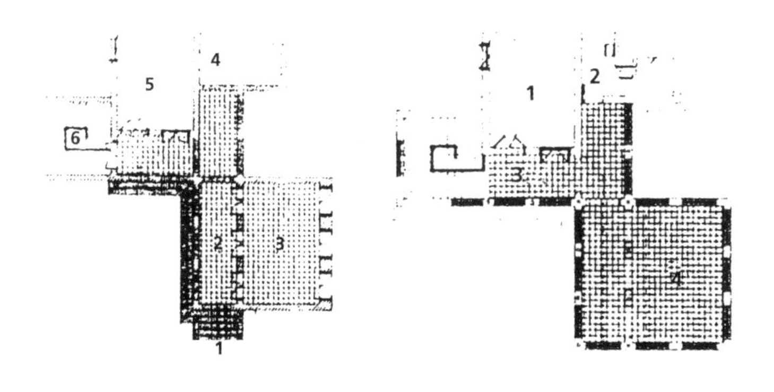

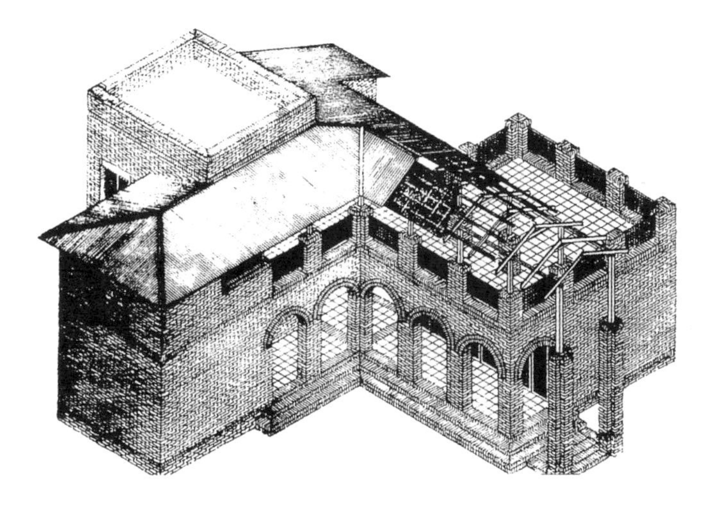

照片由C. S. 乌诺约集团提供，图由建筑师提供

93. 英国文化协会总部

地点：新德里，印度
建筑师：C. 柯里亚
设计/建造年代：1987/1988—1992

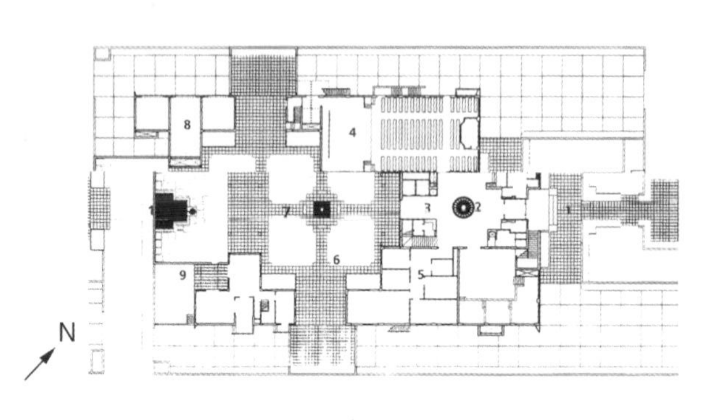

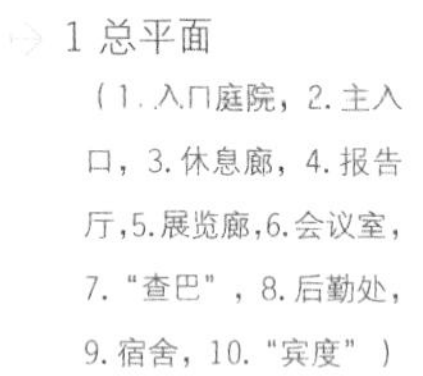

1 总平面
（1. 入口庭院，2. 主入口，3. 休息廊，4. 报告厅，5. 展览廊，6. 会议室，7. "查巴"，8. 后勤处，9. 宿舍，10. "宾度"）

2 建筑物中心伊斯兰花园"查巴"的布局
（D. 梅塔摄）

由C. 柯里亚设计的新德里英国文化协会新总部大楼位于一块长方形地段上，毗邻一条从康诺特广场辐射出的主要商业大街。

建筑内包括协会办公室、小礼堂、艺术画廊、图书馆、阅览室和客人用房。这些功能沿着一条中央轴线布置，而轴线上的空间体验又分别以三个节点为中心展开。这三个节点象征着在过去几个世纪印、英两国之间的几次意义重大的历史交往。

当人们经过一个三层高的雄伟门廊后，随即被引入一个门厅中，门厅中有一个用大理石和花岗岩镶嵌的象征欧洲的标志，代表着科学和发展的神奇魔力。行进序列中的下一个停留点是一个按传统伊斯兰花园——"查巴"（the Char Bagh）的模式来布置的主庭院，轴线结束于离入口最远处的后花园的围墙，这里有一个象征着印度教中"宾度"（Bindu）

3入口大门朝向尽头处的“湿婆”
（Shiva）
（D. 梅塔摄）

的螺旋雕塑。建筑物中的标志和符号占据了功能结构的主导位置。实际上，工作空间本身并不在轴线上，而通过轴线两侧的楼梯可以到达这些地方。

为了与建筑强烈的轴线结构相呼应，建筑还探索了表面艺术形式在建筑中的应用。在正立面的内层墙面上，是一幅由英国画家H. 霍特金绘制的巨型壁画。最尽端墙面上的花岗岩浮雕则是S. 柯克斯的作品。柯里亚将墙面作为一块巨型画布的大胆尝试使其将长久以来对绘画艺术的钟情带入了一个新的境界，并成功地利用它在建筑中创造了一种生机勃勃的精神面貌。

参考文献

Indian Architect and Builder, Bombay: Business Press, Jun., 1991.

↑ 4 在建筑物尽端，刻在灰色花岗岩上的“宾度”（R. 麦罗特拉摄）

↑ 5 伊斯兰花园景观，前景为水池（M. 辛摄）

图由建筑师提供

94. 贾瓦哈尔·卡拉·坎德拉中心

地点：斋浦尔，印度
建筑师：C. 柯里亚
设计/建造年代：1986—1992

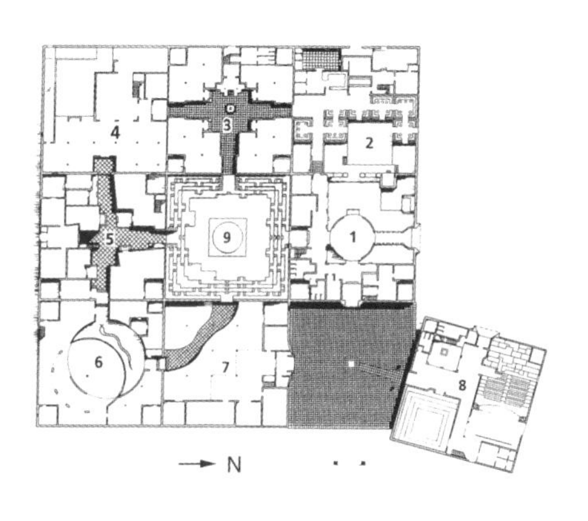

由C. 柯里亚设计的贾瓦哈尔·卡拉·坎德拉中心是一个为了纪念尼赫鲁总理而修建的艺术中心。其中包含众多内容，如建筑中收藏有纺织品、珠宝、有插图的手稿以及其他拉贾斯坦邦著名的工艺品。它还设有工艺者的工作室、图书馆、表演艺术中心和实验剧场。这里最明显的主题是九个正方形的那加哈曼荼罗（宇宙曼荼罗图式），即一个象征印度教宇宙中九大行星

1 平面
［1.行政管理，2.自助餐厅，3.珠宝和手稿，4.纺织品，5.工艺工作室，6.拉其普特人的武器，7.图书馆，8.表演艺术中心，9."昆德"（Kund）中心］
2 室内

↑ 3 宇宙模型——太阳从我们后面升起，而前面是一轮满月西沉

← 4 詹恩宇宙志清楚地描述了世界的诞生

（R. 拉赫曼摄）

5 “古鲁”的曲面玻璃幕墙和水院
6 “曼加尔马哈尔”，朝向车行入口

的宇宙图式——其中一个方块偏在一边，以便让出入口，并暗示斋浦尔早期规划的雏形。巨大的外墙表面为粗糙的红色砂岩饰面，以30米为单位，形成了装有不同行星的“盒子”——行星的符号嵌在外墙的大理石表面上，以标志各个“盒子”的归属。九个房屋分别以特定的行星命名，通过形式、色彩、环境的不同处理表达各自的特征，同时，这也形象地反映出印度社会固有的多元性文化特点。

在这里，根据印度教梵文经文中的神话而来的曼荼罗（坛场）已被译成了现代的语汇。正是由于柯里亚继承了传统印度思维中以象征来表达思想和感情的方法，从而使这一建筑在次大陆建筑论坛中

有着举足轻重的地位。曼荼罗的使用不仅在设计构思上十分恰当，而且有利于建筑的建设。整个建筑可由不同的承包商分阶段建造，每个承包商可以在各自的区域内独自工作。

包含着不同世界的盒子（由墙体限定）的这一构思还有助于柯里亚对其进行室内设计——利用象征性的图示或各个“盒子”独特的建筑元素以达到丰富内部空间的效果。于是，建筑师能大量使用自己长期积累下来的种种建筑元素，使得该建筑几乎成为了柯里亚——印度最重要的建筑师之一的自传了。

参考文献

Media Transasia, *Architecture + Design*, India, Delhi, Sept.-Oct., 1991.

Khan Hasan-Uddin, *Charles Correa*, Mimar, Singapore-Mapin, Ahmedabad, 1987.

7 从古鲁·马哈尔看“昆德”中心，图书馆

8 宇宙模型

9 象征九大行星的不同盒子的轴测图

照片由 M. 辛（除署名者外）摄制，图由建筑师提供

95. 阿汉姆拉艺术委员会

地点：拉合尔，巴基斯坦
建筑师：N. A. 达达
设计/建造年代：1976—1977/1977—1992

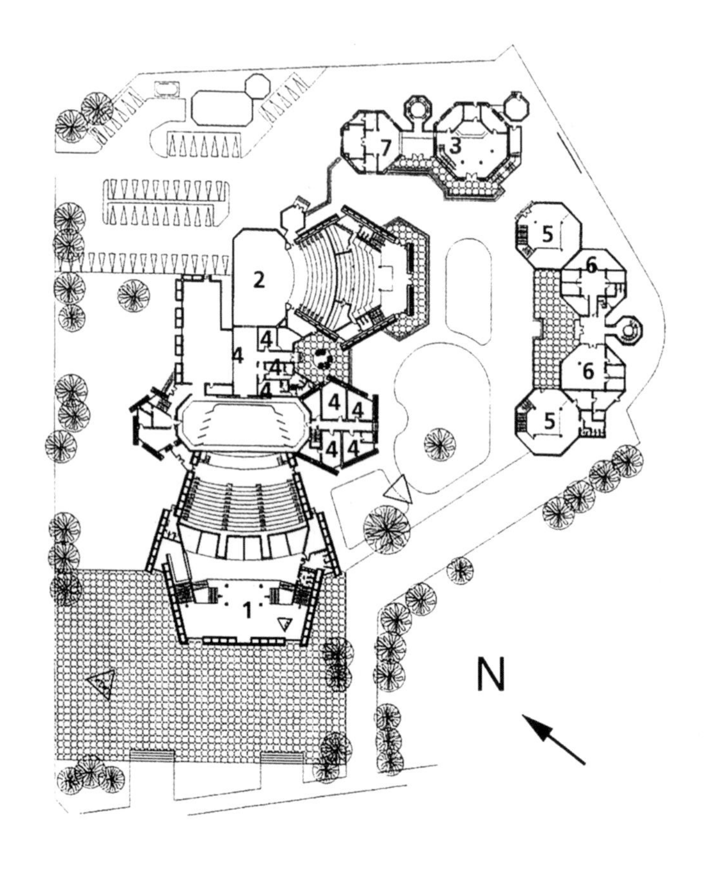

1 首层平面

（1. 主礼堂，2. 第二礼堂，3. 第三礼堂，4. 普通休息室，5. 艺术画廊，6. 讲演室，7. 行政管理）

阿汉姆拉艺术委员会的建筑由建筑师N. A. 达达设计，是拉合尔市中心的主要文化建筑群。它包括三个规模不等的礼堂、一个艺术画廊、图书馆、教室、办公用房以及录音室。具有不同使用功能的各个建筑围绕着一个中央庭院布置，这个庭院也可以作为各种活动的共用室外场地。两个较大的礼堂彼此垂直，第三个礼堂（主要用于演讲）、艺术画廊和行政用房则沿着院落分成两组布置。

建筑的多边形的体形是从扇形演变出来的，而扇形被认为是观众厅最理

2 多边形的建筑环绕着中心的开敞庭院布置
（建筑师提供）
3 通过主礼堂的剖面

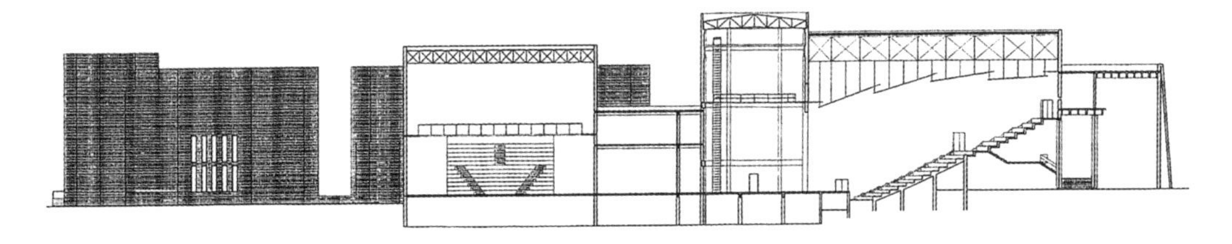

4 门廊处的砖墙细部

5 建筑内景

照片由H. 加尔德齐摄制，图由建筑师提供

想的形状。建筑外墙下厚上薄的斜剖面和齿状水平饰带借鉴木尔坦地区的建筑，并有助于减弱由大面实体砖墙给建筑带来的巨大尺度感。事实上，建筑群的首要视觉元素就是那些引人注目的、倾斜的并很少开窗的大片砖墙——这样做有助于保持建筑的凉爽。

尽管从建设开始到竣工的时间长达十多年，这一建筑却表现出了一种在空间、形式和整个建筑语言上的高度统一。建筑师并没有套用诸如拱门、穹顶、花窗格等常见的伊斯兰建筑手法，而是通过空间组合将建筑置身于传统的文脉中：比如采用组团式的布置，由中心的开敞空间来统领各建筑。另外，由于选用砖作为主要材料，一方面加强了建筑的雕塑感，另一方面也使建筑传达出一种有如木尔坦地区许多古迹一般的永恒之美。

参考文献

Mumtaz, K. K., *Architecture in Pakistan*, Mimar, Singapore, 1985.

KIRA (Korean Institute of Registered Architects), *Contemporary Architecture in Asia*, Baleon, Seoul, 1994.

96. SOS 儿童村和学校

地点：博格拉，孟加拉国
建筑师：R. 阿桑
设计/建造年代：1994

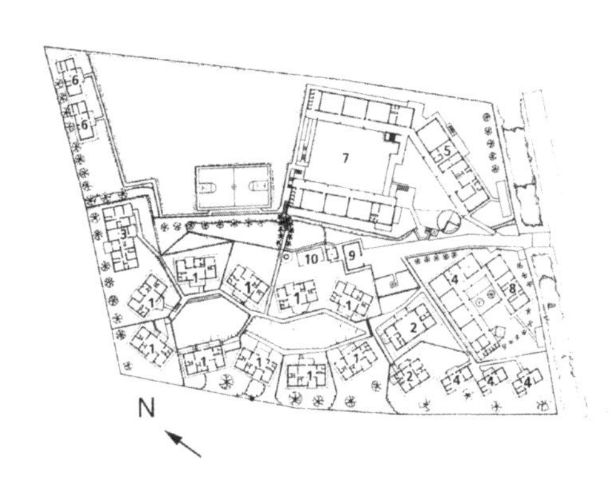

1 总平面
（1. 家庭住宅，2. 办公楼，3. 社区住房，4. 社区中心，5. 领导住宅，6. 工作人员住宅，7. 中学，8. 校长住宅，9. 车库，10. 水泵房）

SOS儿童村的基本功能是提供给孤儿们一个家，在这里，孤儿们就像在正常的家庭中一样，由一名母亲抚养。位于博格拉的SOS儿童村由R. 阿桑设计，包括十个家庭住宅、一个办公室、社区中心、工作人员住宅和一所中学。

不同的使用功能被安排到不同的建筑中，建筑则围绕院落成组布置。因此，总平面图中并不只有一个中心，而是多中心的。每一组建筑都有其独有特征，从而使整个建筑布局中充满了丰富的各不相同的空间体验。建筑物本身构筑简单，由清水砖墙、钢筋混凝土顶板及覆盖于屋面板上的波形镀锌铁片瓦组成。设计中将整个建筑统一起来的元素是“比塔”（bhita）——一个整体的地面平台，其上分别坐落着各单栋建筑。在这里，建筑师阿桑将传统平台要素改变成各式各样的地形组合，如土墩、堤

2 中学外观
3 从入口处看儿童村

4 园林小品点缀着开敞空间
5 围绕中心的房屋景观

图和照片由 C. S. 乌诺约集团提供

岸、平台和台阶等，这样一方面可以丰富视觉效果，另一方面也满足了功能的需要，如有些地方需设计为私密的座位区，另一些地方则为特定的活动区等。几乎所有的外部因素和空间设计都是在现场即时确定的。建筑师将草图、要求直接传达给施工方，因而绘制的图纸很少——却保证了设计能根据现场情况进行细致的调整。

通过保持建筑的低矮轮廓，建筑师强调了地面的设计。其实，整个设计就是围绕着地形轮廓这一中心主题而展开的。因此整个建筑群的特点也在于地面的处理及其与建筑形式的巧妙结合，它们共同创造出建筑中丰富多样的空间体验。

参考文献

Ameen, Farooq (ed.), *Contemporary Architecture and City Form: The South Asian Paradigm*, Marg Publications, 1997.
Research conducted by the Chetna Sthapatya Unnoyon Society.

97. 康达拉马旅馆

地点：丹布勒，斯里兰卡
建筑师：G. 巴瓦
设计 / 建造年代：1990—1991 / 1991—1994

↑ 1 从卧室往外看

康达拉马旅馆位于斯里兰卡中部的康达拉马村，是G. 巴瓦最近期的一个旅馆设计作品。建筑坐落在一个陡峭的山坡上。山前有一座水库，远处能看到锡吉里耶的一座雄伟的5世纪岩石古堡。该地形轮廓对于确定整个设计起到了决定性的作用，不规则的建筑平面沿山形展开，在视觉上则表现为一个以水平线条为主的严谨而有节制的建筑，对于原有的自然景观，康达拉马旅馆几乎丝毫都没有破坏。

自然景观明显地占据了空间体验的主导地位——这种体验通过建筑师的高超处理更显得充满了戏剧性，例如在类似山洞的入口一侧，建筑师设计了一个水池，以在视觉上创造出一种同远处湖面浑然一体的水面的连续感。客房部分分成两翼，均为四层高，分别像一副折叠的纸牌那样，沿着其后山崖的岩石表面展开。考虑到客房的地势低于公共部分，因此所有的房间都伸展到风景中去，并且从每个卧室和洗手间里都能看到不同的、经窗户剪裁的美丽风景。

建筑师尽一切努力减少建筑在视觉上对原

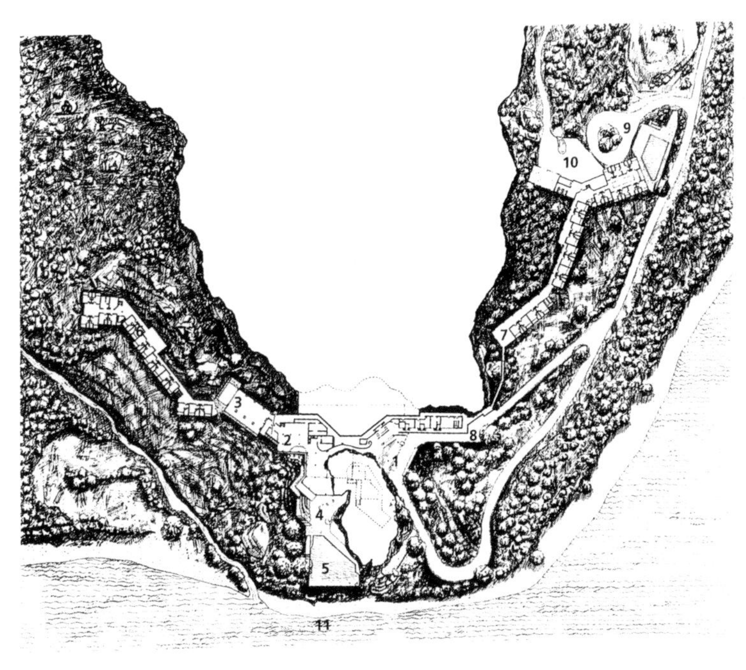

2 从水池看公共活动区

3 总平面

（1.接待处，2.咖啡厅，3.餐厅，4.水池平台，5.游泳池，6.锡吉里耶一侧客房，7.达姆布拉一侧客房，8.办公室，9.二层入口，10.服务入口，11.湖）

4 顶层水池，餐厅在右侧
5 通过客房一侧的剖面

照片由C. 达斯瓦特摄制，图由建筑师提供

有自然景观的影响，如控制色彩、使用简单建材，以及在外立面罩上一层用木材和混凝土做成的藤架。这样，当攀附植物布满藤架时，整座建筑物就会被掩盖成一片翠绿！巴瓦以高超的技巧处理了这一优美的地段——建筑中没有使用斜屋顶，而是通过有遮盖空间和无遮盖空间之间天衣无缝的结合，以一种最现代的方式，突出和美化了原有自然环境的风貌。

参考文献

Architectural Review, Dec., 1995.
Taylor Brian Brace, Geoffrey Bawa, *A Mimar Book*, Concept Media Ltd. with Butterworth Architecture, London, 1995.
Bawa: Recent Projects 1987-1995, The Royal Australian Institute of Architects, Queensland, 1996.

98. 威达姆巴万国民议会

地点：博帕尔，印度
建筑师：C. 柯里亚
设计／建造年代：1980—1984／1984—1996

由C. 柯里亚设计的威达姆巴万是位于首府城市博帕尔的新的国民议会建筑。博帕尔不仅拥有许多有历史意义的穆斯林纪念建筑，并临近著名的桑奇佛塔。它还有着优越的自然条件，坐落于湖水之滨和群山环抱之中。议会建筑就在博帕尔群山之一的山顶上，在这里，山下整座城市的风景能一览无余，尽收眼底。

建筑包括议会的上院和下院、议长办公室、部长及其助手办公室和委员会办公室。建筑平面呈圆形，被划分成九个方块，四个角落部分分别执行特

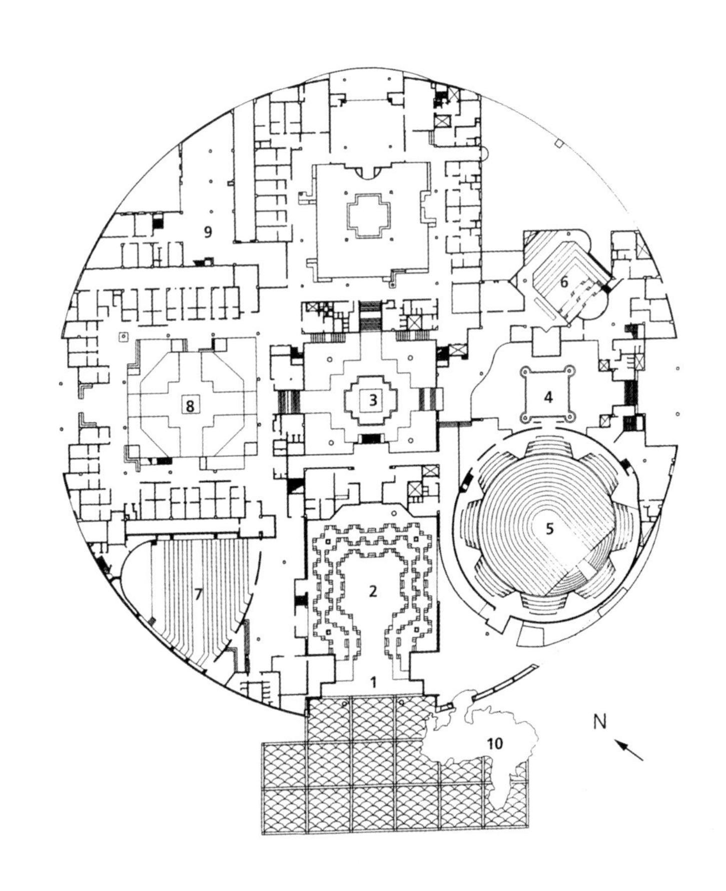

1 首层平面
（1. 民众入口，2. 民众庭院，3. 中央大厅，4. 议员休息厅，5. 下议院，6. 上议院，7. 联合大厅，8. 庭院，9. 图书馆，10. 水池）

↑ 2 从水池处看穹顶，穹顶被周边建筑所环绕
（C. 柯里亚摄）

定的职能：下议院、上议院、综合厅以及图书馆。而中央部分（沿两个主轴）则是厅堂和庭院。

建筑共有三个主要入口：民众入口、议长（贵宾）入口和立法院成员入口。平面布局使得这些不同的行进路线互不干扰，同时在其中任何路线上行进时，都能领略到建筑中复杂的内部空间。这些路线在建筑中表达为能眺望庭院和花园的长廊，它们令人联想到伊斯兰建筑中那些宏大的公共空间。

威达姆巴万标志了C. 柯里亚作品的一个新方向——这是一个超越了场地、材料、气候和经济问题的建筑论述，也因此成为柯里亚最具影响力的建筑论述之一。这一建筑完美地将印度教的象征手法和伊斯兰建筑的规划原则结合到一个真正的世俗建筑中，威达姆巴万的确无愧于其称号——“一个民主宫殿”。

3 中央大厅：建筑的两个主轴线的交叉处
（R. 伊拉尼摄）
4 从议员休息厅庭院通向下议院的“约格拉夫”门廊
（R. 麦罗特拉摄）

图由建筑师提供

参考文献

Kagal, Carmen (ed.), “Vistara: The Architecture of India”, Exhibition Catalogue, The Festival of India, 1986.

Khan Hasan-Uddin, *Charles Correa*, Mimar, Singapore-Mapin, Ahmedabad, 1987.

Rewal, Raj, Jean-Louis Véret and Ram Sharma (eds.), *Architecture in India*, Association Francaise d’Action Artistique-Electa Moniteur, Paris, 1985.

99. 达鲁希克马特

地点：拉合尔，巴基斯坦
建筑师：K. 汗·穆姆塔兹
设计/建造年代：1989/1989—1997

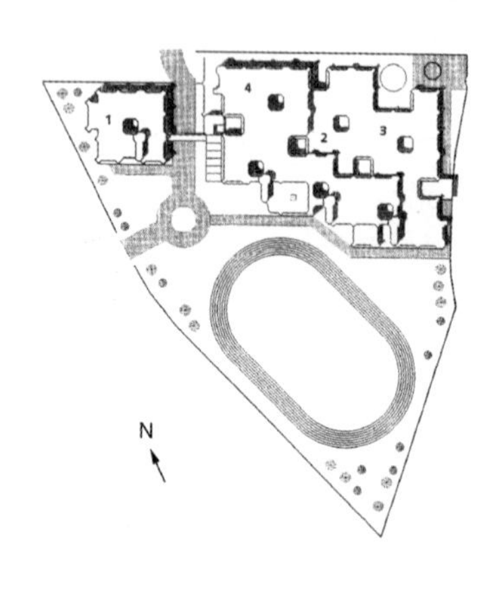

1 总平面
（1. 小学，2. 职业培训中心，3. 男生宿舍，4. 女生宿舍）

由K. 汗·穆姆塔兹设计的达鲁希克马特是一个教师培训中心，并附带一所为拉合尔地区的基督教会服务的小学。该建筑要求造价低，空间多样、灵活，且有利于今后的扩建。这一中心设计的成功，使建筑能顺利扩建，目前已建起了一所中学。此外，它的成功也促使了在另外两个村子里的类似学校的建设。

建筑师将8米×8米带斜切角的方块作为建筑的基本单元，每八个单元围绕一个中心庭院成组布置。四个这样的组团通过两米宽的走廊相连，从而形成一个更大的庭院，这个庭院成为整个建筑的中心，不同的走廊也按风车形状在此交会。这种布置确保了各个单元的采光和通风，也使交通部分变成点缀庭院的有趣空间。从斜切角退后的地方，可以进入各个单元，这样也保证了走廊中交通的顺畅。这座建筑成功地运用了院子这一建筑元素来顺应当地气候特点，并进行空间布局，从而创造了一种对于小学生来说至关重要的安全、私密感。

利用砖作为结构和装饰材料，并着力强调当地的技术和手工艺，使建筑有一种亲切的氛围，并且不会让从贫困城乡来的学生感到害怕。使用当地材料和采用简易的建筑技术节省了预算开支，并使得建筑能有效地与传统工艺如壁画、拼花大理

2 内向的低层建筑

3 首层平面

（1. 教室，2. 宿舍，3. 公共休息室，4. 厨房，5. 餐厅，6. 多功能厅，7. 教职员室，8. 洗手间）

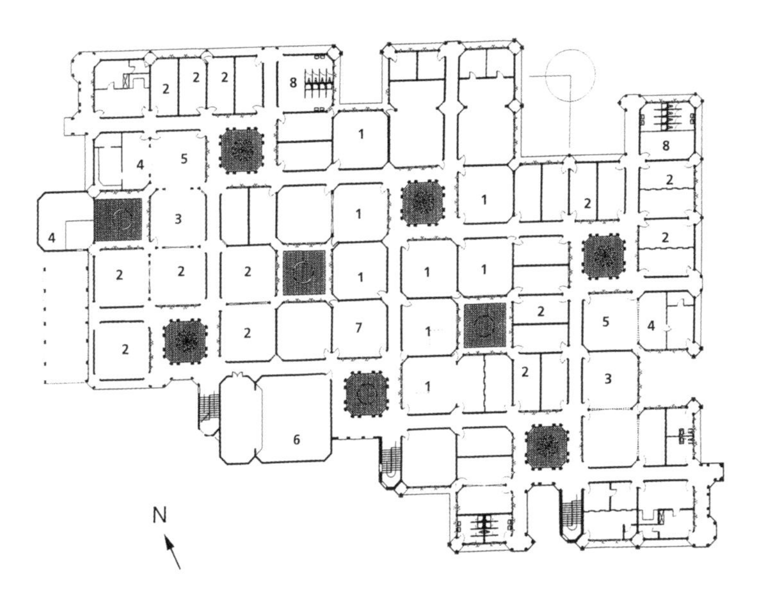

↑ 4 在连廊上可见清水砖墙的传统语言

↓ 5 壁画中的花草装饰纹样

图和照片由建筑师提供

石地板和木雕门窗等结合起来。同时，传统符号与联想也起到了装饰建筑的作用。

参考文献

Ameen, Farooq (ed.), *Contemporary Architecture and City Form: The South Asian Paradigm*, Marg Publications, 1997.

KIRA (Korean Institute of Registered Architects), *Contemporary Architecture in Asia*, Baleon, Seoul, 1994.

100. 马特利曼迪尔

地点：奥诺维尔，本地治里，印度
建筑师：R. 恩格
设计/建造年代：1971 至今

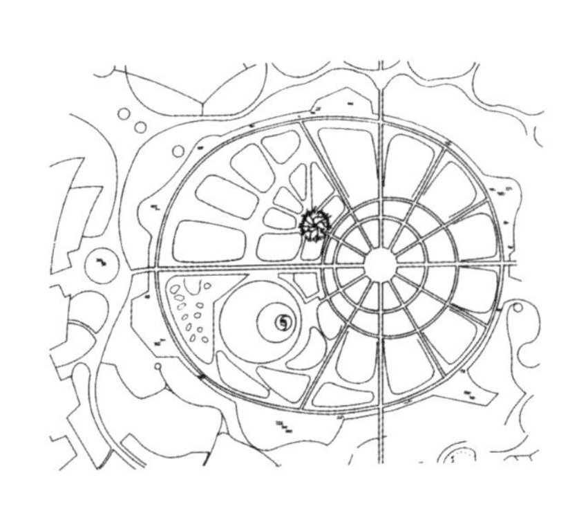

奥诺维尔镇离本地治里15千米，是一个由S. 奥罗宾多创建的国际公社的实验基地。这个组织主要从事有关生态平衡的研究工作。马特利曼迪尔是一间冥想室，它是这个城镇在实际意义和象征意义上的中心。马特利曼迪尔从文字上翻译，就是“母亲的圣地”，它的形状像一枚鸡蛋——这个组织的精神领袖（母亲）将其看成组织的孕育者。

由建筑师R. 恩格设计的这一建筑，形体上像是一个巨大的扁平球体，就像一个天外来客坐落在一个人造火山口，周围是形同花瓣的土地。主要空间是一个巨大的空空的房间——冥想室——悬挂在一个巨大的混凝土网格的球体内部，并安置在四对混凝土柱子上。两个交错的螺旋坡道穿插在空间中，将入口与冥想室连接起来。

冥想室的内部呈12边形，全部为白色，一个纯

1 总平面
2 夜景
3 南北剖面

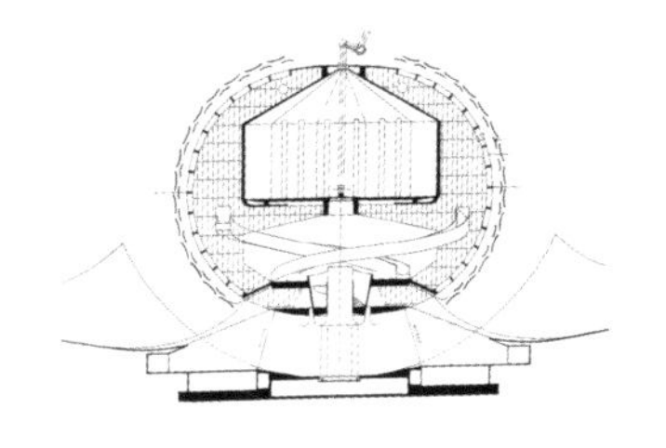

↑ 4 扁平球体的冥想室
↓ 5 在坡道高度的平面

图和照片由马特利曼迪尔提供

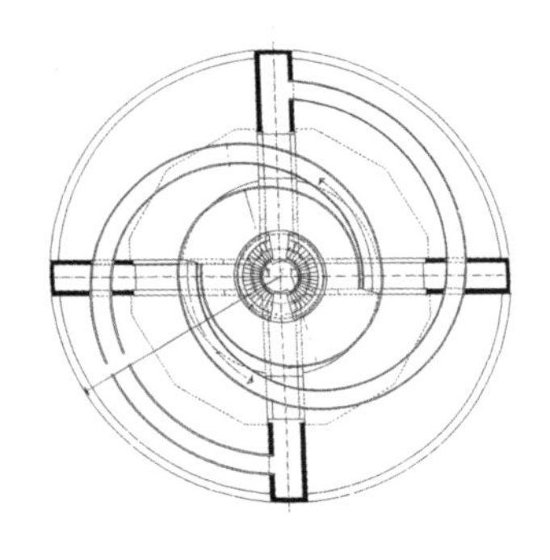

白的水晶球位于正中央。水晶球沐浴在从大球体顶端小口内洒下来的稳定的阳光之中。冥想室中12根独立的柱子位于与墙壁和中心等距的地方，象征着一年中的12个月。整个建筑由来自不同背景的组织成员在借助当地劳力的情况下合力建成。

马特利曼迪尔是一个在美学上和技术上都很成熟的建筑，它体现了一种精神，这种精神推动着这个独特的组织，执着顽强、坚持不懈地从事为发展中国家寻求切合自身的技术的研究工作。

参考文献

Media Transasia, *Architecture + Design*, India, Delhi, Mar.-Apr., 1991.

总参考文献

1. "Architecture of the SAARC Nations", Media Transasia, *Architecture+Design*, New Delhi, Dec., 1991.
2. Ameen, Farooq (ed.), *Contemporary Architecture and City Form: The South Asian Paradigm*, Marg Publications, 1997.
3. Bhatt, Vikram and Peter Scriver, *After the Masters: Contemporary Indian Architecture*, Mapin, Ahmedabad, 1990.
4. Kagal, Carmen (ed.), "Vistara: The Architecture of India", Exhibition Catalogue, The Festival of India, 1986.
5. Lang, Jon, Madhavi Desai and Miki Desai, *Architecture and Independence: The Search for Identity-India 1880 to 1980*, Delhi: OUP, 1997.
6. Mehrotra, Rahul, "Response to a Tradition", Unpublished thesis, Ahmedabad: School of Architecture, CEPT, 1985.
7. Rewal, Raj, Jean-Louis Véret and Ram Sharma (eds.), *Architecture in India*, Association Francaise d'Action Artistique-Electa Moniteur, Paris, 1985.
8. Tillotson, G. H. R., *The Tradition of Indian Architecture: Continuity, Controversy and Change since 1850*, Delhi: Oxford University Press, 1989.
9. Wild, David, *Fragments of Utopia-Collage Reflections of Heroic Modernism*, London: Hyphen Press, 1998.
10. "An Architecture of Independence: The Making of Modern South Asia—The Works of Charles Correa, Balkrishna Doshi, Muzharul Islam and Achyut Kanvinde", Exhibition organized by the Architectural League of New York, New York, 1997.
11. "Inside Outside", *The Indian Design Magazine*, Issue 155, Mar., 1998, "From Khadi to Lalique—The Design History of Independent India".

英中建筑项目对照

1. Mubarak Mahal, Jaipur, India, arch. Chiman Lal
2. Richmond Castle, Kalutara, Sri Lanka, arch. unknown
3. Standard Chartered Bank, Bombay, India, arch. F. W. Stevens & Charles F. Stevens
4. Taj Mahal Hotel, Bombay, India, arch. W. A. Chambers
5. Curzon Hall, Dhaka Bangladesh, arch. unknown
6. Bombay Gymkhana, Bombay, India, arch. Charles Fredrick Stevens
7. Howrah Station, Calcutta, India, arch. Halsey Ricardo
8. Bombay Improvement Trust Chawls, Bombay, India, arch. Bombay Improvement Trust
9. General Post Office, Bombay, India, arch. John Begg
10. Daly College, Indore, India, arch. Swinton Jacob
11. Prince of Wales Museum, Bombay, India, arch. George Wittet
12. Karachi Port Trust, Karachi, Pakistan, arch. George Wittet
13. Royal Institute of Science and Cowasji Jehangir Hall, Bombay, India, arch. George Wittet
14. New Patna, Patna, India, arch. J. F.

1. 穆巴拉克接待厅，斋浦尔，印度，建筑师：C. 拉尔
2. 李奇蒙城堡，卡卢特勒，斯里兰卡，建筑师：不详
3. 渣打银行，孟买，印度，建筑师：F. W. 斯蒂文斯，C. F. 斯蒂文斯
4. 泰姬陵饭店，孟买，印度，建筑师：W. A. 钱伯斯
5. 库尔松大厅，达卡，孟加拉国，建筑师：不详
6. 孟买体育馆，孟买，印度，建筑师：C. F. 斯蒂文斯
7. 豪拉火车站，加尔各答，印度，建筑师：H. 里卡多
8. 孟买进步信托储蓄银行，孟买，印度，建筑师：孟买进步信托公司
9. 邮政总局，孟买，印度，建筑师：J. 贝格
10. 达里学院，印多尔，印度，建筑师：S. 雅各布
11. 威尔士王子博物馆，孟买，印度，建筑师：G. 维忒特
12. 卡拉奇港海关，卡拉奇，巴基斯坦，建筑师：G. 维忒特
13. 皇家科学院与柯瓦斯基耶汉吉尔厅，孟买，印度，建筑师：G. 维忒特
14. 新巴特那城，巴特那，印度，建筑师：J. F. 穆

Munnings

15. Victoria Memorial, Calcutta, India, arch. William Emerson
16. Clifton Promenade, Karachi, Pakistan, arch. E. B. Hoare
17. Sindh High Court, Karachi, Pakistan, arch. Woods Hill, A. J. A. Illingworth and George Wittet
18. Secretariat, New Delhi, India, arch. Herbert Baker
19. Garrison Church of St. Martin, New Delhi India, arch. A. Shoosmith
20. Lalitha Palace, Mysore, India, arch. E. W. Fritchley
21. Viceroy's House (now called Rashtrapati Bhavan), New Delhi, India, arch. Edwin Lutyens
22. Mohatta Palace, Karachi, Pakistan, arch. Ahmad Hussain Agha
23. Connaught Place, New Delhi India, arch. Robert Tor Russell
24. Trinity College Chapel, Kandy, Sri Lanka, arch. Mr. Gaster
25. Gandhi Ashrams (Sabarmati and Sevagram), Ahmedabad (1920s) and Wardha (1936) India, arch. Mahatma Gandhi with Maganlal Gandhi
26. Eros Theatre, Bombay, India, arch. Bhedwar & Sorabji Architects
27. Uttarayan, Shantiniketan, Bengal, India, arch. Suren Kar with Rathindranath Tagore
28. Lalbhai House, Bombay, India, arch. Claude Batley
29. Baur's Building, Colombo Fort, Sri Lanka, arch. K. Engender & W. Muller
30. House in Kandy, Kandy, Sri Lanka, arch. Andrew Boyd
31. Howrah Bridge, Calcutta, India, arch. Hubert Shirley-Smith, Cleveland Bridge & Engineering Company
32. Umaid Bhawan Palace, Jodhpur, India,

宁斯

15. 维多利亚纪念馆，加尔各答，印度，建筑师：W. 艾默森
16. 克利夫顿滨江步道，卡拉奇，巴基斯坦，建筑师：E. B. 霍尔
17. 辛格高等法院，卡拉奇，巴基斯坦，建筑师：W. 黑尔，A. J. A. 依林沃斯，G. 维忒特
18. 秘书处大厦，新德里，印度，建筑师：H. 贝克
19. 加里森圣马丁教堂，新德里，印度，建筑师：A. 舒密斯
20. 拉里塔宫，迈索尔，印度，建筑师：E. W. 弗里奇利
21. 总督大厦，新德里，印度，建筑师：E. 勒琴斯
22. 摩哈塔宫，卡拉奇，巴基斯坦，建筑师：A. H. 阿伽
23. 康诺特广场，新德里，印度，建筑师：R. T. 拉塞尔
24. 三一学院教堂，康提，斯里兰卡，建筑师：加斯特
25. 甘地故居（萨巴尔马蒂故居与塞瓦格拉姆故居），艾哈迈达巴德与沃尔塔，印度，建筑师：圣雄甘地与 M. 甘地
26. 伊萝丝影剧院，孟买，印度，建筑师：贝德瓦尔与索拉布吉建筑师事务所
27. 乌塔拉扬，森蒂尼盖登，印度，建筑师：S. 卡尔与小 R. 泰戈尔
28. 拉尔巴伊住宅，孟买，印度，建筑师：C. 巴特利
29. 鲍尔公司建筑，科伦坡，斯里兰卡，建筑师：K. 恩金德，W. 穆勒
30. 康提私宅，康提，斯里兰卡，建筑师：A. 博依德
31. 豪拉桥，加尔各答，印度，建筑师：H. S. 史密斯，克里夫兰桥梁与工程公司
32. 乌梅依德巴万宫，焦特布尔，印度，建筑师：

arch. Henry Vaughan Lanchester

33. Jamshedpur Steel Town, Jamshedpur, India, arch. Julian Kennedy, F. C. Temple, Otto Koenigsberger
34. Golconde House, Pondicherry, India, arch. Antonin Raymond
35. Karunaratne House, Kandy, Sri Lanka, arch. Minnette de Silva
36. Headquarters of the Ahmedabad Textile Mill Owner's Association, Ahmedabad, India, arch. Le Corbusier
37. College of Arts and Crafts, Dhaka, Bangladesh, arch. Muzharul Islam
38. Sarabhai's House, Ahmedabad, India, arch. Le Corbusier
39. Shodhan House, Ahmedabad, India, arch. Le Corbusier
40. Mahatma Gandhi Smarak, New Delhi, India, arch. Vanu G. Bhuta
41. American Embassy, New Delhi, India, arch. Edward Durrell Stone
42. Capitol Complex, Chandigarh India, arch. Le Corbusier
43. S. Babar Ali House, Lahore, Pakistan, arch. M. A. Mirza
44. Ena De Silva House, Colombo, Sri Lanka, arch. Geoffrey Bawa
45. India International Centre, New Delhi, India, arch. Joseph Allen Stein (Stein, Doshi & Bhalla)
46. Gandhi Smarak Sangrahalaya, Ahmedabad, India, arch. Charles Correa
47. Kamlapura Railway Station, Dhaka, Bangladesh, arch. Robert Bouigh
48. Teachers-Students Centre, Dhaka University, Dhaka, Bangladesh, arch. Constantine Doxiadis
49. Harivallabhdas House, Ahmedabad, India, arch. Achyut P. Kanvinde
50. Indian Institute of Technology, Kanpur, India, arch. Achyut P. Kanvinde

H. V. 兰彻斯特

33. 贾姆谢德布尔钢城，贾姆谢德布尔，印度，建筑师：J. 肯尼迪，F. C. 坦普尔，O. 柯尼格斯博格尔
34. 戈尔孔德私宅，本地治里，印度，建筑师：A. 雷蒙
35. 卡鲁纳拉特纳住宅，康提，斯里兰卡，建筑师：M. D. 西尔瓦
36. 艾哈迈达巴德纺织厂厂长协会总部，艾哈迈达巴德，印度，建筑师：勒・柯布西耶
37. 工艺美术学院，达卡，孟加拉国，建筑师：M. 伊斯兰姆
38. 萨拉巴伊私宅，艾哈迈达巴德，印度，建筑师：勒・柯布西耶
39. 肖丹私宅，艾哈迈达巴德，印度，建筑师：勒・柯布西耶
40. 圣雄甘地纪念馆，新德里，印度，建筑师：V. G. 布塔
41. 美国大使馆，新德里，印度，建筑师：E. D. 斯东
42. 省会建筑群，昌迪加尔，印度，建筑师：勒・柯布西耶
43. S. B. 阿里私宅，拉合尔，巴基斯坦，建筑师：M. A. 米尔扎
44. 依娜地席尔瓦住宅，科伦坡，斯里兰卡，建筑师：G. 巴瓦
45. 印度国际中心，新德里，印度，建筑师：J. A. 斯坦（斯坦、多西与巴拉建筑师事务所）
46. 甘地纪念馆，艾哈迈达巴德，印度，建筑师：C. 柯里亚
47. 卡姆拉普拉火车站，达卡，孟加拉国，建筑师：R. 布依
48. 达卡大学教师－学生活动中心，达卡，孟加拉国，建筑师：C. 佐克西亚季斯
49. 哈里瓦拉布达斯住宅，艾哈迈达巴德，印度，建筑师：A. 堪文德
50. 印度理工学院，坎普尔，印度，建筑师：A. 堪文德

51. School of Architecture, CEPT, Ahmedadad, India, arch. Balkrishna Doshi
52. Architect Bawa's Private Residence House, Colombo, Sri Lanka, arch. Geoffrey Bawa
53. National Institute of Public Administration (NIPA) Building, Dhaka University, Dhaka, Bangladesh, arch. Muzharul Islam
54. Architect Islam's Residence, Dhaka, Bangladesh, arch. Muzharul Islam
55. Loyola Graduate Women's Hostel, Trivandrum, India, arch. Laurie Baker
56. Lecture Theatres, Jodhpur University, Jodhpur, India, arch. Uttam Jain
57. Permanent Exhibition Complex, New Delhi, India, arch. Raj Rewal
58. Centre for Development Studies, Trivandrum, India, arch. Laurie Baker
59. Madura Club, Madurai, India, arch. Geoffrey Bawa
60. Indian Institute of Management, Ahmedabad, India, arch. Louis I. Kahn
61. Pakistan Burmah-Shell Headquarters, Karachi, Pakistan, arch. Habib Fida Ali
62. Welcomgroup Mughal Sheraton, Agra, India, arch. ARCOP-Design Group
63. Rock Garden, Chandigarh, India, arch. Nek Chand
64. Angoori Bagh Housing, Lahore, Pakistan, arch. Yasmeen Lari
65. Limestone Mining and Cement Works Housing, Joypurhat, India, arch. Muzharul Islam
66. Sangath, Ahmedabad, India, arch. Balkrishna Doshi (Stein, Doshi & Bhalla)
67. Bhong Mosque, Rahim Yar Khan, Pakistan, arch. Rais Ghazi Mohammad & Craftsmen
68. Parliamentary Complex, Sri Jayawardenapura (Kotte), Sri Lanka, arch. Geoffrey Bawa
69. Kalakshetra Theatre, Madras, India, arch. C. N. Raghavendran with D. Appukuttam Nair

51. CEPT 建筑学院，艾哈迈达巴德，印度，建筑师：B. 多西
52. 建筑师巴瓦的自宅，科伦坡，斯里兰卡，建筑师：G. 巴瓦
53. 达卡大学国家公共管理学院，达卡，孟加拉国，建筑师：M. 伊斯兰姆
54. 建筑师伊斯兰姆的自宅，达卡，孟加拉国，建筑师：M. 伊斯兰姆
55. 劳约拉女研究生宿舍，特里凡得琅，印度，建筑师：L. 贝克尔
56. 焦特布尔大学大教室，焦特布尔，印度，建筑师：U. 贾因
57. 新德里永久性展览馆建筑群，新德里，印度，建筑师：R. 里瓦尔
58. 发展研究中心，特里凡得琅，印度，建筑师：L. 贝克尔
59. 马杜赖俱乐部，马杜赖，印度，建筑师：G. 巴瓦
60. 印度管理学院，艾哈迈达巴德，印度，建筑师：路易斯・康
61. 巴基斯坦布尔马壳牌石油公司总部，卡拉奇，巴基斯坦，建筑师：H. F. 阿里
62. 莫卧儿喜来登饭店，阿格拉，印度，建筑师：ARCOP 建筑师事务所
63. 石头园，昌迪加尔，印度，建筑师：N. 昌德
64. 安恭巴格住宅，拉合尔，巴基斯坦，建筑师：Y. 拉里
65. 石灰石矿与水泥厂宿舍，焦伊布尔哈特，孟加拉国，建筑师：M. 伊斯兰姆
66. 桑迦特，艾哈迈达巴德，印度，建筑师：B. 多西（斯坦、多西与巴拉建筑师事务所）
67. 布亨清真寺，拉希姆亚尔汗，巴基斯坦，建筑师：赖斯、加齐与穆罕默德建筑师事务所和工匠
68. 议会建筑群，科特（今贾亚瓦德纳普拉），斯里兰卡，建筑师：G. 巴瓦
69. 卡拉克舍特拉剧院，马德拉斯，印度，建筑师：C. N. 拉戈哈文德兰和 D. A. 奈尔

70. Lagoonside House, Moratuwa, arch. Anura Ratnavibhushana
71. Asiad Village, New Delhi, India, arch. Raj Rewal
72. Kanchanjunga Apartments, Bombay, India, arch. Charles Correa
73. Belgian Embassy, New Delhi, India, arch. Satish Gujral
74. National Capital Complex, Dhaka, Bangladesh, arch. Louis I. Kahn
75. Grameen Bank Housing Programme (Various locations in Bangladesh), arch. Mohammed Yunus
76. Indian Institute of Management, Bangalore, India, arch. Balkrishna Doshi
77. University of Ruhunu, Matara Sri Lanka, arch. Geoffrey Bawa
78. Aga Khan Hospital, Karachi, Pakistan, arch. Payette Associates
79. Faisal Mosque, Islamabad, Pakistan, arch. Vedat Dalokay
80. Bahai House of Worship, New Delhi, India, arch. Fariburz Sahba
81. Entrepreneurship Development Institute, Ahmedabad, India, arch. Bimal Patel
82. National Institute of Immunology, New Delhi, India, arch. Raj Rewal
83. Indian Institute of Forest Management, Bhopal, India, arch. Anant Raje
84. State Trading Corporation, New Delhi, India, arch. Raj Rewal
85. Aga Khan Maternity Hospital, Hyderabad, Pakistan, arch. Amirali Qamar
86. Serena Hotel, Quetta Pakistan, arch. ARCOP Associates (Ramesh Khosla, Bruce Allan) with Amir Ali Qamar
87. House and Garden, Lunuganga, Bentota, Sri Lanka, arch. Geoffrey Bawa
88. Jain House, Lonavala India, arch. Nari Gandhi

70. 湖边住宅，莫勒图沃，斯里兰卡，建筑师：A. 拉特纳维巴沙纳
71. 艾西阿德亚运村，新德里，印度，建筑师：R. 里瓦尔
72. 干城章嘉公寓，孟买，印度，建筑师：C. 柯里亚
73. 比利时大使馆，新德里，印度，建筑师：S. 古吉拉
74. 首都建筑群，达卡，孟加拉国，建筑师：路易斯・康
75. 格拉米银行住宅工程，孟加拉国各地，建筑师：M. 尤努斯（格拉米银行项目指导）
76. 印度管理学院，班加罗尔，印度，建筑师：B. 多西（斯坦、多西与巴拉建筑师事务所）
77. 路呼努大学，马特勒，斯里兰卡，建筑师：G. 巴瓦
78. 阿卡汗医院，卡拉奇，巴基斯坦，建筑师：帕耶特建筑师事务所
79. 费萨尔清真寺，伊斯兰堡，巴基斯坦，建筑师：V. 达洛开依
80. 巴哈祈祷堂，新德里，印度，建筑师：F. 萨巴
81. 企业家进修学院，艾哈迈达巴德，印度，建筑师：B. 帕特尔，M. 哈斯穆克 / S. 哈斯穆克，C. 帕特尔
82. 国家免疫学院，新德里，印度，建筑师：R. 里瓦尔
83. 印度森林管理学院，博帕尔，印度，建筑师：A. 拉杰
84. 国家贸易公司，新德里，印度，建筑师：R. 里瓦尔
85. 阿卡汗妇产医院，海得拉巴，巴基斯坦，建筑师：A. 卡马尔
86. 塞里娜旅馆，奎达，巴基斯坦，建筑师：ARCOP 建筑师事务所（R. 柯斯拉，B. 阿兰）和 A. 卡马尔
87. 路努甘加住宅和花园，本托特，斯里兰卡，建筑师：G. 巴瓦
88. 杰恩夫妇住宅，洛瑙拉，印度，建筑师：N. 甘地

89. Aranya Community Housing, and ongoing, Indore, India, arch. Balkrishna Doshi (Vastu Shilpa Foundation)
90. SOS Children's Village, Galle, Sri Lanka, arch. C. Anjalendran
91. Roman Catholic Cathedral, Kohima, India, arch. Revathi and Vasant Kamath
92. Bhatshala House, Bhatshala, Bangladesh, arch. Bashirul Haq
93. British Council Headquarters, Delhi, India, arch. Charles Correa
94. Jawahar Kala Kendra, Jaipur, India, arch. Charles Correa
95. Alhamra Arts Council, Lahore, Pakistan, arch. Nayyar Ali Dada
96. SOS Children's Village and School, Bogra, Bangladesh, arch. Raziul Ahsan
97. Kandalama Hotel, Dambulla, Sri Lanka, arch. Geoffrey Bawa
98. Vidhan Bhavan, State Assembly, India, arch. Charles Correa
99. Dar-ul-Hikmat, Lahore, Pakistan, arch. Kamil Khan Mumtaz
100. Matri Mandir, Auroville, Pondicherry, India, arch. Roger Anger

89. 阿利尼亚社会住宅，印多尔，印度，建筑师：B. 多西（瓦苏什帕基金会）
90. SOS 儿童村，加勒，斯里兰卡，建筑师：C. 安杰伦德兰
91. 罗马天主教堂，科希马，印度，建筑师：R. 卡马什和 V. 卡马什
92. 珀德萨拉村居，库米拉，孟加拉国，建筑师：B. 哈克
93. 英国文化协会总部，新德里，印度，建筑师：C. 柯里亚
94. 贾瓦哈尔·卡拉·坎德拉中心，斋浦尔，印度，建筑师：C. 柯里亚
95. 阿汉姆拉艺术委员会，拉合尔，巴基斯坦，建筑师：N. A. 达达
96. SOS 儿童村和学校，博格拉，孟加拉国，建筑师：R. 阿桑
97. 康达拉马旅馆，丹布勒，斯里兰卡，建筑师：G. 巴瓦
98. 威达姆巴万国民议会，博帕尔，印度，建筑师：C. 柯里亚
99. 达鲁希克马特，拉合尔，巴基斯坦，建筑师：K. 汗 · 穆姆塔兹
100. 马特利曼迪尔，奥诺维尔，本地治里，印度，建筑师：R. 恩格

后记

张钦楠

本丛书是中国建筑学会为配合1999年在中国北京举行第20次世界建筑师大会而编辑，聘请美国哥伦比亚大学建筑系教授K. 弗兰姆普敦为总主编，中国建筑学会副理事长张钦楠为副总主编，按全球“十区五期千项”的原则聘请12位国际知名建筑专家为各卷编辑以及80余名各国建筑师为各卷评论员，通过投票程序选出20世纪全球有代表性的建筑1000项，以图文结合的方式分别介绍。每卷由本卷编辑撰写综合评论，评述本地区建筑在20世纪的演变与成就，并由评论员分工对所选项目各作几百字的单项文字评述，与精选图照配合。中国方面聘请关肇邺、郑时龄、刘开济、罗小未、张祖刚、吴耀东等为编委配合编成。

中国建筑工业出版社于1999年对此项目在人力、财力、物力方面积极投入，以王伯扬、张惠珍、董苏华、黄居正等编辑负责，与奥地利斯普林格出版社紧密合作，共同出版了中文、英文的十卷本精装版。丛书首版面世后，曾获得国际建筑师协会（UIA）屈米建筑理论和教育荣誉奖、国际建筑评论家协会（CICA）荣誉奖以及我国全国科技一等奖和中国出版政府奖提名奖。

国际建筑评论家协会（CICA）对本丛书的评论是：“这部十卷本的作品是对全世界当代建筑的范围广阔的研究，把大量的实例收集在一起。由中国建筑学会发起，很多人提供了评论文字。它提供了一项可持久的记录，并以其多样性、质量、全面性受到嘉奖。这确实是一项给人印象深刻的成就。”

按照原协议及计划，这套丛书在精装本出版后，将继续出版普及的平装本，但由于各种客观原因，未能实现。

众所周知，20世纪世界建筑发生了由传统转为现代的巨大改变，其历史意义远超过了一个世纪的历史记录，生活·读书·新知三联书店有鉴于本丛书的持久文化价值，决定出版中文普及版。此次中文普及版，是在尊重原版的基础上，做了适当的加工与修订，但原“十区”名称中有个别与现今名称不同，保留原貌，以呈现历史真实。此次全面修订出版时，原书名《20世纪世界建筑精品集锦》改为《20世纪世界建筑精品1000件》。希以更好的面目供我国建筑师、建筑学界的师生、广大文化界人士来阅读、保存与参考。

2019年8月29日

图书在版编目（CIP）数据

20 世纪世界建筑精品 1000 件 . 第 8 卷，南亚 / （美）K. 弗兰姆普敦总主编；（印）R. 麦罗特拉本卷主编；申祖烈，刘铁毅译 . —北京：生活 · 读书 · 新知三联书店，2020.9
ISBN 978 – 7 – 108 – 06782 – 1

Ⅰ. ① 2… Ⅱ. ① K… ② R… ③申… ④刘… Ⅲ. ①建筑设计 – 作品集 – 世界 – 现代 Ⅳ. ① TU206

中国版本图书馆 CIP 数据核字（2020）第 138066 号

责任编辑 唐明星 王海燕
装帧设计 刘 洋
责任校对 常高峰
责任印制 宋 家
出版发行 生活 · 讀書 · 新知 三联书店
（北京市东城区美术馆东街 22 号 100010）
网 址 www.sdxjpc.com
经 销 新华书店
印 刷 北京图文天地制版印刷有限公司
版 次 2020 年 9 月北京第 1 版
2020 年 9 月北京第 1 次印刷
开 本 720 毫米 × 1000 毫米 1/16 印张 24.75
字 数 100 千字 图 568 幅
印 数 0,001 – 3,000 册
定 价 178.00 元
（印装查询：01064002715；邮购查询：01084010542）